现代车辆结构疲劳寿命预测和耐久性分析

Modern Vehicle Structure Fatigue Life Prediction and Durability Analysis

缪炳荣　著

科学出版社

北　京

内 容 简 介

本书重点阐述如何利用多体动力学和有限元法的混合模拟技术进行车辆结构疲劳寿命评估和耐久性分析，对利用多学科优化系统进行结构疲劳分析也有所涉及。具体内容包括：首先，介绍结构疲劳寿命预测的基本理论背景和概念；其次，重点介绍基于多体动力学和有限元法的车辆结构疲劳寿命预测及评估具体方法，内容涵盖车辆动力学分析、有限元法、结构动应力分析和测试技术、疲劳载荷及载荷谱、疲劳寿命预测方法和其他相关有限元疲劳评估技术；最后，结合实际算例从车辆结构动力学特性的角度讨论车辆结构振动特性和结构疲劳寿命之间的机理关系。

本书可作为高等院校涉及车辆结构有限元疲劳分析技术的研究生课程教材，也可以作为力学、机械、土木等其他相关工程专业类结构疲劳寿命预测研究生的教学参考用书。对从事新产品车辆结构疲劳强度分析和疲劳寿命预测的科研、工程人员均具有一定的参考意义和实用价值。

图书在版编目(CIP)数据

现代车辆结构疲劳寿命预测和耐久性分析/缪炳荣著. —北京：科学出版社，2017.9

ISBN 978-7-03-054252-6

Ⅰ. ①现… Ⅱ. ①缪… Ⅲ. ①汽车-车体结构-疲劳寿命-预测 ②汽车-车体结构-耐用性-分析… Ⅳ. ①U463.82

中国版本图书馆 CIP 数据核字(2017) 第 209410 号

责任编辑：刘信力／责任校对：张凤琴
责任印制：张 伟／封面设计：陈 敬

科学出版社 出版
北京东黄城根北街 16 号
邮政编码：100717
http://www.sciencep.com

北京九州迅驰传媒文化有限公司 印刷
科学出版社发行 各地新华书店经销

2017 年 9 月第 一 版 开本：720 × 1000 1/16
2018 年 1 月第二次印刷 印张：15 3/4
字数：300 000

定价：98.00 元

(如有印装质量问题，我社负责调换)

前 言

目前，国内外轨道车辆装备制造企业已经大量使用新型结构与材料，积极开展数字化、模块化、集成化设计和制造等先进技术。近十年来，迅猛发展的中国高铁更是持续以一系列国家重大技术发展计划为支撑，针对车辆结构的安全性展开了系统和深入的研究，取得了斐然的成绩。在这些科研项目中，车辆结构部件的疲劳寿命预测和耐久性问题，一直是众多学者和科研工作者所关心的技术难题。如何真正实现车辆新产品的结构轻量化、节能降耗、安全可靠和物理失效控制等产品性能最优，也是高速列车新产品开发过程中重要的研究课题。尽管人们对结构疲劳设计问题的研究已经有 100 多年的历史，但是由于结构疲劳分析的复杂性和众多不确定性因素的影响，使得多数工程技术人员依然依靠传统的结构和材料疲劳强度的设计和分析方法。也正是由于影响寿命预测的不确定因素众多，比如载荷、材料、结构设计和制造加工工艺等，对于能否准确预测车辆结构疲劳寿命在很多工程技术人员的心中产生了怀疑。另外，轻量化设计已经成为未来车辆结构新产品开发的主要发展趋势，但也可能导致结构振动加剧、耐久性下降和物理失效等一系列技术问题。车辆结构局部刚度的减弱和随着速度提高车辆结构动力学特性的恶化，均容易导致车辆结构发生局部共振和结构振动疲劳等一系列失效问题。

这就使得车辆关键结构部件的抗疲劳设计和寿命预测方法成为现实工程结构疲劳研究的重要技术难题之一。经过众多国内外专家与学者们的不懈努力，针对现代车辆结构疲劳设计理论人们已经提出了很多具体的研究方法和思路。比如，工程师们可以基于线弹性结构有限元疲劳分析技术，采用安全系数和疲劳概率设计方法来确定最终的车辆结构服役寿命。但是对于一些关键车辆结构部件，采用较大安全系数不仅会造成结构过设计 (Over-Design)，而且也有可能会因为刚度设计中结构局部过刚和非均匀化产生应力集中，导致结构部件服役寿命存在更多的不确定性，且焊接疲劳因素的影响也不可忽略。如何准确预测因为轻量化设计可能导致的结构耐久性问题，且尽可能减小物理样机的生产数量和制造成本，实现结构物理损伤控制，依然是值得深入研究的关键技术课题。

就车辆结构失效问题而言，结构动应力过大一直是导致结构产生疲劳失效的主要原因之一。振动疲劳的研究意义正是基于此，从结构振动特性的角度研究结构振动特性和疲劳之间的作用机理与关系。解决随机动载作用下的结构疲劳问题，主要考虑 3 个关键因素，即结构几何特征 (Structure Geometry)、载荷时间历程 (Load Time Histories)、材料特性 (Material Characteristics 或 Material Property)。疲劳寿命预测是现代车辆结构疲劳研究领域的研究热点和主要发展趋势，为了选择最合适的结构疲劳评估理论和方法，不仅要理解结构疲劳损伤的作用机理，而且要了解车辆结构的动态特性。这些均是准确预测结构疲劳寿命的重要前提。

与国内外同类书籍相比，本书有如下的特点：

(1) 在学术思想方面，密切结合实际工程中车辆结构在复杂载荷环境下所面临的载荷历程、材料特性和结构几何特征三要素，从动力学与有限元分析的角度完整提出复杂车辆结构的耐久性分析的系统方法。

(2) 在工程应用方面，针对实际工程中出现的抗疲劳设计和寿命预测精度的问题，系统归纳、整理和分析了基于多体动力学和有限元法对复杂车辆结构展开疲劳寿命预测的基本思路和方法，为结构疲劳设计提出有效的措施和建议。

在车辆结构耐久性设计过程中，如果仅通过常规结构疲劳设计方法，直接将有限元静强度分析或试验结果应用在车辆结构的疲劳强度评估上，虽然方法简单实用，但并不能完全真实地反映和解决实际车辆结构随机动载荷变化导致的疲劳失效问题。实际服役的车辆结构部件主要承受的是随机变幅动载荷，且很多车辆结构疲劳发生的根本原因是由于车辆结构的振动特性恶化，使得结构动应力过大或者共振疲劳失效，最终导致车辆结构疲劳裂纹萌生、扩展甚至断裂。国内外大量文献也证明了从动力学的角度研究车辆结构疲劳寿命预测和耐久性分析的必要性。

针对传统的结构疲劳设计及寿命预测技术已经不能完全满足现代车辆结构产品的疲劳设计的问题，人们一直在努力探索新的寿命预测和耐久性分析方法。目前，很多结构疲劳文献多数是从材料微观特性和焊接工艺角度研究结构疲劳寿命的预测问题，容易忽略结构疲劳研究的复杂性和多学科的特点，比如整车动力学特性和载荷谱等因素对车辆结构疲劳特性的影响。这也是作者从选择结构疲劳作为自己博士论文题目时就一直在认真思考的问题，是萌发作者撰写这部书的最初始的动机。

但是，从很多结构疲劳文献看，真正从车辆动力学角度研究结构疲劳及进行寿命预测与耐久性分析的书籍与其他相关文献资料真的太少了，初学者容易存在很多基本理论和概念不清的问题。本书除了向许多文献的作者们认真学习外，就是希望能够独辟蹊径，从动力学的角度，或者说从工程分析的角度探索一下研究结构疲劳寿命的评估理论，以通俗易懂的方式阐述这种研究方法。实际上，随着多体动力学和有限元法的逐渐发展成熟，解决车辆结构的振动疲劳的问题已经逐步成为可能。

撰写本书的计划是在作者进行国内轨道交通领域第一个国家 973 计划项目 (2007CB714700) 的研究期间 (2007~2012) 就已经开始准备。如何准确阐述结构疲劳寿命的研究方法对作者而言，由于水平有限，撰写任务非常繁重。如何写出新意，总结出自己这些年在结构振动疲劳领域的探索成果，更是困扰多年，经常夜不能寐。2013 年夏，作者正好到美国加利福尼亚大学 Merced 分校 (UC Merced) 进行访问学者的科研学习任务。在那个小镇里，终于可以静下心来，认真思考很多平时结构疲劳研究中容易忽略的学术问题。针对结构疲劳破坏问题的解决，自己决定还是从头开始，一篇一篇的文献重新阅读和学习。在此期间，作者不仅在学习国外一流大学的先进科研方法和知识的同时，也在规划和整理自己的书稿。根据自己阅读的大量文献，可以发现其中有两本重要的关于结构疲劳的著述，一本是 N. Bishop 撰写的关于有限元疲劳的电子书籍，内容虽然相对较少，但非常浅显易懂，里面有七章由浅入深地专门讲述有关有限元疲劳方法；另外一本是 Tom Lassen 和 Naman Recho 所著的《焊接结构疲劳寿命分析》，这是很厚的一本英文书籍，内容也很详实。通过认真阅读和对结构疲劳寿命预测相关内容反复思考，自己有了茅塞顿开的感觉，更坚定了自己尝试如何用通俗易懂的方法阐述复杂科学问题的信心和勇气。撰写本书的真正目的只是想认真总结一下自己十余年来在结构疲劳领域的探索脚步。每当看到中国知网 (CNKI) 上自己博士论文的下载量已经超过 6166 次，就感觉自己为之努力和奋斗非常值得。这也算是对自己在结构疲劳研究领域十余年来努力探索的一种交代和总结。书稿是数十次反复修改，甚至一段时间，看到新的结构疲劳文献，又需要重新整理书稿，每到夜深失眠，常有殚精竭虑的感觉。

随着有限元疲劳分析技术的发展，利用虚拟样机技术进行结构疲劳特性评估已经成为现代车辆产品设计的一种发展趋势。针对车辆结构部件的疲劳可靠性设计中出现的新问题和新特点，从动力学和有限元的角度深入系统研究复杂载荷环境下整车动力学特性和结构疲劳特性之间的作用机理问题，不仅具有十分重要的工程应用前景，而且具有一定的科学理论研究价值。这里简单陈述从整车动力学角度研究结构疲劳寿命预测的意义：

(1) 车辆系统动力学特性是影响结构安全问题的关键因素，从动力学的角度研究整车振动特性对车辆结构关键部件的疲劳可靠性问题十分必要，能够很好地研究结构振动特性与疲劳特性之间的作用机理；

(2) 结合实际工程中出现的车辆结构疲劳可靠性相关的工程技术难题，将现代车辆结构的有限元疲劳和传统结构疲劳设计理论结合起来，且根据相关试验结果和理论相互验证，是完善现代车辆结构抗疲劳设计理论和寿命预测方法的有效途径之一；

(3) 从结构设计与制造、载荷谱计算与试验 (结构与材料疲劳试件的试验、线路动应力测试等)、强度理论及断裂力学、疲劳可靠性设计理论等角度，对车辆结构开展基于多体系统动力学和有限元法的多学科疲劳优化设计技术的研究十分必要，可以从根本上解决一些结构部件的振动疲劳问题。

本书内容主要是作者在博士论文、博士后研究报告的基础上，结合作者近年来主持国家自然科学基金面上项目 (51375405)、国家 863 计划项目子课题

(2009AA110303-01)、教育部博士点基金 (20090184200016)、中央高校科研专项项目 (SWJTU09CX061)、四川省应用基础研究基金 (2012JY094)、国家重点实验室基础研究项目 (2012TPL T08 和 2016TPL T10)，以及主研的国家 973 和 863 计划项目、国家自然基金重点项目、铁道部科技开发项目的基础上的部分科研成果。也可以说，本书结合国内外相关领域的大量结构疲劳文献，以及作者十余年来在轨道车辆关键结构部件疲劳寿命预测方面的研究成果，就现代车辆结构疲劳寿命预测和耐久性分析的理论体系进行了较为深入和系统的总结与探讨。

最后，诚挚感谢这么多年来一直关心、指导和帮助过作者的领导、同事和朋友们。特别感谢作者的导师张卫华教授、金鼎昌教授、肖守讷研究员的细心培养；感谢国家 973 计划项目疲劳课题组和国家自然基金面上项目课题组里的各位老师和研究生们；感谢自己的家人和课题组的研究生们；感谢科学出版社编辑刘信力博士和其他工作人员对本书出版付出的辛勤工作。本书的出版是大家共同努力的成果。

作者只是结构疲劳研究领域的一名普通的学人，水平有限，敬请结构强度与材料疲劳研究等领域的各位前辈和专家学者们，不吝赐教，给予批评指正。作者也真心希望这本书能成为现代车辆结构疲劳寿命预测领域抛砖引玉的一本书，愿和朋友们一起分享书中对结构疲劳寿命预测方法不断探索的热情和执着，分享自己这么多年来从事结构疲劳寿命预测方法科研过程中的艰辛努力，在此鞠躬深表感谢！

作　者

2017 年 9 月

目　　录

第 1 章　绪　　论

自 19 世纪上半叶以来，许多国内外结构疲劳领域的专家学者们都为结构疲劳的研究和发展做出了开拓性的贡献。现代机械结构的疲劳设计与寿命评估等相关分析已逐步发展成为一个包含多学科的研究分支和重要领域。对工业类应用的大型金属结构设计而言，由于疲劳破坏一直是结构的主要失效形式，疲劳强度设计和寿命预测是进行结构抗疲劳设计、强度校核的重要内容。需要说明的是，焊接结构是当前机械结构部件采用最普遍的技术和工艺之一。焊接技术及工艺在车辆结构制造过程中尤显重要。近二十年来，如果没有现代机械结构焊接技术，要完成现代的大型机械结构的设计和制造几乎是不可能的。工程结构中，金属焊接结构比比皆是，比如采用先进焊接工艺技术制造的汽车车身、不同焊接结构形式组成的现代轨道车辆结构 (车体、转向架构架，甚至是焊接式轴箱结构等)、大型桥梁钢结构、重型船舶结构、起重装备类工程结构和海上石油勘探平台等。焊接结构的疲劳强度分析通常和其他金属结构的疲劳强度分析是相似的，唯一的区别是焊缝或焊点的疲劳强度分析 [1−8]。

对于各种振动疲劳失效的结构而言，必须要在结构疲劳强度设计的不同阶段通过合理的结构几何设计 (强度、刚度、尺寸控制等)、正确的材料选择和典型载荷谱分析等方式，尽可能避免疲劳设计可能产生的失效问题。如今车辆结构存在各种结构设计标准，诸如强度、屈服、屈曲失稳、蠕变、腐蚀等。结构疲劳设计标准等必须要在特定的载荷条件和服役环境中进行仔细检查和遵循。然而，现实中总是存在着这样一种事实，即焊接结构在承受重复变幅载荷循环时，焊接部位更容易产生疲劳损伤和断裂破坏等失效事故。在车辆结构安全服役过程中，在焊接或应力集中区域的附近更容易产生裂纹萌生、裂纹扩展和疲劳断裂等现象。甚至在结构动应力很小和远低于材料屈服应力的情形下，焊接区域也容易产生结构疲劳裂纹。尽管工程结构设计中，已经普遍利用结构和材料 S-N 曲线和线性结构损伤累积理论，进行线弹性结构疲劳寿命预测计算，但是，各种理论与方法还存在着各种相对的不足，疲劳设计和寿命预测的结果依然有很大的误差。对于存在非线性因素的复杂车辆结构关键部件而言，更是很难建立完全准确的疲劳寿命评估模型 [9−11]。

本书将根据机械结构的有限元疲劳方法，介绍如何分析现代车辆结构关键部件的振动疲劳及寿命预测相关的技术问题。只有采用正确的疲劳设计方法和可靠的分析途径才可以有效地进行工程结构疲劳寿命的评估与分析，提高寿命预测结果的准确性。这也是经过很多工程实践证明可行的结构疲劳设计思路。在阐述车辆结构疲劳寿命预测和耐久性分析的过程中，本书除了借鉴学习传统的结构疲劳设计理论外，也考虑如何利用现代机械结构的振动疲劳分析方法，特别是近些年的有限元疲劳的相关研究成果，从整车动力学分析及有限元法的角度认真探讨车辆结构疲劳寿命预测和耐久性分析的相关内容，比如阐述车辆动力学、结构动应力计算分析理论及相关试验、疲劳载荷谱及寿命预测理论等。

1.1 概　述

当讨论随机动载荷作用下的车辆结构疲劳时，人们通常认为，结构失效可以定义为循环变幅载荷作用下结构部件没有达到设计目标的问题。在工程结构中，结构疲劳失效不仅仅会造成灾难性的后果，而且也会影响产品的安全性、可靠性和耐久性。结构疲劳寿命和耐久性分析方法可以用来帮助避免机械结构失效，确保人身财产的安全，避免结构失效造成的重大经济损失。“结构失效” 通常被定义为一些结构部件预先设定的裂纹长度或刚度损失等。材料特性是结构疲劳寿命计算的一项重要因素。“结构疲劳” 泛指结构部件在动应力或动应变的作用下，结构部件的材料内部或表面就会因为内部的缺陷 (比如夹杂物等)、应力集中 (刚度非均匀变化) 等内外因素的作用产生裂纹萌生、裂纹扩展、断裂的过程。结构部件因为动应力产生的疲劳磨损而失去工作性能的现象，称之为结构疲劳失效。结构部件抵抗疲劳失效的能力称之为结构疲劳强度；材料疲劳试件抵抗疲劳失效的能力称之为材料疲劳强度。这也是结构疲劳强度和材料疲劳强度之间的概念区别。结构疲劳失效和静强度失效有着明显的区别和特征：载荷的交变性、失效过程的渐变性；断口的脆性和断裂的突然性；应力与应变的缺口敏感性；疲劳断口的独特性 [12]。

另外，根据材料疲劳实验的分析理论和方法，人们已经可以了解到不同的裂纹扩展阶段的一些细节状况，比如相关学者提出的 “短裂纹” 和 “长裂纹” 的概念。“短裂纹” 就被人们用来处理这种早期材料疲劳裂纹扩展导致的结构失效行为。根据文献报道，目前结构疲劳的研究绝大多数集中在这方面。当然，国内外文献并没有完全一致的概念来定义 “短裂纹”。工程上，对于钢结构材料而言，一般认为所有的结构短裂纹的裂纹长度都小于 1~2mm[13]。

结构疲劳包括裂纹萌生 (Crack Initiation)、裂纹扩展 (Crack Growth，或者 Crack Propagation) 和疲劳断裂 (Fatigue Fracture) 三个主要的阶段。疲劳裂纹从萌生阶段扩展到一定临界尺寸的长裂纹，甚至也会因为疲劳断裂导致结构部件断裂成多个小部件。车辆结构疲劳的问题发生很大程度上是因为结构动应力过大导致的结构材料的失效行为，即钢、铁、铝等金属材料在外载荷的作用下，出现了材料晶面的滑移或错开现象。结构疲劳失效的过程不仅是一个材料局部细节的裂纹萌生及扩展过程，也是一个复杂的动态演变过程，即结构或材料直接受到动应力或动应变的影响。可以说，结构动应力过大是多数车辆结构疲劳破坏发生的根本原因之一。裂纹萌生出现的确切位置，经常也是结构应力集中和动应力过大的位置 [14−20]。

目前，常规结构疲劳寿命分析的主要途径还是基于材料疲劳的基础分析理论，通常采用三种分析方法: 基于应力法; 基于应变法和断裂力学方法。基于应力法，也常称为应力–寿命方法、S-N 法、名义应力法或总寿命法。基于应变法 (ε-N 法)，也称应变–寿命法、局部应力应变法、裂纹萌生法 (Crack-Initiation Method) 和临界位置法 (Critical Location Method)，有时也称为 Manson-Coffin 法或 Critical Location Approach，CLA 法。断裂力学法，常指线弹性断裂力学方法 (Linear Elastic Fracture Mechanics method，LEFM 方法)，用于处理结构疲劳裂纹扩展和疲劳断裂问题。前两种结构疲劳寿命分析技术实际上并不能完整模拟结构疲劳裂纹扩展过程。图 1.1 表示了结构疲劳总寿命定义的全过程。实际上，对于车辆结构疲劳寿命预测和耐久性分析而言，保守的寿命评估概念主要集中在裂纹萌生阶段 [21]。

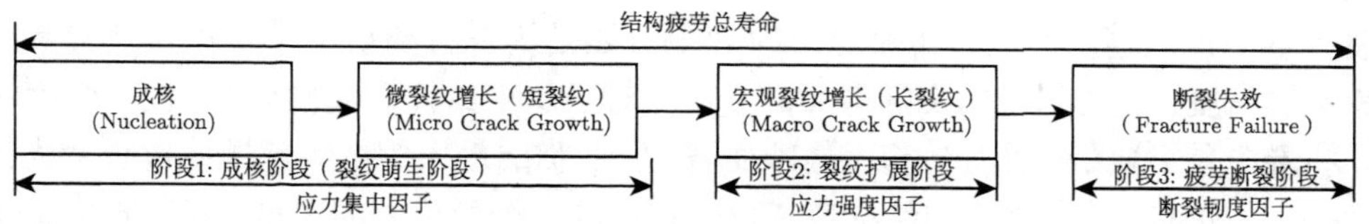

图 1.1　结构疲劳总寿命 [21]

假设结构或材料疲劳试件是在相同载荷环境下进行测试，一般使用相似的概念来确定疲劳失效产生的循环数，直接获得疲劳试样的寿命和载荷水平之间的关系。结构疲劳裂纹的形成存在一个稳定的增长期，通常依赖于线弹性断裂力学方法。一般假定裂纹扩展速率与应力强度因子的范围值成正比 (裂纹扩展率也常定义为裂纹长度、几何形状和应力水平的函数)。图 1.2 显示了现实工程结构中，大型船舶结构的裂纹萌生、裂纹扩展和疲劳断裂破坏的三个主要过程。

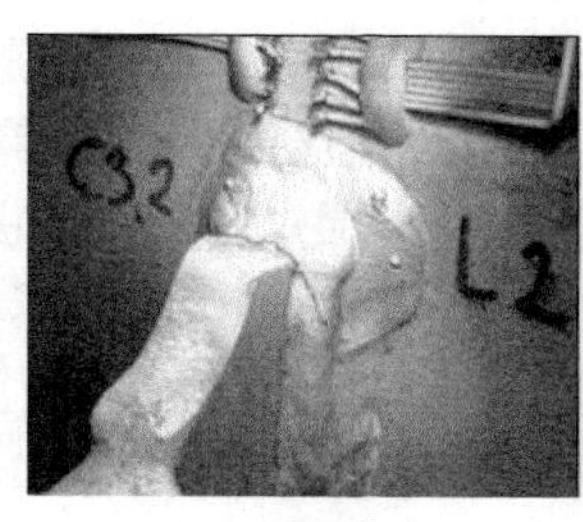

(a) 裂纹萌生

(b) 裂纹扩展

(c) 疲劳断裂破坏

图 1.2　船舶结构疲劳破坏的演变过程 [22]

工程结构中，疲劳分析大多集中于金属材料与结构部件中。当然，像其他的非金属材料，如一些复合材料、橡胶、聚合物、高分子材料等的疲劳破坏机理同样十分复杂。这些材料在大量低应力循环载荷作用下显示出更多的非线性行为，是比常规结构疲劳设计更加困难的研究课题。另外，热疲劳问题也是车辆结构疲劳破坏问题经常发生的原因之一，比如轨道车辆的制动盘的热疲劳问题等。由于热力学的影响机理非常复杂，一些商业有限元疲劳程序如 ANSYS、Nastran、ABAQUS 等均可以通过热分析获得热应力，然后通过有限元疲劳寿命的预测技术确定结构在一定温度下的结构疲劳寿命。但是热疲劳分析时，有时并不能完全有效地考虑 "热蠕变"(可能会导致裂纹扩展)、"改变材料特性"(材料特性会随温度变化) 和 "氧化\腐蚀"(可提高或延缓裂纹扩展) 等因素。这些研究课题通常也是结构疲劳领域的重要课题之一。

结构疲劳失效机制复杂，在于人们在结构失效早期不能有效发现结构初始裂纹的萌生，经常要等到关键结构部件发生疲劳裂纹扩展和断裂失效后，才能发现疲劳失效的破坏结果。著名国际汽车公司戴姆勒–克莱斯勒 (Daimler Chrysler) 的测试主管 Tabarelli 博士曾经认为，无论人们是希望今后 3 天到 5 天内迅速提高结构疲劳寿命预测精度，达到实际寿命的 65%；还是渴望在随后的十年里快速提高寿命预测精度，且达到结构实际寿命的 95%，对于从事结构耐久性分析 (疲劳强度设计和寿命预测) 的科研人员和工程师而言，所面临的最大的现实问题或者说最大挑战，在于如何有效考虑影响结构疲劳寿命预测的三个最重要的因素：复杂的载荷时间历程、多变的结构几何形状和具有各种分散性的材料特性。这些不确定因素和是否选择了合理的结构疲劳评估理论均严重影响着结构疲劳设计及寿命预测精度。这也表明，如何提高结构疲劳寿命预测精度是国内外相关结构耐久性分析研究人员和工程师们最关心的核心技术问题之一。

传统工程结构静强度设计方法是根据结构部件的名义应力和材料强度数据 (屈服应力等) 以及实际经验采用载荷安全系数确定结构部件的承载能力。而结构疲劳强度的设计也会根据载荷选择的不同而区分为常幅载荷 (Constant Amplitude Loading，CAL) 和变幅载荷 (Variable Amplitude Loading，VAL) 作用下的结构疲劳强度设计。为此，人们在分析结构疲劳时，经常将载荷时间历程作为影响结构疲劳寿命的关键因素之一。为了透彻地了解结构疲劳的产生的根本原因，不仅需要掌握结构有限元强度分析的相关理论，也需要理解结构的整体动态特性。通过有限元分析，不仅可以采用整体结构模型，也可以采用子模型，更好地分析结构的应力集中或者说是危险应力发生的区域。结合机械系统动力学，特别是利用多体系统动力学，可以分析车辆结构动力学特性对结构疲劳特性的根本影响，有效理解载荷频率和结构固有频率之间的关系，以及判定结构是否存在共振效应等振动疲劳问题。

对于许多从事现场结构耐久性设计和分析的工程师而言，不仅需要考虑保证结构疲劳强度和寿命预测精度，而且要分析结构在何时何处可能会产生疲劳裂纹萌生、裂纹扩展和疲劳断裂等失效现象。在现代车辆结构设计过程中占有重要比例的结构疲劳设计方法依赖于有效的结构疲劳分析技术和理论。结构疲劳分析技术是在过去 100 年左右时间里逐渐发展起来的，最初也只是为了解决一些工程结构频繁发生的结构疲劳问题，比如解决铁路车轴断裂的疲劳问题，而开发的一些相对简单的应用程序。这些程序通过比较和分析原型材料或样品材料疲劳试件经过循环载荷测试的应力、应变数据，进行结构抗疲劳设计。

随着计算机技术的不断发展，结构疲劳分析技术也随着疲劳设计理论和计算机辅助工程 (CAE) 的进步不断得到完善。尤其是为了考虑塑性应变影响而出现的基于应变–寿命的结构疲劳分析技术，使得结构疲劳分析技术逐步变得越来越复杂。如今，随机振动疲劳分析技术已经成为一种重要的结构疲劳分析手段和发展趋势。人们已经可以很好地解决结构单轴疲劳的寿命预测问题，而且对部分多轴疲劳的寿命预测技术以及结构微裂纹的扩展速率分析也已经成为可能。当然，车辆结构随机振动疲劳问题，不是简单地预测结构振动失效和疲劳寿命评估，而是需要综合考虑多个学科的技术难题。结构疲劳损伤过程中出现的裂纹萌生和裂纹扩展的过程，实际上是一个非常复杂的物理现象，不仅仅包括材料疲劳等基础学科的知识，而且也需要准确理解结构的载荷历程以及结构设计导致的结构几何特征变化和刚度突变等因素。在过去几十年里，人们已经逐渐认识到，载荷循环加载和过载均可能导致结构产生渐近破坏的应力或应变，而破坏时的结构应力将远低于预期的材料应力水平。这就需要人们深入研究结构疲劳产生的真正原因和疲劳损伤作用机理，不仅仅从材料的机理研究，也需要从结构设计和载荷的角度去分析。

1.2 车辆结构疲劳

机械结构的安全可靠性能是决定产品质量优劣的关键要素。如何有效利用结构抗疲劳设计和分析方法是保证机械结构疲劳可靠性的有效途径。对于承受随机动载作用下的多数机械结构而言，要在较短的周期内开发出具备良好安全性、可靠性、耐久性和经济性的新产品结构，更需要采用结构抗疲劳设计和有效的寿命评估方法。这样不仅可以在新产品结构设计的早期阶段快速迅速判别出不同设计方案优劣，而且可以提前识别疲劳失效可能发生的危险位置。在对物理样机进行动应力试验前，可以预先分析结构部件的危险区域和测点布置的位置，从而确定性能较优的测试方案。车辆结构关键部件的疲劳问题有其相应的特点，在结构疲劳设计和分析过程中需要考虑其车辆动力学特性影响，结构振动也是导致疲劳失效的主要原因之一。

现代车辆结构耐久性设计理念中，产品抗疲劳性能的优劣是产品性能重要标志之一。新产品开发中不仅要求结构具有良好的可靠性 (Reliability)、耐久性 (Durability)，而且还要求结构尽可能轻量化 (Lightweight)，以便提高结构承载能力和产品竞争力。随着市场竞争日趋激烈，产品开发周期极大地缩短，结构轻量化和耐久性设计也越来越受到重视。结构疲劳可靠性对车辆结构安全性来说尤为重要，与结构轻量化设计常常出现矛盾。由于车辆结构采取的焊接工艺相对较多，车辆结构疲劳可靠性、结构焊接疲劳和概率疲劳设计也成为当前现代车辆结构设计的研究内容和发展趋势。无论是高速列车，还是传统意义上的机车车辆、地铁车辆、客运和货运车辆，其关键结构部件基本可以分为轮对 (车轴、车轮)、构架、车体以及传动和悬挂部件等。这些关键部件中，车体和转向架构架均属于重要的焊接结构部件，结构疲劳的失效问题相对发生较多。尤其是随着轨道车辆运营速度的不断提高，轮轨间作用的动载荷的幅值随之增大，各结构部件的力传递关系由于车辆非线性因素的影响出现各种复杂变化，导致车辆结构振动状态随时有可能恶化，对车辆结构随机振动的疲劳寿命研究也就变得极为必要和迫切。

随着多体动力学和有限元技术的发展，随机动载荷作用下的结构疲劳仿真设计和寿命预测已经成为现代轨道车辆结构疲劳研究领域的一项重要的发展趋势和有效的解决方案。这也就需要理解结构振动疲劳研究的一些关键因素：载荷时间历程、结构几何特征和材料特性等。随时间变化的载荷历程 (包括惯性载荷和支反力作用载荷等)，经常被称为载荷时间历程，可以用来表示结构某一时间段的随机变幅载荷。由于载荷时间历程的变化，材料试件或结构部件的材料内部就会产生随着时间变化而产生的交变应力或应变，这些产生的交变应力或应变又称为应力历程或应变历程 (Dynamic Stress or Strain Histories)，简称为动应力或动应变。

由于车辆结构疲劳研究涵盖的范围太广，涉及到车辆工程结构的各个领域，本书研究范围限定于讨论现代轨道车辆结构部件的疲劳寿命预测和耐久性分析方法。为了强调本书的研究重点，本书内容从多体系统动力学和有限元法的角度，特别是车辆系统动力学和结构疲劳设计的角度分析车辆结构关键部件的振动疲劳和寿命预测问题。如何利用多体动力学和有限元法的混合模拟技术进行车辆结构疲劳寿命预测的仿真方法研究是本书阐述的核心。本书借鉴国内外各行各业结构有限元疲劳研究的最新成果和经典车辆结构疲劳寿命预测方法的阐述方式，结合作者多年来对结构疲劳研究的深刻体会，将系统和分层次地介绍如何基于多体动力学和有限元法的混合模拟技术研究车辆结构部件的疲劳寿命，并以实际算例进行详细阐述。书中采用的工程实例来自于作者近年来主持的国家级和省部级相关轨道车辆关键部件结构疲劳研究的项目。

国内外铁路机车车辆专家学者对车辆关键结构的部件都展开了广泛研究，取得了很多有效的成果。图 1.3 所示为铁路车辆的车轴结构疲劳断裂和裂纹萌生的基本现象。图 1.4 为铁路车辆关键部件轮对出现的疲劳裂纹现象。在结构疲劳破坏的后期阶段，裂纹长度的增长幅值要增加好几个数量级。图 1.5 为某型机车转向架构架发生裂纹萌生的危险区域。图 1.6 为铁路货车车体结构底架裂纹。

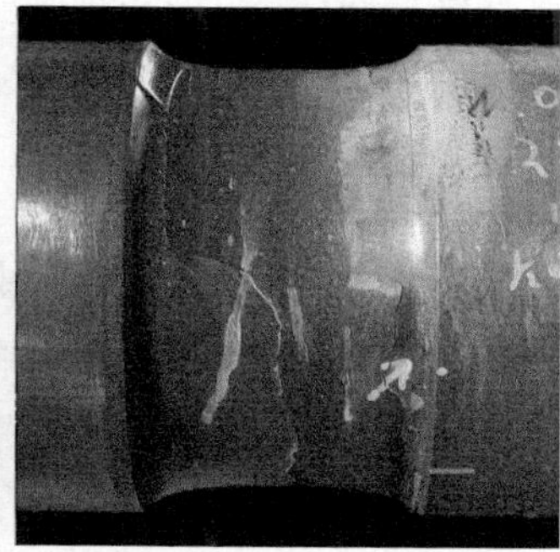

图 1.3 铁路车辆 ICE3 车轴疲劳断裂及裂纹萌生现象 [23]

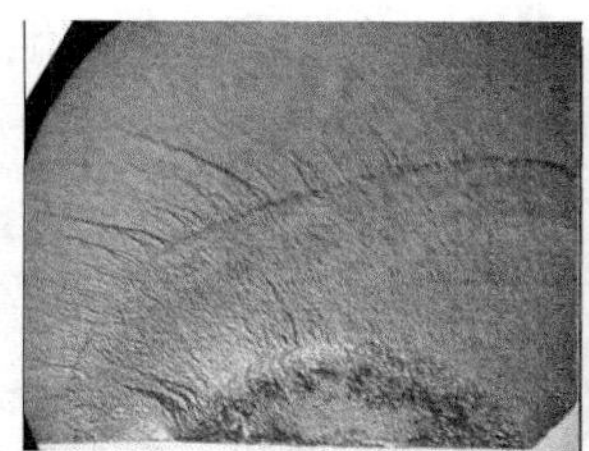
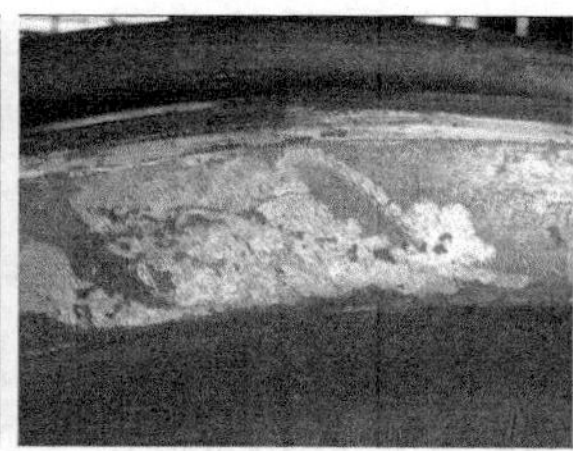

图 1.4 轮对及踏面的接触区域的疲劳裂纹 [24]

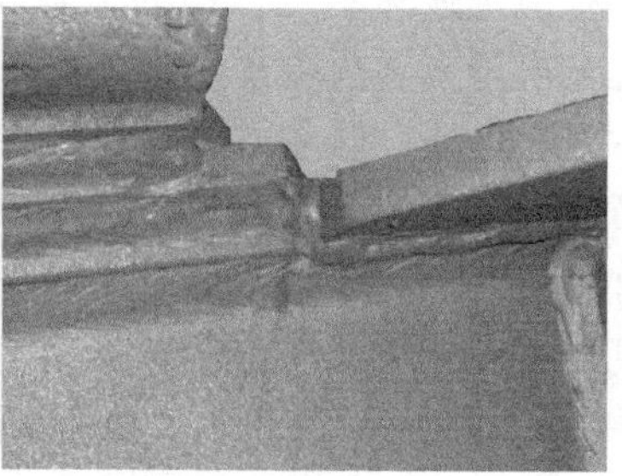

图 1.5 转向架结构裂纹萌生区域

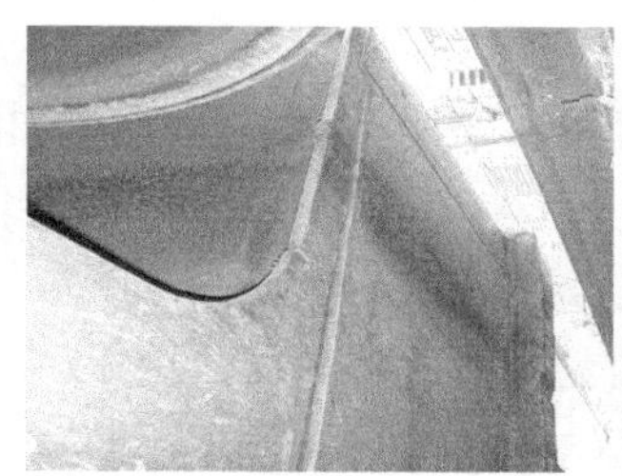
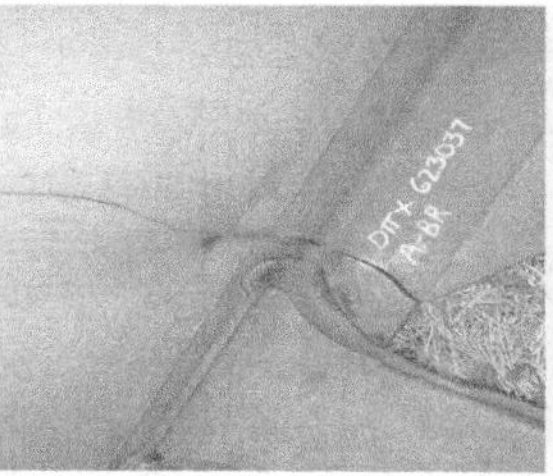
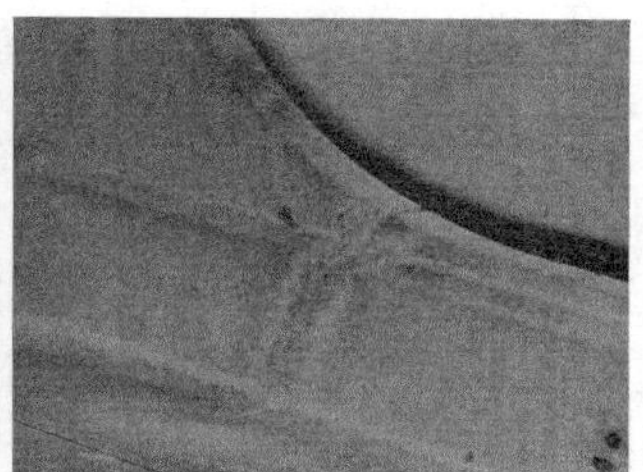

图 1.6 铁路货车车体结构底架裂纹 [24]

对于车辆结构而言，焊接结构是结构部件采用的主要连接方式，包括各种不同的结构焊接形式，比如角焊、点焊、对焊、搭接焊等等。如果仅仅通过选择高强度合金材料进行结构优化，只要求保证结构轻量化的同时增强结构强度，而不充分考虑外界载荷作用的特性和焊接结构的抗疲劳特性，那么结构损伤和破坏问题的发生可能会是非常明显且频繁。

尽管人们有时希望通过采用高强度材料使得结构可以承受更高应力以及更小的结构尺寸，保证高强度材料的屈服强度标准满足实际工程结构的强度需求。然而焊接结构的疲劳强度是不会完全由焊接母材的屈服强度的高低进行控制的。焊接结构的控制参数主要包括焊接结构接头的类型，全局和局部尺寸等因素，结构焊接母材强度的提高只是片面提高结构的屈服应力水平，焊接部位的结构疲劳强度未必会随着显著改善。另外，外部激励荷载和结构自身的固有频率之间的共振效应也是导致结构疲劳频繁破坏的主因所在。这就在车辆结构疲劳设计过程中产生了采用何种结构疲劳设计标准的问题，而焊接结构的疲劳强度设计标准可以单独地给出结构部件的最终设计形状及刚度等要求。如果忽视这些问题的综合影响，就有可能导致车辆结构疲劳失效和断裂破坏等严重后果。

当然，焊接结构疲劳设计的问题只是车辆结构疲劳设计中一个重要组成部分。不同结构、不同材料、不同连接形式的结构部件 (螺栓连接、铆接、焊接、粘接等等)，均有可能因为各种复杂的载荷环境因素导致结构疲劳裂纹的产生。要在较短的篇幅内全面且完整地概括出现代结构疲劳研究的发展过程和国内外众多疲劳专家学者们对结构疲劳研究做出的贡献几乎是不可能的。关于国内外结构疲劳的详细发展史大家可以参见相关文献。对于车辆结构和其他工程结构的结构疲劳强度评估和寿命预测每年也会出现很多新的文献。以车辆结构部件为例，结构疲劳寿命评估步骤简述如下：

(1) 根据结构的几何设计 (含几何外形设计/CAD、结构强度和刚度设计/CAE 等)，识别结构集中应力和疲劳失效可能频发的危险区域；

(2) 根据动应力实测和仿真方法获得结构动应力，包括需要考虑车辆结构的实际承载的典型载荷服役工况；

(3) 根据动应力的幅值和频次建立车辆结构典型载荷谱特征库，通过载荷外推理论和极值分析方法形成典型疲劳载荷谱；

(4) 根据相关结构疲劳强度设计标准和寿命评估理论，确定结构安全因子和损伤分布；

(5) 结合结构动应力时间历程的雨流计数法，评估结构的疲劳寿命；

(6) 根据现场动应力实测 (Field Dynamic Stress Testing) 的结构动应力结果或者是台架疲劳试验结果进行结构疲劳强度及寿命评估结果的验证。

1.3 文献综述

国内外大量结构疲劳的相关研究文献已经证明，结构动应力过大是造成结构疲劳损伤和断裂破坏的主要原因之一。以车辆结构疲劳为例，不仅与结构设计、材料特性和承受的复杂载荷环境密切相关，而且车辆动力学特性和结构疲劳损伤之间还存在着一定的复杂联系 [25−32]。这说明车辆动力学特性研究对于探明随机动载作用的车辆结构疲劳可靠性问题的作用机理十分必要。

限于本书研究范围和重点，这里以轨道车辆结构关键部件的振动疲劳为例，对基于多体动力学和有限元法的结构疲劳寿命预测方法的相关文献作阐述和说明。近年来，铁路车辆结构的安全问题逐渐成为国内外学者关注的重点研究方向，也是高速列车装备技术中重要的科学技术研究问题之一。随着计算机软硬件技术的发展，现代高速列车的车辆结构疲劳设计已经发展成为一个包含计算多体力学、车辆动力学、有限元法、流体力学、随机振动等多学科交叉的综合研究领域。通过结合实测载荷数据 (力、载荷、位移、速度、加速度等) 和空气动力学的最新研究成果，研究整车动力学特性对车体结构疲劳的作用规律逐步成为高速列车车体结构疲劳研究的重要发展方向之一。

为了有效地研究车辆结构疲劳问题，国内外很多学者在 20 世纪 90 年代初已经开始从动力学分析和试验的角度研究车辆结构疲劳问题，且逐步将多体系统动力学程序应用到轨道车辆动力学特性和疲劳特性的作用机理研究过程中。较早将车辆结构动力学引入到轨道车辆结构疲劳研究中的 Luo，Gabbitas 等从动力学的角度研究地铁车辆的构架疲劳特性 [25,26]。德国学者 Dietz 等通过集成多体系统 (MBS) 和有限元方法 (FEM) 系统研究了机车构架的疲劳损伤问题 [27]。Srikantan 等结合多体动力学和有限元法研究了司机室的结构振动疲劳问题 [28]。其他领域的研究学者，如 Haiba 从多体动力学和有限元的角度研究汽车车身疲劳 [29]。Kim 等从车辆动力学分析的角度，对小型客车车体结构耐久性和疲劳特性进行综合评估 [30]。Sigmund 采用动力学和有限元方法对铝合金的汽车悬架结构进行了寿命评估 [31]。Ridnour 在其博士论文中结合多体动力学分析、有限元方法和动应力试验数据，系统研究了军用拖车失效部件的结构疲劳寿命预测问题 [32]。这些文献也说明，利用动力学分析方法不仅可以确定作用在车辆结构部件上的随机动载荷，而且能获得有效的载荷历程，结合材料的 S-N 曲线可以研究结构疲劳特性及寿命预测问题。Kim 等对高速列车车体夹层结构的疲劳寿命问题进行了评估 [33]。Seo 等研究地铁车辆的车体动载荷测试方法和车体疲劳问题，结论是，直接利用结构静强度分析和测试结果研究车体结构疲劳可能会造成不准确的结果，需要从动力学角度进行疲劳研究 [34]。瑞典学者 Johannesson 等利用动力学分析结果和试验数据研究庞巴迪公司生产的高速列车转向架构架结构疲劳载荷谱，同时指出，研究转向架疲劳特性时，需要根据实际线路状况统计结果进行有效的载荷工况组合，确定疲劳载荷谱外推方法 [35]。Belforte 利用 MBS 和 FEM 法系统研究了铁路车轴的疲劳特性，强调了根据实际线路设计载荷工况的有效组合的重要性 [36]。尤其是在近 20 年来科学技术发展过程中，铁路车辆由于速度的不断提高，结构疲劳设计和分析方法逐渐成为车辆结构强度领域研究的热点问题。由于传统铁路车辆结构疲劳研究对象主要集中在转向架构架、轮对 (车轴和车轮) 等关键部件，对于车体结构的疲劳寿命仿真研究涉及相对很少。近年来，高速列车车体结构由于轻量化设计要求，大量采用铝合金三明治型材结构。而铝合金型材的焊接问题、复杂载荷环境变化 (含风致荷载等) 均可能导致结构动态特性差异。铝合金型材的焊接残余应力和热点应力等因素导致的结构疲劳损伤事故日渐增多 [37−43]。

目前，国内高校、科研院所和企业的专家学者和工程师们对不同领域的车辆结构疲劳进行了长期研究。以国内轨道交通领域的车辆结构疲劳研究而言，关键结构部件 (如转向架车轴、车轮、构架等) 结构疲劳危险部位的确定及应力谱编制方法等均进行了大量和系统性研究，在疲劳研究领域取得了不少的成果 [37−43]，其他相关文献及标准也不在这里做详细介绍 [44−49]。作者及课题组成员利用近十年来参加 973 计划、863 计划、国家自然科学基金中和高速列车动力学和结构疲劳可靠性等相关的重大项目，采用多体动力学和有限元相结合的方法深入研究车体结构疲劳特性，逐步完善车体结构耐久性设计方法，对线路典型工况下车体结构振动特性和结构疲劳损伤之间的作用机理也进行了深入探索，积累了高速列车车体结构动力学和结构疲劳等相关的研究经验 [50−53]。

车辆结构疲劳过程的作用机理复杂，不仅会受到外界载荷环境的影响，而且和结构几何特征与材料特性密切相关。要分析结构部件承受的外界循环载荷的作用，首先需要考虑在实际结构部件上作用的载荷方式，即需要准确分析结构的惯性载荷/外载荷的时间历程；其次需要结合实际结构的几何特征，即结构设计需要考虑结构的全局和局部的详细几何特征 (比如强度和刚度)，因为这些结构部件，总会因结构部件强度、刚度、阻尼和悬挂部件参数设计的不合理，或者说是一些细节考虑不周的原因 (比如过渡部分倒角和圆角等结构尺寸差异导致的失效) 产生应力集中，这样就会产生潜在裂纹区域的局部载荷特征。由于结构疲劳裂纹的萌生可能是源于结构材料表面，也可能是源于结构材料内部缺陷，这就需要了解材料特性；另外各种制造工艺也会产生残余应力，比如刀具切削导致的划痕，焊接工艺不完善导致的焊接缺陷 (未焊透、夹渣等)，结构表面处理 (喷丸、喷砂和时效处理等) 的不合理等，这就牵涉到结构部件的制造质量和表面处理；另外结构部件服役过程中的环境条件 (载荷环境、气候环境等) 也非常重要。

结构疲劳损伤经常是作为一个局部现象开始的。裂纹通常是在结构部件微小的细节处发生的，比如切口的附近。在讨论结构疲劳寿命预测时，应该认识到准确分析结构部件潜在裂纹萌生的位置是十分重要的。弯曲和扭转载荷等外力通常会对结构部件的材料产生法向应力，伴随着应力环境在潜在裂纹或者说裂纹尖端附近的变化，裂纹开始萌生和扩展。这些载荷和响应环境可以参考载荷的不同加载方式和应力方式。在材料的裂纹萌生及扩展区域，人们可以根据动应力分析，确定不同的载荷方式可能会导致的法向应力变化趋势。

总之，结构疲劳分析技术在最近几年发展中，重点还是放在结构设计轻量化、降低振动和寿命预测等多学科优化方面。如何保证结构具有良好的振动特性和疲劳强度是结构疲劳研究的核心问题；如何解决因为轻量化设计导致的结构动强度、动刚度和变阻尼特性的结构抗疲劳特性下降是疲劳可靠性的优化技术难题。

1.4 研究对象和范围

国内外对车辆结构疲劳寿命研究主要趋势之一就是采用物理失效 (Physics Failure) 方法设计和预测结构疲劳寿命。该方法直接或间接控制施加在结构部件上的载荷时间历程，分析结构部件的疲劳损伤失效，同时确定其有效的寿命。与传统的静强度和常规疲劳设计方法相比，考虑随机动载荷作用下的结构疲劳寿命预测更能反应车辆复杂的实际使用环境。国内外轨道车辆结构设计的研究重点，已经开始从传统的静强度和常规疲劳设计方法逐步向考虑结构刚柔耦合多体动力学特性和随机振动特性的结构疲劳设计方法的研究方向发展。

传统的国内轨道车辆的结构疲劳研究主要集中在走行部的一些关键部件，如转向架构架、轮对等结构的疲劳寿命预测。对于随机动载荷作用下的车体这样大型复杂空间结构疲劳问题，涉及相对很少。国外对随机动载荷作用下的结构疲劳设计主要集中在汽车、船舶和飞机等行业。近十年来，铁路机车车辆研究部门和生产制造企业已经开始对车体结构的疲劳强度特性从结构动强度和试验方面展开研究。

本书借鉴航空和汽车等其他多个领域专家学者们的结构疲劳研究成果，主要研究对象集中在轨道车辆的关键结构部件上，比如车体结构，构架和车轴结构等。为了阐述基于多体动力学和有限元法研究车辆结构疲劳仿真的集成设计技术，本书后部分章节的重点也是以轨道车辆结构的关键部件车体结构作为主要的研究对象进行实例介绍。本书内容主要是将作者近十年来主持和参与的国家自然基金面上项目、973 计划项目、863 计划项目、博士点基金项目、四川省应用基础研究项目、博士后面上项目以及西南交通大学牵引动力国家重点实验室自主项目等取得的结构疲劳研究成果进行收集和整理，并通过动应力线路实测试验结果对提出的方法进行验证。同时，根据作者多年的车体结构疲劳研究成果，对车体关键结构疲劳设计和加工工艺改进提出了个人的见解。如何有效地利用动力学和有限元法研究车辆结构疲劳寿命的预测问题，是本书的主要阐述内容，这个问题的研究涉及多个学科综合交叉基础理论的领域，难度很大。但是经过多年的实践证明，这种方法对于切实解决工程问题有着比较重要的科学意义和较好的工程应用前景，对现代轨道车辆结构振动疲劳研究理论和方法有着较好的完善和补充。

本书侧重于工程应用，研究范围主要是车辆结构疲劳寿命和耐久性分析的基本概念和具体过程。重点阐述从动力学的角度分析和研究结构疲劳与失效问题的方法。逐步分解且完整地阐述车辆结构疲劳寿命分析的全过程。简单地说，本书着重探讨如何应用多体动力学仿真 (Multibody Dynamics Simulation，MDS) 和有限元分析 (Finite Element Analysis，FEA) 方法相结合的混合模拟技术进行结构疲劳寿命和耐久性评估。这既是对传统结构疲劳强度分析及寿命预测方法的补充和发展，也是向国内外结构疲劳研究专家学者们学习和抛砖引玉的一个持续的研究过程。本书范围集中在多体动力学仿真、有限元分析 (包括模态分析、子结构分析)、静态与动态子结构缩减技术、载荷谱及载荷识别技术、随机过程统计理论、结构动应力计算和分析；结构动应力试验和数据处理技术；疲劳寿命评估理论及寿命预测、多学科优化理论等。全书重点是突出一个完整的基于多体动力学和有限元法的结构疲劳寿命集成分析体系。为了便于理解本书介绍的内容，全书各个章节的内容主要结合实际轨道车辆工程结构中的具体研究对象，进行结构部件的疲劳寿命预测方法的探讨。本书内容涉及焊接结构疲劳和基于多体系统的多学科疲劳优化的研究问题。

本书内容可以从如下几个方面进行理解：

(1) 从结构设计的角度看

对于工程结构的耐久性分析而言，由于车辆结构设计必须要基于产品的设计功能进行结构调整和改变，这就容易导致整体结构受力可能因为结构材质和结构刚度的不同而导致结构的应力集中的发生。结构几何特征设计不仅导致结构的强度和刚度的变化，也会导致结构固有振动特性的改变 (振动频率、振型和阻尼等)。基于振动疲劳的角度考虑，在结构寿命预测时，首先需要进行结构动态设计的分析和理解。

(2) 从载荷历程的角度看

结构动应力过大经常是导致车辆结构产生疲劳破坏的主要原因之一。有时候，在工程中也会出现结构疲劳破坏的部位发生在低应力和巨量循环导致的位置。尽管人们在结构设计时已经注意到尽量避免结构产生共振的因素，但是结构局部共振问题有时很难避免，主要是因为车辆的承受载荷会因为载荷工况的不断变化而发生改变。比如车辆运行线路的情况不同时，轨道不平顺对车辆会产生不同方向的位移激励，对车辆产生载荷激励时的输入数据会根据车辆速度和轴距以一定的时间延迟作用在车辆结构部件上。这种相关性与通常的非相关确定或随机输入假设有很大的不同。另外，弹性车轮会因为自身的不圆度和弹性影响出现速度级或加速度级的激励。高速列车还必须要考虑空气动力学作用引起的气动载荷的输入 (内外压差，阵风、横风影响，进出不同长度和截面参数的隧道，列车交汇等)。车辆采用的悬挂参数的不同，均可能导致结构产生振动特性和受力状况的改变。外载荷的激扰频段一旦接近结构的固有频率就会导致结构产生局部共振，疲劳破坏将无法避免。现实中很多工程技术中的疲劳失效问题就是因为这样的原因而发生。获得载荷历程主要根据实测载荷数据和载荷仿真计算，这就需要考虑结构动应力的分析、计算和测试等基本概念。

(3) 从材料特性的角度看

材料和结构本身因为制造工艺的不同，或多或少，总是会存在各种缺陷，比如夹渣、未焊透等焊接缺陷等等，这必然导致结构部件和材料 S-N 曲线的差异。人们通常发现，结构裂纹 “萌生” 的形式经常是在结构材料晶体最大剪应力方向往复滑动。这些晶体的滑移带有时会变成相对较宽的频段，然后合并成裂纹，然后这些裂纹在垂直于外力的方向上缓慢成长。在裂纹形成的萌生阶段，裂纹尖端容易受到各种材料诸如晶粒边界和其他晶体的细节微观效应的影响。换句话说，利用现代材料疲劳试件的先进测试手段，人们已经可以观察到结构疲劳裂纹扩展的不同阶段的演变状况，而短裂纹是这段时期的主要物理现象。为了可以获得结构疲劳分析中所需的材料详细数据，人们经常采用材料或部件的疲劳试件作为研究对象，对其应力或应变作为主要参数变量进行疲劳测试。这就需要分析疲劳寿命预测理论、雨流计数等相关内容。

1.5　本书特色和重点

对于车辆结构的疲劳分析而言，计算多体动力学和车辆动力学的发展，使得人们可以从车辆动力学动态特性的角度理解结构动态特性和结构疲劳特性之间的作用机理。比如，振动传递关系是否可以影响或者改变车辆结构的疲劳特性，局部共振特性是否会导致结构产生共振疲劳问题，悬挂参数的选择是否会导致结构因振动的加剧而发生疲劳破坏问题等。

以高速列车车体结构为例，由于车体结构大量采用夹层结构的铝合金型材，使得复杂载荷 (包括风致荷载) 环境作用下的结构轻量化的同时，结构刚度和阻尼下降，结构疲劳强度相应也会降低。这说明结构轻量化设计与抗疲劳性能的下降必然成为难以有效解决的一对矛盾。且铝合金型材焊接接头和焊缝工艺等不确定因素的影响，容易导致车体结构弯曲刚度和抗扭刚度大幅下降，且焊接残余应力严重影响车体结构及车下悬挂设备的疲劳可靠性。尽管复杂载荷激励的频率范围比较宽广，但车体结构的主要振动频率大部分集中在 30Hz 以内。另外，由于风致荷载与设备振动，车体结构也存在局部高频振动现象。不同频段的载荷激励对车体结构的安全和疲劳的影响方式不同，这也要求对应的力学分析模型应该有所不同，比如在一些载荷激励频段出现的强非稳态随机激励 (风致荷载的湍流激励)，采用不同减振器导致的车辆结构的横向非线性导致的高频非线性振动响应等。这些因素均说明复杂载荷环境作用下的结构动力学特性和结构疲劳特性之间的作用机理研究十分必要。另外，车体材料包括钢材、铝型材、玻璃钢等多种材料，必然会导致结构的刚度的不同，对结构的焊接疲劳及寿命预测的影响均有着现实的工程意义。因此，如何有效地考虑结构的动态特性对探明复杂载荷环境下车体结构疲劳设计及寿命预测有着重要的影响，对解决实际工程结构中的疲劳寿命预测都具有十分重要的科学研究价值和工程应用意义。

1.6 章节内容安排

本书是作者近十余年研究车辆结构疲劳寿命预测及耐久性分析的一些心得和总结，存在着很多的不足和不尽完善的问题。可以说，研究的内容也仅仅是车辆结构疲劳及寿命预测方法的这个巨大研究领域中极小的一部分而已。本书侧重于工程应用，希望用相对通俗易懂的方式，从基本理论到实际工程应用等角度，逐步阐述基于多体动力学和有限元法的结构振动疲劳寿命的集成评估方法。全书贯穿从整车动力学的角度研究车辆结构疲劳寿命预测和耐久性分析问题的各个基本环节。同时，以轨道车辆关键结构部件 (车体结构) 为实际算例，进行完整的结构疲劳寿命预测分析流程的展示，进行结构疲劳寿命预测的相关分析和计算。对车辆结构疲劳寿命预测的现状和未来发展方向也进行了回顾和展望。尽管本书的重点在于车辆结构疲劳寿命计算的实际方面，但是也包括振动疲劳分析中需要考虑的裂纹扩展和断裂方面的知识，现代车辆结构疲劳寿命预测和分析技术的基础理论和概念也将在本书中得到一定的阐述和讨论。

本书的章节内容介绍了结构疲劳寿命预测及耐久性分析的基本理论背景，包括疲劳分析和寿命预测的基本概念，结合实例，阐述利用多体动力学和有限元法进行结构疲劳分析时应该注意的概念，包括详细介绍了结构动应力的仿真和试验，疲劳载荷和载荷谱的分析等内容。章节内容主要覆盖三个主题：

(1) 结构疲劳寿命预测基本理论及方法

涉及的章节包括第 1 章和第 2 章。主要介绍结构疲劳寿命预测相关的基本概念，比如疲劳寿命预测的三个要素，传统的结构寿命预测方法和损伤累积法则等。第 1 章是对结构疲劳背景知识的概述和文献综述；第 2 章提供了一些结构疲劳寿命预测的理论背景及寿命预测方法，包括对结构疲劳损伤过程的基本理解，并且对于影响结构疲劳寿命的过程给出一个简单回顾，对如何基于多体动力学和有限元法进行结构疲劳寿命预测的流程也进行了详细的阐述，包括寿命预测模型，统计方法的考虑等也有一定的说明。

(2) 车辆多体动力学和有限元分析

这部分内容包括第 3 章和第 4 章，给出一些理解和结构疲劳寿命预测相关的车辆多体动力学建模和仿真分析，对于车辆多体动力学的建模和仿真方法，特别是典型载荷工况下的动力学性能的评估方面进行了详细讨论。第 3 章对于车辆动力学性能的与结构疲劳之间的作用机理进行了讨论，对于轨道不平顺和轨道功率谱密度之间的时频转换技术进行讨论，轨道谱和路面谱一样对轨道车辆的振动有着十分重要的影响，也是很多振动现象的根源，对于不同线路运行的车辆必须要考虑典型线路的影响；第 4 章主要考虑了疲劳寿命预测中的有限元分析中涉及到的一些基本概念和内容。

(3) 结构动应力计算及试验方法及载荷谱与实例研究

内容涉及第 5 章、第 6 章和第 7 章。第 5 章阐述结构动应力计算和试验方法，对结构动应力的时域和频域分析方法进行了讨论；第 6 章对疲劳载荷谱进行了详细定义和描述，在结构疲劳寿命评估过程中，载荷谱的准确描述对疲劳寿命评估结果的可信性是非常重要的，对载荷谱的行程与分析，包括载荷谱的外推，数据压缩和重构问题分别进行了讨论；第 7 章结合实际算例利用混合模拟的技术进行疲劳寿命预测结果的仿真与验证。

总之，这些章节的内容主要是根据相关结构疲劳设计标准和准则产生的，确保提出的寿命预测模型和实际结构的疲劳损伤行为是相一致的。在车辆结构疲劳设计中，遵循的原则也是考虑将动应力计算仿真和实验结果进行对比验证的。这种安排可以便于阐述车辆结构疲劳寿命预测方法和耐久性分析理论和方法，也有利于工程师们高效地完成寿命预测和耐久性设计，便于结构工程师在疲劳优化设计时做出准确决策。

参 考 文 献

[1] 徐灏. 疲劳强度 [M]. 北京: 高等教育出版社. 1988.

[2] Radaj D. Design and Analysis of Fatigue Resistant Welded Structures [M]. Elsevier, 1990.

[3] 缪龙秀. 车辆零部件的失效分析 [M]. 成都: 西南交通大学出版社，1994.

[4] Niemi E. Stress Determination for Fatigue Analysis of Welded Components [M]. Woodhead Publishing, 1995.

[5] 赵少汴, 王忠保. 疲劳设计 [M]. 北京: 机械工业出版社. 1997.

[6] 赵少汴, 王忠保. 抗疲劳设计 —— 方法与数据 [M]. 北京: 机械工业出版社. 1997.

[7] Ellyin F. Fatigue Damage, Crack Growth and Life Prediction [M]. Springer Science & Business Media, 1997.

[8] Suresh S. 王光中等译. 材料的疲劳 (第二版) [M]. 北京: 国防工业出版社, 1999.

[9] 高镇同, 熊峻江. 疲劳可靠性 [M]. 北京: 北京航空航天大学出版社，2000

[10] 杨化仁, 郭晓光. 焊接结构疲劳强度理论 [M]. 沈阳: 东北大学出版社, 2002.

[11] 王德俊, 何雪宏. 现代机械强度理论及应用 [M]. 北京: 科学出版社，2003.

[12] 姚卫星. 结构疲劳寿命分析 [M]. 北京: 国防工业出版社, 2004.

[13] 涂善东，赵永翔. 机械强度学科发展趋势 [J]. 机械强度，2005, 27(4): 555-559.

[14] Lassen T, Recho N. Fatigue Life Analysis of Welded Structures [M]. London, Newport Beach, CA: ISTE, 2006.

[15] Radaj D, Sonsino C M, Fricke W. Fatigue Assessment of Welded Joints by Local Approaches [M]. Woodhead publishing, 2006.

[16] Niemi E, Fricke W, Maddox S J. Fatigue Analysis of Welded Components: Designer's Guide to the Structural Hot-spot Stress Approach [M]. Woodhead Publishing, 2006.

[17] Radaj D, Sonsino C M, Fricke W. Fatigue Assessment of Welded Joints by Local Approaches [M]. Woodhead Publishing, 2006.

[18] Lagoda T. Lifetime Estimation of Welded Joints [M]. Springer Science & Business Media, 2008.

[19] Lassen T, Recho N. Fatigue Life Analyses of Welded Structures [M]. Flaws: John Wiley & Sons, 2013.

[20] Johannesson P, Speckert M. Guide to Load Analysis for Durability in Vehicle Engineering [M]. John Wiley & Sons, 2013.

[21] Bishop N, Sherratt F. Finite Element Based Fatigue Calculations [M]. NAFEMS, 2000.

[22] Kozak J, Górski Z. Fatigue strength determination of ship structural joints [J]. Polish Maritime Research, 2011, 18(2): 28-36.

[23] Klinger C, Bettge D, Hacker R, et al. Failure analysis on a broken ICE3 railway axle [C]. Contribution at the ESIS TC24 meeting to railway structures, BAM, Berlin. 2010, 11.

[24] Bollas K, Papasalouros D, Kourousis D, et al. Acoustic emission inspection of rail wheels [J]. J. Acoust. Emission, 2010, 28: 215-228.

[25] Luo R K, Gabbitas B L, Brickle B V. An integrated dynamic simulation of metro vehicle in a real operating environment [J]. Vehicle System Dynamics, 1994, 23: 335-345.

[26] Luo R K, Gabbitas B L, Brickle B V. Fatigue design in railway vehicle bogies based on dynamic simulation [J], Vehicle System Dynamies, 1996(25): 438-449.

[27] Dietz S, Netter H, Sachau. Fatigue life prediction of a railway bogie under dynamic loads through simulation [J]. Vehicle System Dynamics, 1998 (29): 385-402.

[28] Srikantan S, Yerrapalli S, Keshtkar H. Durability design process for truck body structures [J]. International Journal of Vehicle Design, 2000, 23(1/2): 95-108.

[29] Haiba M, Barton D C, Brooks P C, Levesley M C. Review of life assessment techniques applied to dynamically loaded automotive components [J]. Computers and Structures. 2002(80): 481-494.

[30] KIM H S, YIM H J, KIM C B. Computational durability prediction of body structures in prototype vehicles. International Journal of Automotive Technology, 2002, 3(4): 129-135.

[31] Sigmund K A. Fatigue assessment of aluminum automotive structure [D]. PhD thesis, Norwegian University of Science and Technology, Norwegian, 2002, 8.

[32] Ridnour J A. Methodology for evaluating vehicle fatigue life and durability [D]. PhD thesis, The University of Tennessee, Knoxville, 2003, 12.

[33] Kim J S, Lee S J, Shin K B. Manufacturing and structural safety evaluation of a composite train carbody [J]. Composite Structures, 2007(78): 468-476.

[34] Seo S I, Park C, Kim K H, etc. Fatigue strength evaluation of the aluminum carbody of urban transit unit by large scale dynamic load test [M]. JSME International Journal. Japan, 2005, 48(1): 27-34.

[35] Johannesson P. Extrapolation of load histories and spectra [J]. Fatigue and Fracture for Engineering Materials and Structures, 2006, 29(3), 209–217.

[36] Belforte P. Numerical simulation for improving the design of running gear: improvement of vehicle dynamic behaviour [C]. 2007.

[37] 周传月, 等. MSC.Fatigue 疲劳分析应用与实例 [M]. 北京：科学出版社, 2005

[38] 王文静, 孙守光, 李强. 柔性构架的动应力仿真 [J]. 铁道学报, 2006, 28(1): 44-49.

[39] 尚德广，王德俊. 多轴疲劳强度 [M]. 北京：科学出版社，2007.

[40] 陆正刚, 胡用生. 基于刚柔耦合系统的关键零部件动应力仿真和疲劳寿命计算 [J]. 铁道车辆, 2006, 44 (1): 6-11.

[41] 公江茂树. 新干线车辆车体的强度和安全性评价 [J]. 国外铁道车辆, 2003, 40(6): 12-16.

[42] Tsuyoshi Y, 等. 用于铝合金车体外壳焊缝的疲劳设计图 [J]. 国外铁道车辆, 2008, 45(3): 23-28.

[43] Mohr D. Efficient modelling and post processing of spot welded railway vehicle car bodies [C]. Bombardier corporation conference, 2008.

[44] Halfpenny A，林晓斌. 基于功率谱密度信号的疲劳寿命估计 [J]. 中国机械工程，1998，(11): 16-19.

[45] Peter J, Heyes A，林晓斌. 基于有限元的疲劳分析系统 MSC.FATIGUE[J]. 中国机械工程，1998，(11): 12-15

[46] 林晓斌，Peter J, Heyes A, 等. 多轴疲劳寿命工程预测方法 [J]. 中国机械工程，1998(11): 120-123

[47] 吕彭民. 铸钢转向架双随机变量概率疲劳设计方法研究 [J]. 铁道学报, 1999, 21(2): 98-101.

[48] 赵洪伦, 柏立华, 于慧. 货车车体结构腐蚀损伤与疲劳寿命研究 [J]. 铁道车辆, 2005(4): 5-8.

[49] European committee for standardization. EN12663: 2010.Railway applications structural of railway vehicle bodies [S]. London: British Standard Institution, 2010.

[50] 缪炳荣. 基于多体动力学和有限元法的机车车体结构疲劳仿真研究 [D]. 成都: 西南交通大学, 2006.

[51] Miao B R, Zhang L M, Zhang W H, et al. High-speed train carbody structure fatigue simulation based on dynamic characteristics of the overall vehicle [J]. Journal of the China Railway Society, 2010, 6: 024.

[52] Miao B R, Zhang W H. New fatigue life and durability evaluating method of high speed train carbody structure [C]. ICF13, 2013.

[53] Miao B R, Zhang W H, Huang G, et al. Research of high speed train carbody structure vibration behaviors and structure fatigue strength characteristic technology [J]. Advanced Materials Research, 2012, 544: 256-261.

第 2 章　理论背景及寿命预测方法

目前，国内外很多著名轨道车辆制造企业，主要以经济、生态和环保为设计理念 (ECO^4 设计理念)，制造出既安全可靠又轻量化的车辆结构，追求满足生态设计、降低制造成本、降低能耗排放等技术需求。为了在较短的产品设计开发周期内达到这些设计目标，不仅要求尽可能减少物理样机的制造和测试成本，而且要求新产品的设计必须要满足结构轻量化和疲劳可靠性的设计标准。在工程领域中，车辆结构轻量化设计和结构疲劳设计经常是一对矛盾，结构轻量化设计不仅会导致结构强度和刚度的下降，也更容易导致车辆的动力学特性的恶化和结构共振效应的发生，增大了结构部件振动失效和疲劳破坏发生的概率。轨道车辆结构主要部件多以焊接结构部件为主，为了实现结构轻量化的优化设计，必然要考虑结构的抗疲劳性能。结构部件的疲劳优化设计已经成为新产品设计是否成功的决定性因素之一。结构疲劳设计通常以整体结构系统、关键零部件、焊接接头等为研究对象，综合研究结构疲劳性能、抗疲劳设计、寿命估算和疲劳试验方法，还包括研究结构形状尺寸和工艺因素的影响以及提高结构疲劳强度的方法。车辆结构疲劳是一种复杂的过程，受多种条件 (服役环境、载荷环境、结构设计、材料选择等) 的影响，要准确地预测结构部件的疲劳寿命，需要考虑的因素比较多。结构疲劳设计不仅需要选择合适的物理模型，开展宏观力学方面的研究，包括裂纹萌生、裂纹扩展直至疲劳断裂破坏的机理，而且需要进行微观力学方面的研究，比如根据位错理论进行断口分析等。此外，车辆结构疲劳设计涉及到材料科学、随机振动、疲劳理论、断裂力学和计算方法等多门学科。只有更深刻地认识结构和材料的疲劳破坏机理，将宏观和微观分析结合起来，才有可能准确地预测车辆结构的疲劳寿命。

2.1　疲劳设计思想

结构疲劳通常是指结构部件在循环应力和应变的作用下，不断产生累积损伤，达到一定的载荷循环次数后，结构部件的某些部位产生疲劳裂纹萌生或突然断裂的过程。对于轨道车辆结构部件而言，疲劳失效是其结构部件的主要失效形式。近年来，铁路部门通过大量引进和消化吸收国外先进技术获得了跨越式发展，在高速铁路领域取得了世界瞩目的成绩，但随着车辆产品服役过程的延长，也逐渐暴露出一些与疲劳失效相关的技术问题。具体表现在车辆新产品耐久性开发手段的明显不足，这对车辆结构疲劳可靠性设计及安全服役提出了难题。尤其是在车辆产品的耐久性设计、分析和试验阶段，由于复杂载荷环境和材料的分散性，缺乏对关键结构部件执行有效的耐久性分析手段，导致在车辆结构装配、制造和维修等方面容易暴露出车辆结构耐久性设计考虑不足的问题。

目前，铁路车辆关键结构部件的疲劳强度设计和耐久性分析方法上还存在一些局限性。一些车辆关键结构部件的疲劳设计还是主要依赖于传统的常规结构静强度的疲劳分析方法。结构疲劳设计及寿命预测的现状是没有完全将车辆动力学特性、结构强度和刚度性能 (包括动/静强度和刚度)、空气动力学影响等放到统一的设计平台进行考虑，容易忽略各个系统的学科之间的内在联系和相互影响。例如，目前相关铁路车辆制造企业的结构疲劳强度分析主要是依赖于有限元静强度分析结果和常规疲劳评估方法，没有考虑随机动载荷作用下的结构疲劳强度分析和计算方法的合理性；缺乏有效设计和分析各种复杂工况下的典型疲劳载荷谱，对车辆关键部件和局部危险位置缺乏有效的疲劳强度分析方法；没有在车辆结构耐久性设计中考虑高速列车经过桥梁、隧道时复杂空气气流扰动因素的影响；没有把列车车辆的各种运动姿态综合影响和振动控制等复杂因素考虑进去。另外，由于车辆结构、材料和焊接接头形式的多样性、分散性、复杂性 (如考虑铝合金、不锈钢材料、复合材料、夹层结构等)，没有考虑实际选用材料的差异性，缺乏实际焊接接头的应力–寿命曲线的必要试验支持。有时没有根据材料的实际状况考虑焊接工艺、装配制造、表面处理等因素的影响，只是单纯地依照欧洲或日本等国家的焊接工艺标准进行生产。实际线路的车辆结构动应力试验费用十分昂贵，且线路动应力测试受到测试线路的典型性、区间的运行时间以及列车运行牵引制动方式等因素的影响也十分明显。

近些年来，国内外一些铁路装备制造企业在开发轨道车辆新产品的研究过程中，曾经先后出现了机车车辆关键结构部件的疲劳断裂问题，如某型客车的转向架的构架连接梁、电机吊杆出现裂纹萌生；某型机车车体牵引座都发生不同程度的疲劳裂纹萌生和扩展问题；某型客车构架的吊杆和横向控制拉杆的断裂疲劳问题；某型机车转向架端梁断裂问题。另外，某些型号的动车组车辆结构的牵引座、电机吊座和齿轮箱部位、联轴器和抗蛇行减振器等部位也先后曾经出现裂纹萌生现象。这些结构部件的疲劳问题和车辆结构疲劳寿命预测及耐久性分析方法的不足密切相关。这些问题说明，人们对动载荷作用下的车辆结构的疲劳问题研究还缺乏有效的技术手段，常规疲劳分析和计算方法已经满足不了车辆结构新产品研发需求。

根据相关文献，在各种轨道车辆的机械事故中，大约有 80%是由于结构疲劳失效引起。车辆结构部件的疲劳强度、设计寿命、可靠性等成为国内外市场上产品竞争的重要指标。结构疲劳寿命，通常泛指结构部件疲劳失效时所经受的一定的应力或应变的循环次数和时间。然而，在复杂随机振动载荷作用下准确预测车辆结构疲劳寿命又是一个十分困难的问题。车辆结构疲劳寿命，必须有合适的结构几何特征模型、典型的载荷谱、结构与材料特性的 S-N 曲线和合理的结构累积损伤理论方法，有时也包括采用有效的疲劳裂纹扩展理论和线弹性结构断裂力学方法等。要准确预测寿命就必须要把这些影响车辆结构疲劳寿命的主要因素完整考虑进去。

显然，车辆结构部件的疲劳失效问题主要是结构随机振动疲劳问题，如果要准确地解决，需要跨越比较宽泛的多个工程技术学科。随着车辆结构采用更多功能性材料，结构疲劳性能的优劣依赖于结构的载荷环境、材料特性、产品的设计与制造 (CAD/CAM)，以及一些加工工艺比如焊接、热处理等。也就是说，结构几何特征的设计 (强度和刚度设计等)、材料科学、制造工艺在结构疲劳寿命预测中都扮演着十分重要的角色。当然，为了准确预测结构部件的疲劳寿命，疲劳分析数据的概率统计与分析也是不可忽略的重要工具。

经常承受复杂动应力的车辆结构部件，其失效普遍形式主要是疲劳损伤 (Fatigue Damage) 和疲劳断裂等破坏形式。通常人们将总的结构疲劳寿命简单定义为包括裂纹萌生和裂纹扩展两个阶段。裂纹萌生阶段一般通过结构的动应力计算和分析，而裂纹扩展阶段则要求考虑应力强度因子 (Factor of Stress Intensity) 和应力比，而且对裂纹区域的有限元网格进行更为精细的划分，并进行裂纹扩展分析。在考虑裂纹扩展速率时还需要考虑不同载荷下的裂纹钝化效应。由于多数结构部件的失效时间主要发生在裂纹萌生阶段，如果将结构疲劳寿命定义在裂纹萌生阶段可以认为是一种相对合适和保守的评估方法 [1–5]。

当然，车辆结构的疲劳寿命预测分析过程基本包含四部分内容 [6–10]：

- 材料或结构部件疲劳失效行为的准确描述；
- 确定合适的载荷时间历程 (主要是应力、应变时间历程)；
- 建立合适的疲劳寿命评估模型 (采用各种寿命预测方法和理论)；
- 识别模型中的危险区域以及准确预测结构疲劳寿命。

结构疲劳寿命和裂纹扩展的几种方式如图 2.1 所示。

2.1.1 基本概念与寿命估算方法

车辆结构疲劳设计思想的有效性，主要依赖于车辆结构部件有限元模型的准确性以及多个载荷工况下载荷时间历程加载的合理性。对于承受随机载荷作用的结构部件，很大程度上取决于实际车辆服役环境中疲劳评估中需要考虑的结构动应力时间历程数据。载荷数据可以通过现场线路测试获得结构的广义载荷数据 (力、速度、加速度等)，也可以通过一些仿真技术获得车辆结构部件的应力历程。目前，基于多体动力学和有限元法的混合模拟仿真的技术获得结构的动应力/动应变等，已经成为一种国内外学者认为行之有效的车辆结构疲劳寿命预测方法 [6–10]。

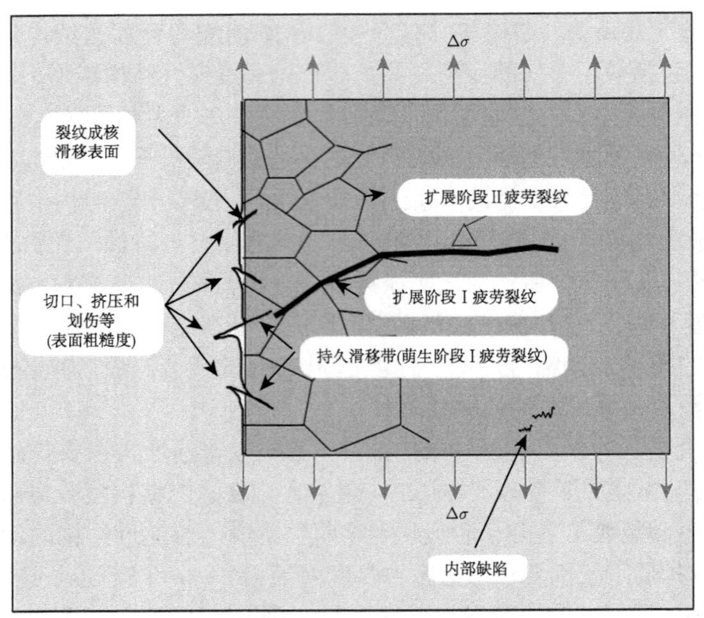

图 2.1　结构疲劳寿命和裂纹扩展的几种方式 [4,5]

其实，机械结构的耐久性、可靠性、疲劳特性的术语有时在相同的结构工程分析中使用，其差异性以及定义，经常限定得并不严格，这里根据相关文献进行简单地描述 [11,12]。结构耐久性是用来描述整体结构寿命要求的术语，主要是指材料或结构部件抵抗外在载荷和自然环境下 (比如腐蚀环境) 长期破坏的能力，例如估算车辆运行里程已经达到 25 万 km。可靠性通常还包含结构的失效概率，例如有 95%的生存可能性。疲劳特性经常是用来描述结构受到变幅应力和应变时，材料内部裂纹的形成和扩展的过程。最值得提的一点是结构疲劳分析中的安全因子概念，在进行结构疲劳设计时，有时需要妥善处理各种不确定性因素的影响，比如，各种疲劳分析数据 (几何特征、载荷、材料曲线、加工工艺等) 分散性。在结构疲劳寿命预测计算中，就需要通过安全因子考虑诸如载荷、材料、几何等因素对结构疲劳评估结果的敏感性的影响。

在进行车辆结构疲劳设计时，人们会发现，不仅需要掌握结构有限元分析的基础，还需要掌握车辆系统动力学方面的相关知识，以便真正地理解结构所承受的载荷的随机特征。只有结合实际车辆结构承受的随机动载荷、材料疲劳特性与正确的寿命评估方法，才有可能解决工程结构出现的疲劳寿命预测的精度问题。在进行结构疲劳寿命预测之前，需要理解不同的结构疲劳设计理念和寿命预测模型，理解清楚疲劳的基本概念。例如，当车辆结构部件出现微观疲劳裂纹时，是否需要确定该车辆运行的线路不平顺的状况，是否需要确定车辆部件承受的具体载荷工况和考虑多种复杂的载荷类型 (惯性载荷、支反力和力矩等)？对于产生裂纹甚至发生疲劳断裂失效事故的车辆结构部件，是否需要掌握车辆结构在服役过程中的振动特性 (悬挂系统可能会在服役过程中因为老化而产生刚度和阻尼参数的改变) 以及是否有产生共振失效的可能性？在进行车辆定期检修和维护过程中，哪些部位经常发现裂纹萌生和扩展问题，是否采取了适当的物理失效控制措施？在车辆结构部件疲劳裂纹萌生出现之前，对于结构表面采取什么处理措施 (时效处理，喷丸、喷砂、打磨等工艺措施) 呢？这些因素决定了车辆结构产品疲劳设计和寿命预测分析时，如何正确使用基于多体动力学的有限元方法的车辆结构振动疲劳分析理论。

目前，结构疲劳设计与疲劳分析过程中，主要有三种设计方法：安全寿命方法 (Safe-Life Method)、失效寿命法 (Fail-Life Method) 和损伤容限法 (Damage Tolerant Method)。也有一种观点认为还有第 4 种方法，即耐久性设计与分析方法。实际上，根据相关文献，现代车辆的结构耐久性设计是以经济寿命为控制目标，需要综合考虑上述的三种疲劳分析方法，故这里主要介绍前三种分析方法。结构安全寿命设计通常使用应力–寿命的分析方法，而损伤容限设计采用裂纹扩展分析 (Crack Propagation Analysis) 方法。但这些概念的定义有时并非一成不变，比如，结构一旦出现疲劳失效破坏，是否有可能通过其他途径检测疲劳损伤和进行相关疲劳分析，而不仅仅是通过裂纹长度的增长率确定疲劳损伤结果。结构安全寿命设计目的是当部件开始出现一条裂纹之前，就立刻终止部件的使用，其中应变–寿命法是目前预测结构裂纹萌生寿命行之有效的一种方法 [11,12]。

结构疲劳设计的常规方法，有益于人们进行简单的结构疲劳寿命估算。当然，预测疲劳寿命时可能会出现非常复杂的情况，比如面临如何处理多轴疲劳问题和线性累计损伤法则的缺陷等。然而，针对工程结构的疲劳设计及寿命预测问题，最有效果的疲劳分析方法有时往往也是最简单实用的。例如，人们经常在结构疲劳寿命评估时采用单轴的疲劳寿命预测方法，毕竟对于多轴结构疲劳计算，也只是在一些特定设计的情况下才是有用的。在一些常规结构疲劳设计情况下，如果随意使用多轴疲劳评估技术标准或者在一些简单工况中错误应用，均有可能会导致结构寿命预测精度的下降，甚至产生错误的寿命预测结果。另外，由于疲劳结果存在严重分散性和不确定性的因素比较多，目前在实际工程应用中，预测结构寿命的误差有时在 1~2 倍范围内也经常是可以接受的。当然，人们还在不断地努力，尝试采用各种合适的疲劳寿命评估理论和修正方法提高寿命预测精度。

下面简单地介绍一下传统的结构疲劳设计方法 [11,13]。

(1) 安全寿命设计方法

从无限寿命设计方法基础上发展起来的安全寿命设计方法，主要是依据实验中获得的材料试件的疲劳 S-N 曲线进行设计。采用安全寿命理念设计产品时，只需要保证结构部件在规定使用期限内能够安全使用。部件的设计寿命将会是整体结构全寿命的一部分，通常是重要部件安全寿命的几分之一。在一般情况下，这个理念产生的结构还需要进行设计目标优化。这种设计方法对结构疲劳可靠性设计要求非常高，也是当前机械产品的主导疲劳设计方法。安全寿命法必须要考虑安全系数，主要是为了考虑疲劳数据的分散性以及其他不确定性因素的影响。安全寿命法主要包括名义应力的有限寿命法和局部应力应变方法。

(2) 失效寿命设计方法

失效寿命设计方法，有时也称失效–安全设计方法，本质上就是在规定的使用年限内，允许结构产生疲劳裂纹的存在，也允许结构裂纹的扩展。通常需要辅助以结构止裂设计方法。为了保证结构部件在其疲劳寿命后期阶段的运行安全，或者保证部件具备足够的安全寿命，这时候就需要采用失效寿命的理念进行疲劳设计。

(3) 损伤容限设计方法

损伤容限设计方法，也是在失效寿命 (安全) 设计方法上发展起来的一种疲劳设计方法。这种方法主要是假定结构部件内存在初始裂纹，需要采用断裂力学方法估算剩余寿命。通过结构疲劳实验进行验证，确保产品在服役期间的使用过程中裂纹的扩展不会引起致命的破坏结果。这种方法主要适用于裂纹扩展缓慢且断裂韧性比较高的材料。

举例来说，对完整的高速列车这样大型复杂系统的车辆结构进行疲劳设计和新产品开发，其难度在于需要综合考虑各方面的因素，比如，确定针对何种部件采用何种结构疲劳的设计理念和方法、需要考虑哪些典型的载荷工况、材料和部件的 S-N 特性如何等。也可以说，不同的结构耐久性设计理念和寿命预测模型适用于车辆系统的不同部分，这需要综合考虑和协调处理。这也意味着，车辆结构在进行寿命预测时需要进行综合性耐久性管理，通过对关键部件的结构设计、应力测试和制造工艺的协调来确保开发的产品在成本和时间要求范围内满足结构疲劳设计的需要。在目前有限元疲劳评估的相关理论中，基于多体动力学分析和有限元分析方法是确保结构有限元疲劳设计和寿命预测精度的核心。

如果已知结构部件的局部应力或应变时间历程，选择恰当的疲劳分析方法可能是至关重要的。事实上，目前存在很多比较流行的有限元疲劳分析的软件包 (如 HBM nCode 公司的 DesignLife 中的 FE-Fatigue、FE-safe 等)，其主要包含上述这三种寿命预测方法，且结构寿命主要是由裂纹的萌生阶段和裂纹扩展阶段组成的。根据结构几何形状、载荷时间历程、材料特性的不同，每个因素对疲劳寿命影响的比例会有所不同。例如，一个有很大韧性的钢材部件可能在裂纹萌生阶段寿命较长，但易碎的铸铁部件或其他脆性材料在裂纹萌生阶段只有较短的寿命。此外，总的寿命会因结构部件的设计方式不同而不同。

通常保守的寿命预测分成两部分，即裂纹萌生阶段和裂纹扩展阶段，如何定义裂纹长度已经成为一种疲劳设计标准。事实上，相关文献已经指出，应变–寿命的方法一般识别不了结构裂纹何时开始萌生。但是，可以利用先进的检测手段确定裂纹萌生阶段 (可识别的微观裂纹尺寸) 到裂纹开始扩展的时间周期。目前确定结构部件的疲劳寿命方法主要包括试验方法和仿真方法。试验方法是完全依赖于产品物理样机进行的疲劳寿命试验，主要通过采用与实际产品相同或相似的结构部件进行台架疲劳试验获取疲劳寿命数据。在新产品开发的早期阶段，这种方法成本极高，而且也没有必要，这是因为新设计的产品或多或少并不成熟，而且总是存在着各种技术缺陷。尤其是在虚拟样机技术快速发展的今天，完全可以先采用虚拟物理样机的疲劳仿真技术进行。这也是本书基于多体动力学和有限元法进行疲劳寿命设计与分析研究的根本目的。

实际上，车辆结构疲劳寿命预测方法也包括材料疲劳行为的描述，变幅循环载荷作用下的结构动应力、动应变响应计算，疲劳损伤累计法则的运用等。应力–寿命法、应变–寿命法和裂纹扩展法是目前机械工程领域中主要采用的三种结构疲劳寿命预测方法，可以简单地阐述如下 [11−13]。

(1) 应力寿命法 (S-N 法，或名义应力法)

该方法主要是解决高周疲劳问题，也是利用应力–时间历程 (动应力) 判定结构部件的疲劳寿命。在裂纹萌生的地方，结合结构部件的几何特征模型以及作用在结构部件上的载荷激励，通过一定的方法计算获得结构的响应并转化为应力–时间历程。传统意义上，可以根据相关的材料疲劳试件的测试数据库或相关标准获得的相应的应力集中系数。但有时这些应力集中系数并不能完全反应实际结构部件的所有几何特征。有限元法可以为修正这些系数起重要的作用。某种程度上说，人们可以根据标准或试件的疲劳试验不断更新和补充材料疲劳试件获得的 S-N 数据图表，使之更加符合实际结构部件的特征。在应用 S-N 法时，通常假定部件的所有部分甚至是裂纹开始的位置都保持弹性状态。这种方法局限于应用寿命大于 10^4 的载荷循环数，并且好的情况下，可能是寿命极限大于 10^5 的载荷循环数。对于短寿命、高负载的工程结构部件，如果考虑应力集中系数的影响，名义应力可能会远远大于结构关键部位的屈服应力，结构部件自然就会产生屈服和疲劳效应。

材料试验数据通常是采用很多标准试样组进行疲劳试验，可以获得 S-N 曲线，即名义应力和载荷循环数之间的关系。在选择的应力临界点，通过应力–时间历程与 S-N 曲线的比较，允许对一个结构部件的寿命做出估计。通过疲劳试样和测试方法的改变，可以获得整体结构部件的 S-N 曲线。如果寿命估计仅限于部件，有时就需要采用新的测试方案，并且要严格按照其几何形状特征的变化甚至是其轻微的变化而对试样改变，比如各种焊接接头部件的 S-N 曲线。对于金属焊接结构部件的 S-N 曲线测试就属于结构部件疲劳测试的一种特殊情况。目前已经有类似的结构部件的 S-N 的焊接标准公布，比如英国焊接标准 (BS7608-2014)，这涉及结构总寿命和焊缝远端的名义应力。有时结构部件的 S-N 数据并没有完全依据材料疲劳试件的测试数据，而是根据结构的类型确定了部件的具体数据。有限元分析的作用就是针对结构弹性应力的发生的部位，通过分析获取准确的应力–时间历程。

S-N 法通常是针对线弹性结构，主要是假定结构处于完全弹性状态，包括整体结构和局部疲劳相关的位置，如切口处，但这也可能带来寿命预测误差。毕竟很多结构在实际载荷环境中都存在局部塑性变形。S-N 法仅适用于线弹性结构有限的情况，比如仅仅适用于小载荷、长寿命的高周疲劳 (HCF) 的问题中。在结构有限元模型分析时，根据获得的应力历程可直接用于计算结构疲劳损伤，对于多数机械结构部件而言这种方法还是基本可行的。另外，根据材料力学理论，当计算结构屈服极限或强度极限的百分比，即 "许用应力" 时，工程师会通过降低表面光洁度的值 (或表面加工处理)，或者减少循环周期值等经验数据，进行简单的结构应力–寿命估算。目前在很多企业，采用 Goodman 图进行疲劳强度设计和分析比较普遍，平均应力的影响也不容忽略，需要进行合理修正。

(2) 应变–寿命法 (裂纹萌生或临界位置的方法)

结构低周疲劳 (LCF) 问题的应力、应变响应技术目前已经比较成熟了。使用传统疲劳寿命经验公式计算就可以获得结果。虽然在某些情况下非线性有限元分析可以解决部分结构工程的裂纹萌生问题，但由于应用条件相对复杂，有时并不适合通常的工程应用情况。对于多数属于线弹性结构的结构有限元分析而言，均是可以用线弹性结构的有限元分析结果来代替在关键节点危险点的位置，以便更好的寿命预测。当然，也可以根据实际情况选择关键位置的弹塑性寿命预测问题。

当已经获得部件关键位置的应变–时间历程，这时就可以根据不同应变范围内的稳定小样本测试材料性能的数据。当一个小裂纹出现时，将会终止测试，并且预测小裂纹萌生的寿命。有时候试件可以从真实的结构部件的疲劳试验中获取数据，考虑制造因素的影响。比如，一些产品制造商，经常会根据材料的生产批次来加工自己的疲劳试件。

虽然应变–寿命法适用于短寿命的结构部件，但它也有广泛的工程应用。比如，一些结构部件在使用时，要求部件有相当长的寿命，但只有很少的结构疲劳载荷 (高于疲劳极限) 才可能导致在关键位置的屈服效应。这说明，结构部件承受的很多大量的小载荷 (小于疲劳极限) 可能不会导致结构损伤。但在一些结构部件的关键位置进行应变 - 寿命的方法仍然是必要的。另外，工程中也有一种观念，即应变–寿命方法是一种比 S-N 法更得到普遍适用的寿命评估方法。现实中这种方法广泛应用于车辆行业。有一种观念认为应力–寿命法可以是应变–寿命和弹性应力的一个子集。实际上这两种方法本质上是相同的，但是由于材料试件的应变–寿命的材料数据的分散性在本质上比 S-N 法的少，工程师采用起来比较方便。这也是有时应变–寿命方法在部分高周疲劳的部件寿命评估中也会得到应用的原因。

(3) 裂纹扩展模型

如果要考虑到裂纹扩展阶段的寿命，裂纹扩展模型需要做两方面的工作：一是预测裂纹的扩展速率 (单位：mm/应用载荷循环数)；二是在下一个导致灾难性裂纹扩展来临之前预测裂纹可能达到的长度。这两方面的工作通常采用线弹性断裂力学理论和方法进行处理。在这两种情况下的控制因素是裂纹尖端的应力强度因子，取决于裂纹长度。这就需要确定靠近裂纹尖端的名义应力和一个影响系数，有时也被称为顺从函数 (Compliance Function)。这些数据取决于结构部件的几何形状和裂纹扩展推导的表达式，但是在裂纹尖端由于存在奇异性，推导公式有时变得非常困难。这是由于在裂纹尖端的应力经常是塑性的，且在弹性分析中尖端应力是趋于无穷大的。

依据裂纹扩展模型的有限元分析，在某些方面与其在应力–寿命估计中的作用相似，它有时可以取代现有的标准疲劳试件的数据库。因为材料疲劳试件的数据库有时并不充分，有限元分析在裂纹扩展分析中比其在应力–寿命中可能会发挥更大的作用。特别是因为影响系数几乎总是随着裂纹扩展的变化而不断变化。这就好比在分析过程中，有时需要通过一个数值积分的简单表达式进行描述。在许多实际情况下，当裂纹扩展到一个特殊区域，这个区域又有着完全不同的几何形状时，有限元分析的适应性就显得至关重要了。结构部件在服役环境中的裂纹寿命估算的一种常见方法就是：首先假定结构中存在一定长度的裂纹，且此时裂纹萌生的寿命 N_i 设定为 0。这种方法在处理焊接接头时比较常见，详细的理论及背景知识可以参见裂纹扩展相关的文献 [4,5]。

2.1.2 疲劳寿命预测三要素

近年来的车辆结构振动疲劳设计及寿命分析过程，需要了解结构疲劳分析的三个基本要素：结构几何特征、载荷时间历程和材料特性参数。疲劳寿命预测的三个重要因素中，结构几何特征设计 (结构外形、强度及刚度、模态等的设计与分析) 是基本条件。载荷时间历程的获取 (包括惯性加速度、角速度、角加速度、支反力和力矩等) 是预测准确与否的重要因素。其中由此产生的结构动应力/动应变更是分析车辆结构疲劳寿命的必要条件之一，动应力历程可以表示为应力–时间历程 (σ-t)；动应变可以表示为应变–时间历程 (ε-t)。通常针对具体的车辆结构部件，需要根据结构动应力和合适的结构疲劳寿命评估理论，以及材料试件或结构部件的疲劳性能 S-N 曲线估计寿命。通常车辆结构寿命预测采用如下传统疲劳分析流程，如图 2.2 所示 [11–14]。

在实际工程结构中，为了获得结构疲劳寿命预测中的动应力或动应变，显然需要充分考虑到上述的三个重要因素，有时在工程结构疲劳分析时还可以采用更为详细的分析模型，如图 2.3 所示。

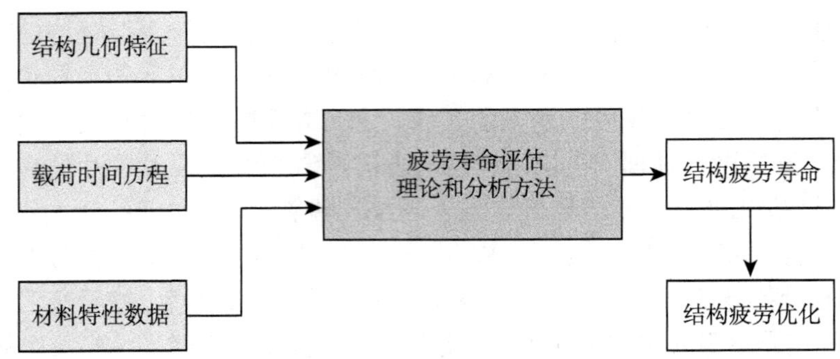

图 2.2　传统的结构疲劳分析过程 [11]

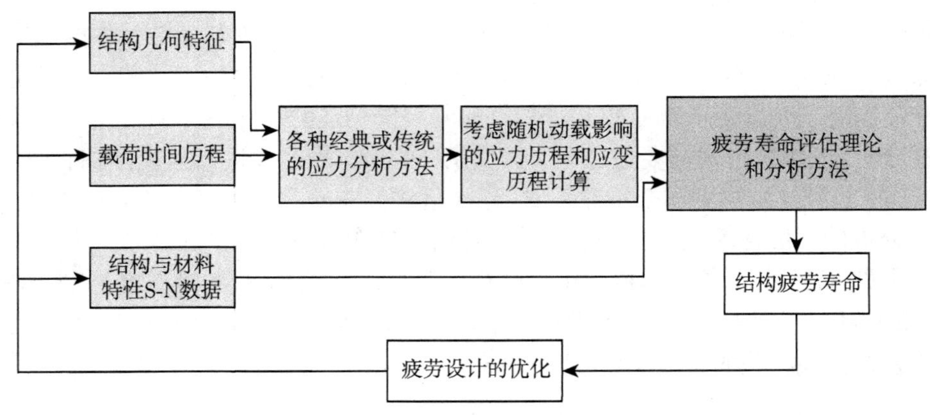

图 2.3　工程结构中的寿命估算 [11]

从结构几何特征和载荷时间历程到获得结构的详细动应力或动应变的过程，需要涉及到很多相关动应力分析理论和技术。其中一些需要很强的理论背景，而另一部分则需要通过材料试件的疲劳试验或者结构部件的疲劳试验获得材料和结构的 S-N 曲线。对于结构承受的动载荷而言，可以说载荷时间历程是影响结构疲劳极为重要原因之一，且随着时间变化各种不确定性因素会逐渐增多。使用有限元分析可以对结构的几何特征的细节以及载荷等参数进行严格控制。在分析时，可以通过动态因子进行载荷时间历程适当的调整，以便于考虑不确定性因素的影响，比如加工、表面粗糙度、光洁度等因素。在图 2.4 中，区别于图 2.3 中的结构疲劳分析过程，更为强调寿命评估过程中的有限元分析的重要性。

疲劳寿命计算的准则会根据结构部件的几何特征、载荷时间历程和服役环境的变化而改变。就承受简单载荷的简单结构部件而言，在进行结构疲劳寿命评估时，有可能只会有很小的误差，但是随着结构几何特征的更加复杂，服役载荷环境的多变，结构疲劳寿命预测的误差必然会加大。对于随机动载荷作用下的结构部件，仅仅利用有限元静强度分析结果进行结构疲劳寿命预测必然会出现较大误差和错误，这必然需要人们在进行结构疲劳寿命预测时，考虑结构的动态特性和载荷时间历程的随机性。

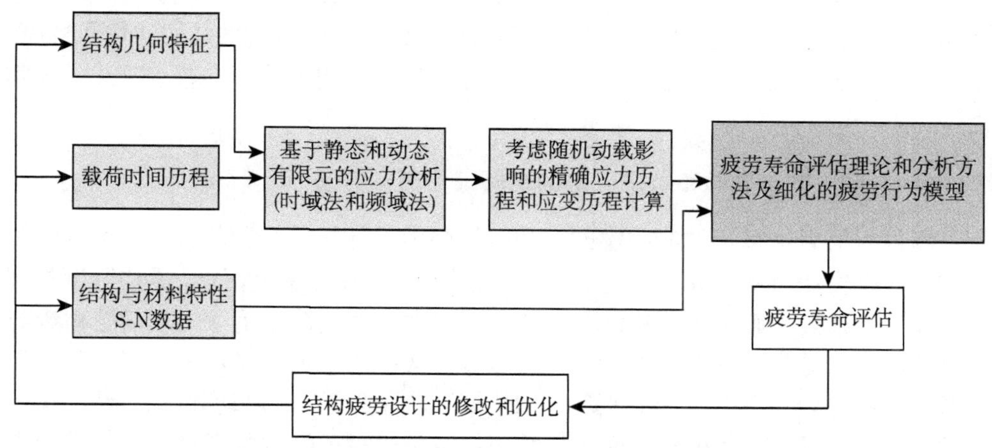

图 2.4 一般结构的有限元疲劳分析的寿命估算流程 [11]

以车辆结构部件为例，一个典型的结构部件需要承受不同的典型载荷工况作用。比如，轨道车辆的典型载荷工况需要包括启动/制动工况、直线线路工况、曲线线路工况 (含不同的曲线半径线路段)、明线/隧道工况等。现实中，即使是一种典型的载荷工况，也存在着某种非常复杂几何形状的结构部件，同时承载许多的载荷时间历程的作用 (惯性载荷和外部载荷等)。这些结构部件如果需要大量生产，有时还要求结构轻量化设计以降低制造成本，而轻量化的结构设计容易导致结构强度和刚度的下降，以及结构抗疲劳性能的下降，这就需要保证结构的安全性等。

目前，轨道车辆新产品的全尺寸物理样机的制造已经是必不可少的产品研发环节，而且需要针对现实的载荷环境进行各种典型载荷工况作用下的结构疲劳强度测试。虽然说物理样机的制造和测试是非常必要的，但也会导致新产品生产制造成本的加大。另外，物理样机的制造不仅使研发和生产成本加大，而且还存在一个问题，即单个结构部件的疲劳测试不可能完全再现实际工程中结构部件的全部真实载荷环境。当然，只有具备物理原型样机，才可以在现实的载荷环境中进行结构疲劳测试。

显然，对于初始结构设计的物理样机制造而言，不可避免地会出现各种需要设计修改和优化的技术问题，这必然会导致结构疲劳强度分析及寿命预测结果的不准确。而利用虚拟样机的存在却可以有效地规避其在设计初始阶段的结构疲劳寿命预测的问题。这也是本书基于多体动力学和有限元法阐述结构疲劳寿命预测方法研究的初衷和意义所在。但这也带来一个技术难题，即人们如何利用虚拟的物理样机进行结构疲劳寿命评估，且获得结构部件疲劳寿命预测时所需要的动应力或动应变 (也可称为应力应变时间历程)。这就需要利用虚拟物理样机的多体动力学分析获得结构部件的载荷时间历程，利用有限元模型获得其结构的强度和刚度等结果。这样在物理样机生产之前的阶段，人们就可以提前采用典型载荷谱进行产品的疲劳优化设计，且研究车辆动力学特性和结构抗疲劳特性之间的作用机理。如何基于多学科优化方法进行结构疲劳设计及寿命预测也是本书重点阐述的内容之一。

2.1.3 基于多体动力学和有限元法的车辆寿命预测方法

国内外对轨道车辆结构关键部件的传统强度设计与寿命预测方法，主要局限于结构静强度和静刚度分析与测试、振动模态分析、疲劳强度评定、结构强度与刚度优化等。过去人们对轨道随机不平顺激励产生的动载荷作用下的车辆结构疲劳强度和动应力分析方法的研究涉及相对很少。其主要原因不仅是由于车辆结构和载荷工况相对较为复杂 (直线线路、不同半径的曲线线路、启动/制动、设备自激振动、风致荷载、过道岔等)，而且现场车辆结构的耐久性试验更是周期长且费用昂贵。如果在车辆结构疲劳强度分析中，仅简单将结构静强度计算的应力/应变数据结果应用在车辆结构的整体疲劳强度的评估上，显然会导致严重问题，甚至错误的计算结果，因为实际服役的轨道车辆结构主要承受的是随机变化的动载荷。事实上，结构动应力过大经常是造成车辆结构主要部件产生振动疲劳问题的根本原因之一。要从根本上解决疲劳寿命预测的精度问题，需要解决两个方面的问题：一是通过标准试件的疲劳测试试验获得准确的材料以及焊接接头的疲劳特性，其二就是就需要研究整车结构的动态特性。

由于实际线路的车辆结构耐久性试验费用非常昂贵和试验周期较长，近十年来，国外已经将多体系统动力学分析手段逐步引入到产品结构疲劳设计的各个阶段，部分代替物理样机的耐久性试验，取得了很显著的成果。这主要是因为多体系统仿真技术可以在物理样机制造之前，深入研究结构动态特性，并且结合有限元疲劳分析手段，可以从结构整体的角度出发，优化设计出抗疲劳性能好的结构产品。国外结构疲劳设计的主要研究重点是利用虚拟样机技术预测结构疲劳寿命，即结合多体系统动力学、有限元分析和结构疲劳分析理论进行结构寿命的完整分析，其基本流程见图 2.5。

车辆结构动态特性主要包括其本身的固有频率、结构阻尼和振型，以及受到外界随机激励作用时的动态响应。要准确预测车辆结构部件的寿命，首先需要准确高效预测车辆结构的应力时间历程以及获得实际结构与材料的疲劳特性。

作者的博士论文主要从研究车辆结构动态特性的角度出发，利用多体动力学仿真和有限元分析的方法对车辆结构疲劳展开系统研究。和图 2.5 中列出的方法

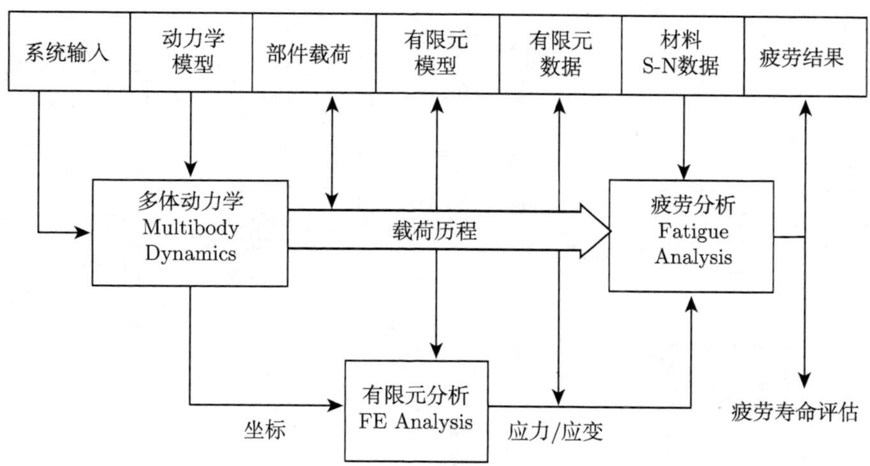

图 2.5 基于多体动力学和有限元疲劳寿命预测的基本流程 [14]

相比，提出方法的主要特点是其车辆结构疲劳寿命预测的基本流程以及详细步骤，不仅可以包括刚性车辆结构部件的寿命预测，而且可以考虑柔性部件的影响，同时还可以结合实际线路的结构动应力试验和台架疲劳试验台进行结构动应力仿真数据结果有效性的验证。在后续的近十年的研究工作中，主要是不断完善基于多体系统的车辆结构的多学科疲劳设计优化理论和典型性载荷谱的研究工作，以真正实现多学科的疲劳优化设计和寿命预测。这种方法可以将结构轻量化设计和动力学特性的优化引入到车辆关键结构部件的疲劳寿命预测方法中其核心内容包括，车辆结构动应力的计算和结构疲劳寿命预测，动应力计算主要基于车辆结构部件的有限元分析，并可以给出各个节点的应力历程。

车辆结构部件的疲劳寿命预测流程主要包括裂纹的萌生和扩展阶段的疲劳寿命预测。本书中主要采用线性累计损伤理论及各种修正方法计算车辆结构的裂纹萌生阶段的寿命。该方法已经在多个项目的实际试验结果中得到验证，基本可行。预测车辆结构疲劳寿命算法的基本流程如图 2.6 所示。

这种方法可以有效地应用到车辆结构设计的早期阶段的疲劳设计及寿命预测，及时发现车辆结构疲劳特性较差的危险位置，然后通过车辆结构的改进和优化设计，可以获得较好动态特性和抗疲劳性能的车辆结构，极大提高车辆结构设计的安全可靠性能。根据车辆结构动应力实测结果和采用多体动力学与有限元法仿真获得的车辆结构应力/应变历程都可以计算车辆结构的损伤及其疲劳寿命，主要步骤包括：车辆结构应力历程的循环计数；每个载荷循环的损伤累积；疲劳损伤准则的选择等。

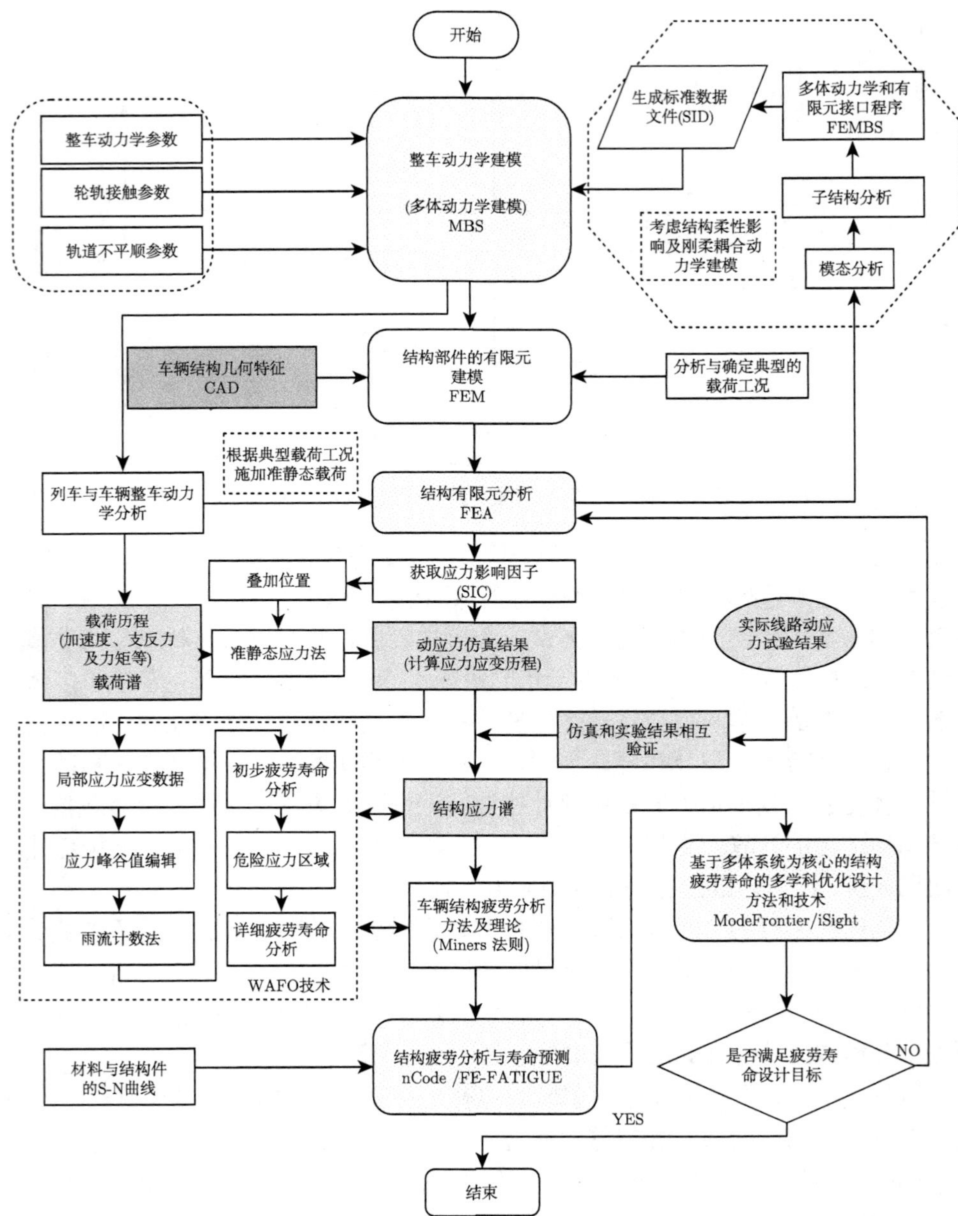

图 2.6　作者早期提出的车辆结构疲劳寿命预测方法流程

预测车辆结构疲劳寿命方法的基本计算流程如下。

- 建立精确的车辆结构 (比如车体、构架、轮对等关键结构部件) 的有限元模型，正确与合理地选择单元的类型及其网格划分尺寸，保证结构准静态应力计算的效率和精度。

- 通过车辆多体动力学仿真或实际线路的结构动应力测试及数据采集方法构建结构部件输入的多载荷通道，即包括速度、加速度等各种动载荷历程。
- 执行有限元分析，并对危险点位置先通过粗网格进行有效识别，然后使用精细化网格对指定结构危险点区域进行详细网格划分和应力分析。
- 获得车辆结构部件危险点位置的应力/应变时间历程。
- 分析载荷时间历程，主要考虑：Von Mises 应力 (如果危险点处产生屈服和塑性变形，就需要进行弹塑性修正)；主应力 (Principal Stress)；剪切应力 (Shear Stress)；二轴率 (Biaxial Ratio，二轴率是最小应力和最大应力的比值)；应变张量的迁延性 (Mobility of the Strain Tensor) 等。
- 根据研究问题复杂程度，选择合适的疲劳评估方法，评估方法基本分为单轴疲劳评估 (Uniaxial Fatigue Assessment)，成比率多轴疲劳评估 (Proportional Multiaxial Fatigue Assessment) 和非比率多轴疲劳评估 (Non-Proportional Multiaxial Fatigue Assessment)。
- 对车辆结构应力/应变历程，选择雨流计数法对载荷循环。
- 对每个提取的载荷循环使用合适的疲劳损伤模型进行失效的循环数求解。
- 使用累积损伤方法计算车辆关键结构部件的疲劳寿命。

另外，结合 MATLAB 软件的 WAFO 工具箱和有限元疲劳分析软件 DesignLife 中的 FE-Fatigue 模块，也可以有效地进行车辆结构部件的有限元疲劳的寿命预测问题。这里主要采用基于单轴应力和应变的疲劳评估方法。载荷时间历程主要有两种基本输入类型，即应变仪 (Strain Gauge，SG) 历程结果文件和有限元分析获得节点应力或应变结果文件。应力/应变分析 (Stress-Strain Analysis，SSA) 可以对几种类型的结果文件进行操作以及发现其主要特性，如主应变、剪切应变等的计算。应力寿命和应变寿命模块可以分别称为应力寿命疲劳 (Stress-Life Fatigue，SLF) 和危险位置疲劳 (Critical Location Fatigue，CLF)。这些可以采用应力或应变的载荷通道作为输入。当然应力应变分析需要提前确定载荷方向。但是应力/应变分析并不适合一些特殊复杂的载荷环境，如多轴疲劳损伤模型。在 nSoft 中需要使用多轴疲劳 (Multiaxial Fatigue，MLF) 模块根据应变花，使用一到几个多轴损伤模型预测复杂载荷作用下的多轴疲劳寿命。

2.1.4 WAFO 雨流矩阵

WAFO 是 MATLAB 中一个非常有用的疲劳分析及寿命预测工具箱，可以对结构随机载荷和随机响应进行有效的统计分析。其主要思想是利用波分析理论、Markov 链理论和雨流计数方法及理论，处理随机载荷产生的结构疲劳损伤并进行有效疲劳寿命的统计分析。Ridnour 在其博士论文中，利用该方法有效地预测了某型军用车辆的拖车结构疲劳损伤及寿命的问题，且取得了较好的计算结

果 [18]。使用 WAFO 技术，可以根据所观察到的随机信号及其理论功率谱密度 (Power Spectral Density，PSD) 计算其信号特征的理论分布；也可以从随机载荷历程参数中准确获得雨流循环的理论分布。利用这个工具箱还可以对结构的随机载荷和随机响应进行有效的统计分析，同时可以处理大量的结构随机振动的损伤和疲劳分析，还可以利用其强大计算和图形功能对随机信号特征进行重要的统计分析，从而有效地研究感兴趣的结构疲劳问题。其他如随机波 (Random Wave) 的分布，直接根据随机波的理论模型获得是比较困难的，但是利用基于回归分析的数值计算模型就可以有效地获得结果。

基于 WAFO 技术使用雨流矩阵预测疲劳寿命的基本方法及雨流矩阵的详细理论参见文献 [19]。WAFO 技术可以有效地计算应力历程的雨流域的应力范围和应力均值的二维图，也就是所谓的雨流矩阵 (Rainflow Matrix，RFM)。雨流矩阵是应力联合概率密度函数的数值估计，不仅包括极小和极大应力的分布及雨流幅值的计数和极值分布，而且可以很方便地描述应力幅值和平均应力的关系，利用 WAFO 技术的雨流矩阵示意图如图 2.7 所示 [19]。

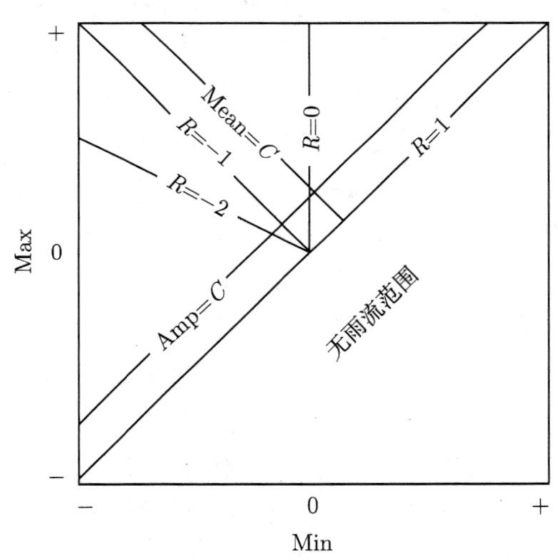

图 2.7　利用 WAFO 技术的雨流矩阵示意图 [19]

在疲劳应用中载荷的极小和极大值以及载荷序列的影响是主要关注的对象。因此载荷时间历程可以表示成一系列折点的序列。这里假定一个载荷时间过程 $\{x_t\}_{t\geqslant 0}$，分别对应于不同时间如 t_1，t_2，$\cdots$ 的载荷，为了简化研究问题，假定第一个极值是最小值，对不同载荷折点的序列就可以表示为

$$
\begin{aligned}
TP(\{X_t\}) &= \{X_{t1}, X_{t2}, X_{t3}, X_{t4}, X_{t5}, X_{t6}, \cdots\} \\
&= \{m_0, M_0, m_1, M_1, m_2, M_2, \cdots\}
\end{aligned} \tag{2-1}
$$

其中，m_k 和 M_k 分别表示载荷序列的极小值和极大值。随机载荷的折点示意图如图 2.8 所示。

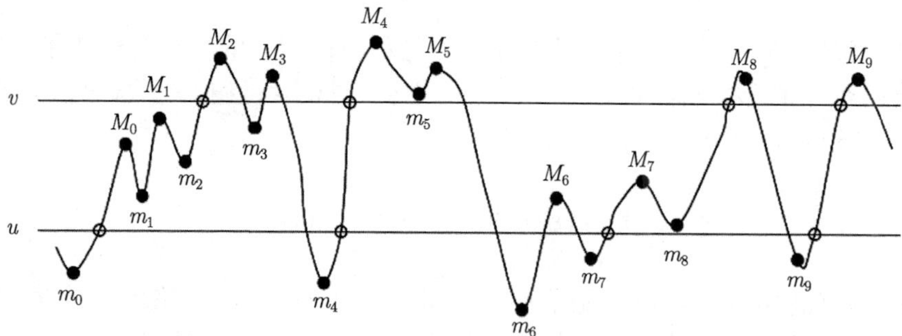

图 2.8 随机载荷历程的折点示意图 [19]

这里仅简单讨论如何利用 WAFO 技术计算应力历程作用下的车辆结构的疲劳寿命。这个方法和材料 S-N 曲线、雨流计数技术以及 Palmgren-Miner 疲劳损伤法则密切相关。利用 WAFO 中的雨流计数技术可以很方便地将一系列变幅载荷转化为包含 m_k 和 M_k 的循环。对于给定循环的幅值可以表示为

$$S_k^{\mathrm{RFC}} = M_k - m_k^{\mathrm{RFC}} \tag{2-2}$$

其中，S_k^{RFC} 表示雨流循环计数后某一给定循环下的应力幅值。

S-N 曲线通常可以表示为公式 (2-3)。和 Palmgren-Miner 损伤累积理论公式结合起来，结构损伤可以表示为

$$D(t) = K \sum_{t_k \leqslant t} S_k^{\beta} \tag{2-3}$$

而使用雨流循环的幅值 S_k^{RFC}，又可以将公式 (2-3) 改写为

$$D(t) = K \sum_{t_k \leqslant t} (S_k^{\mathrm{RFC}})^{\beta} \tag{2-4}$$

下面简单讨论一下如何利用 MATLAB 的 WAFO 工具箱对随机载荷作用下的车辆结构部件的疲劳寿命分布进行评估。根据 S-N 曲线公式和 Palmgren-Miner 损伤累积法则相关理论，它们可以分别表示在式 (2-5) 和式 (2-6) 中

$$N(s) = \begin{cases} K^{-1}s^{-\beta}, & s > s_{\infty} \\ \infty, & s \leqslant s_{\infty} \end{cases} \tag{2-5}$$

$$D(t) = \sum_{t_k \leqslant t} \frac{1}{N(s_k)} = K \sum_{t_k \leqslant t} (s_k)^{\beta} = K D_{\beta}(t) \tag{2-6}$$

其中，$N(s)$ 表示结构疲劳失效前所经历的应力或应变循环数，也称之为疲劳寿命，s 为相应的应力幅值；假设相应于循环应力幅值为 s_k 产生的损伤是 $\dfrac{1}{N(s_k)}$，那么 $D(t)$ 就是整个时间 t 的结构总损伤；K 是和材料相关的独立随机变量，通常属于对数正态分布，由文献 [6]，$K=E^{-1}\varepsilon$，主要和材料特性相关，$\ln E$ 服从正态分布，且 $\ln(E)\in N(0,\sigma_E^2)$，$\varepsilon$、$\beta$ 为常数。

$$\ln N(s)=\ln E-\ln\varepsilon-\beta\ln s \tag{2-7}$$

这里要说明的是，ε、β 参数需要从材料的 S-N 曲线评估。采用文献 [6] 中的建议，可以将这个问题转化为标准的回归问题，根据试件的疲劳试验数据，可以很方便地获得这两个参数值。同时引入一个单位时间损伤强度因子，$\mathrm{d}b=D(t)/t$，表示单位时间内的总损伤。正如前面所阐述的那样，在循环幅值的分布中包含了大量的疲劳信息。将公式 (2-6) 可以改写为

$$D(t)=\sum_{t_k\leqslant t}\frac{1}{N(s_k)}=K\sum_{t_k\leqslant t}(s_k)^{\beta}=K\sum_{t_k\leqslant t}\left(s_k^{\mathrm{RFC}}\right)^{\beta} \tag{2-8}$$

其中，雨流循环计数的应力幅值可以表示为

$$s_k^{\mathrm{RFC}}=(M_k^{\mathrm{RFC}}-m_k^{\mathrm{RFC}})/2 \tag{2-9}$$

式中，M_k^{RFC}, m_k^{RFC} 分别是雨流循环计数中的最大和最小应力值。

雨流循环计数是可以直接应用在结构的疲劳预测中，疲劳寿命不仅可以用疲劳失效前所经历的应力或应变循环数表示，也可以用时间表示，这里假设用时间 T^{f} 表示疲劳寿命。

当结构部件总的结构损伤 $D(t)$ 在时间 t 处达到 1 时，可以计算结构失效时的疲劳寿命 T^{f}；如果总的损伤 $D(t)>1$，换句话说，T^{f} 可以由 $D(t)$ 首次达到 1 的时间确定。一般来说，机械结构的疲劳基本属于高周疲劳，失效所需的循环次数都要大于 10^5 次。假定结构承受的随机载荷过程是各态历经的，损伤 $D_\beta(t)$ 就可以用它的均值 $E[D_\beta(t)]=\mathrm{d}\beta\varepsilon t$ 表示。这里 $\mathrm{d}\beta$ 是单位时间损伤强度因子。也就是说，结构总的损伤可以用它的单位时间损伤的疲劳强度因子表示。下面列出计算结构疲劳寿命的 T^{f} 简单公式 [19]：

$$T^{\mathrm{f}}=\frac{1}{\mathrm{d}\beta\varepsilon t} \tag{2-10}$$

其中，ε 是与 K 相关的常数。

2.1.5 统计方法的考虑

在多数实际工程实践中，结构疲劳设计和寿命预测更多依赖于疲劳试验的数据处理结果、经验积累以及传统疲劳设计理论。如果没有合理有效的材料和结构疲劳标准试件的测试数据，结构疲劳分析经常容易停留于学术研究的探索中，寿命预测结果误差也会很大。如何有效处理在车辆结构疲劳评估模型中不确定性的因素成为一项重要的任务。疲劳寿命数据必须要要考虑各种数据 (载荷、材料和结构等) 分散性，且可控的实验室条件以及标准偏差和平均值是同等的重要。而且典型的服役载荷 (变幅载荷) 本质上是随机的，动应力的计算也几乎是不确定性的 (比如载荷环境的不断变化)，这些因素也要求人们能够对相关结构动应力测试数据进行有效的应用统计和概率理论的分析 [5,20,21]。

由于实际车辆结构承受的载荷历程和使用的材料特性在本质上都是随机的，利用车辆结构动应力测试结果进行车辆疲劳寿命评估时需要采用相关的统计方法进行。比如，材料 S-N 曲线看上去是比较简单的，但是如果材料疲劳试件的测试结果是多通道的，这个公式就可以通过不同置信度，或者是不同的失效概率对其随机多样性进行统计表述。同样，应变寿命方程也需要一些关键的材料参数，这些都要求对参数进行有效的统计和评估。另外，结构应力/应变测试数据点有较大的分散性，不能采用常规的统计分析方法，而是需要进行多变量回归分析方法对其进行数据统计和处理等。

实际上，无论是依据结构动应力实测试验还是仿真计算获得结构的动态应力、应变数据，采样数量毕竟是有限的。通常车辆结构部件的疲劳损伤评估也只是针对某一块载荷数据导致的损伤。对于多个载荷块组合导致的总损伤计算时，需要将这个块载荷导致的损伤乘上这个块载荷的数量进行组合分析。由于还有可能遇到更大的载荷循环数，就有可能导致估算结构寿命的不准确性。极值分析 (Extreme Value Analysis，EVA) 可以用来对实际仿真周期或更长的循环周期导致的损伤进行评估，即所谓的门槛值分析的峰值 (Peak over Threshold Analysis，PTA)，就可以用来处理那些溢出分析载荷历程导致的损伤。

2.2 名义应力法

名义应力法，也称 S-N 法或应力–寿命法 (Stress-life Method)，是人们最早采用的结构抗疲劳设计方法，属于一种安全寿命设计方法。该方法主要以材料或结构零部件的 S-N 曲线为基础，参考结构和材料试件的疲劳危险部位的应力集中系数和名义应力，按照疲劳累积损伤理论，校核疲劳强度或计算疲劳寿命。原则上，只要应力集中系数相同、作用载荷相同，结构部件的寿命预测结果应该是基本一致的。

作为传统的基于 S-N 曲线疲劳设计法，主要是描述标准光滑的疲劳试件，在常幅加载下的应力范围和失效循环之间的关系 [1,6,16]。所谓名义应力，主要指有缺口的疲劳试件或者是计算结构部件的载荷除以试件的缺口面积所得的应力值，也就是该截面面积上的平均分布的应力值。结构部件的疲劳失效，经常是从结构内部或表面的应力集中处开始。从疲劳分析理论上讲，利用有缺陷部位的局部应力评估结构寿命比较合理。但是由于缺陷的尺寸和位置具有随机性，且残余应力的作用等因素，导致人们在进行结构寿命评估时，很难直接用缺陷部位的应力进行计算，因此常用名义应力进行寿命预测。结构疲劳分析的应力时间历程中，应力最大值 $\sigma_{\max}$(也称峰值，Peaks value) 和最小值 $\sigma_{\min}$(也称谷值，Valleys value) 的载荷时间序列信号经常是相关的。疲劳载荷循环统计分布的定义，主要由应力范围 $\Delta\sigma$(Stress Range) 和平均应力值 σ_{m}(Mean Stress) 表示。图 2.9 表示的是应力历程概念。

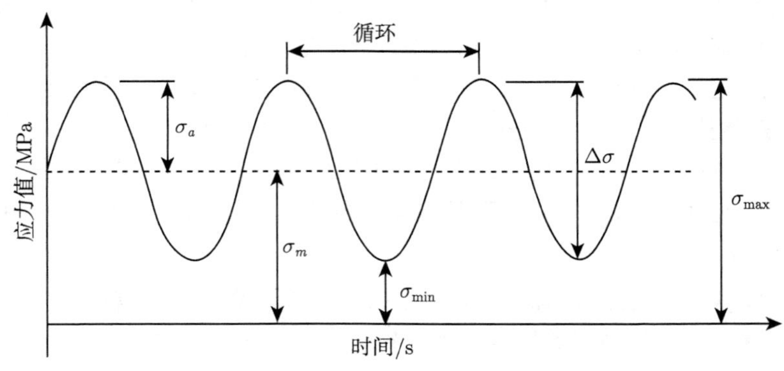

图 2.9　应力历程概念

描述应力循环的几个基本参数如下：

应力范围：

$$\Delta\sigma = \sigma_{\max} - \sigma_{\min} \tag{2-11}$$

应力幅值 (Stress Amplitude)：

$$\sigma_a = (\sigma_{\max} - \sigma_{\min})/2 \tag{2-12}$$

平均应力 (Mean Stress)：

$$\sigma_m = (\sigma_{\max} + \sigma_{\min})/2 \tag{2-13}$$

应力比值 (Ratio)：

$$R = \sigma_{\min}/\sigma_{\max} \tag{2-14}$$

公式 (2-15) 是基于应力疲劳评估的基本方程，从中可以显示应力范围 $\Delta\sigma$ 和失效循环数 N_{f} (Number of Cycles to Failure) 之间的关系 [16,19]。

$$\sigma_a = \frac{\Delta\sigma}{2} = \sigma_{\mathrm{f}}'(2N_{\mathrm{f}})^b \tag{2-15}$$

其中，b 是疲劳强度指数，σ_{f}' 是疲劳强度系数。

2.2.1 材料与结构部件的应力寿命曲线

通常所说的材料与结构部件的 S-N 曲线，概念和本质上是不同的。材料 S-N 曲线，一般是指把原材料做成圆棒形、经过抛光处理后，在指定的加工精度等级和热处理工艺下的标准疲劳试件，通过拉压、弯曲和扭转载荷等作用下的疲劳寿命 (失效循环次数)，从而获得相应材料的应力范围值与失效循环次数的关系，即 S-N 曲线。由于不同的零部件形状不同，加工精度和热处理工艺等也不尽相同，其 S-N 曲线也自然不同。而且材料的应力–寿命曲线 (S-N 曲线) 主要是通过光滑疲劳试件在施加常幅载荷试验条件下获得的数据，其使用范围更受到限制。这也是 S-N 曲线不能在承受随机变幅载荷结构部件的疲劳寿命评估中直接使用的根本原因。材料与结构部件的 S-N 曲线必须考虑结构部件加工处理的工艺影响，比如材料表面处理后的粗糙度、几何外形、环境因素以及载荷条件等的影响，然后进行相关系数的修正。这也是进行关键结构部件有限元疲劳分析的前提条件之一。显然，利用 S-N 曲线来预测实际工程结构中材料或结构零部件的疲劳寿命，如果实际服役条件不符合试件的测试条件，使用上是需要慎重的，至少预测的结果的可信性值得怀疑。虽然 S-N 曲线的应用上受到了限制，但是由于工程上需要简单有效的疲劳寿命预测工具，且 S-N 曲线使用的便利性，使得 S-N 曲线成为材料或结构部件在疲劳寿命预测和疲劳设计中应用相对比较广泛的一项工具 [7,19]。

对于结构 S-N 曲线，由于实际工程结构中，车辆结构关键部件主要承受随机动载荷，显然很难直接应用常幅载荷加载试验条件下获得材料疲劳试件的 S-N 曲线。这就需要进行相关修正，比如对一些焊接结构部件还需要考虑焊接接头试件的 S-N 曲线的影响。为了准确评估结构的疲劳特性和寿命，采用 S-N 曲线时，最好采用由实际结构部件制成的结构疲劳标准疲劳试件，而且依据实际工程中典型的疲劳载荷谱通过结构疲劳试验加载获得。这里需要强调一点，为了节省疲劳设计的周期和提高寿命预测的精度，人们在依据各种结构的疲劳设计标准，比如考虑焊接设计标准，使用各种焊接接头的 S-N 曲线和几何特性时，需要认真思考选择的 S-N 曲线是否恰当。

根据相关文献，结构疲劳失效可以定义为结构完整失效或是裂纹萌生到一定长度的局部失效。结构疲劳失效前所经历的应力或应变循环数，常称为疲劳寿命，一般用 N 表示。对于试样而言，其疲劳寿命取决于材料的力学性能和施加的应力水平。材料的强度极限愈高，外加的应力水平愈低，试样的疲劳寿命就愈长；反之，疲劳寿命愈短。应力水平和标准试样疲劳寿命之间的关系曲线称为材料 S-N 曲线，有时也称 Wöler 曲线。S-N 曲线通常需要测试 15 根以上的试样来确定，且这些光滑试件在一系列循环载荷 (应力比值 $R=-1$) 试验后的测试数据，经过统计处理后获得的。小幅疲劳测试的试件经常在 $10^6\sim10^9$ 次循环中止，这主要是因为该区域试件的疲劳试验是非常费时的。材料的 S-N 曲线中止点的循环数定义为耐久极限 N^{f}，N^{f} 对应的应力幅值就是疲劳极限 S^{f}[19]。

S-N 曲线以应力幅值 σ_a 或应力范围 $\Delta\sigma_a$ 对失效周期的双对数形式显示，其中实际结构的 S-N 曲线代表所分析结构部件在某一存活率下的材料数据的平均值。对于多数工程结构设计的部件来说，无限寿命经常指 $10^6\sim10^9$ 次循环。常用的公式如下 [19]：

$$N^{-1}=\begin{cases}KS^{\beta}, & S>S_{\mathrm{f}}\\ 0, & S\leqslant S_{\mathrm{f}}\end{cases}\tag{2-16}$$

其中，N 表示疲劳失效的循环数，S 表示应用载荷的应力幅值，材料参数 K 要来描述材料疲劳强度特性，β 是损伤指数，S_{f} 是疲劳极限。

在应用有限元静强度分析结果进行传统结构疲劳寿命预测时，需要对结构部件的局部应力和应力集中部位进行定性、定量分析。局部应力主要发生在结构小孔、凹槽、圆角、倒角等结构几何特征突变的部位。这些部位均可能导致结构部件在高幅加载下的局部应力发生，容易导致应力集中。尤其是，在需要掌握基本材料的疲劳性能时，要在一定的实验条件下，使用具备这些特征的疲劳试样。

最常用的疲劳标准试样测试采用一个截面缓慢变化的圆柱试样体，在弯曲部位加载以及在裂纹开始出现的地方抛光表面。这种旋转弯曲方法 (也称沃勒测试法) 有它的局限性。现在疲劳试验时通常在一个圆柱或板的疲劳试样上加载一个轴向拉力，突出几何部位的突然变化，同时在关键部位进行表面抛光处理。这两种情况下，对大量的相同试样进行疲劳测试。在测试过程中保持载荷的恒定，记录载荷的循环次数。对于每个疲劳试件，名义应力可以根据常规材料弹性公式计算，并绘制出没有切口的材料疲劳试件的 S-N 曲线图，这也是材料的基本属性，如图 2.10 所示。

对应结构应力幅值 (Y 轴) 的疲劳寿命 (循环数) N 总是绘制在对数轴表示的 X 轴上。X 轴经常是通过对数方式进行表示，Y 轴经常采用线性的表示方式。在有限寿命区域的平均线通常是直线，关系公式如下：

$$N=aS^{-b}\tag{2-17}$$

其中，指数 b 称为 Basquin 指数，a 是 Y 轴上的截距。给出在直线上的任意两点，就比较容易计算 a 和 b。有时也会使用其他符号表示应力和循环数之间的关系。b

值，对于一个给定的 S-N 曲线而言，可以保证寿命估计的可靠性，而且其还可以用来对某个关键位置准确估计压力的变化幅值。如果 $b=10$，当应力变化达 7%时，那么寿命变化则会达到 100%。这也是为什么人们更倾向于利用多体–有限元疲劳设计方法考虑结构动态疲劳设计，而不是仅依靠有限元的静态分析结果进行静态疲劳设计的原因之一。标准形式材料的 S-N 曲线如图 2.11 所示。

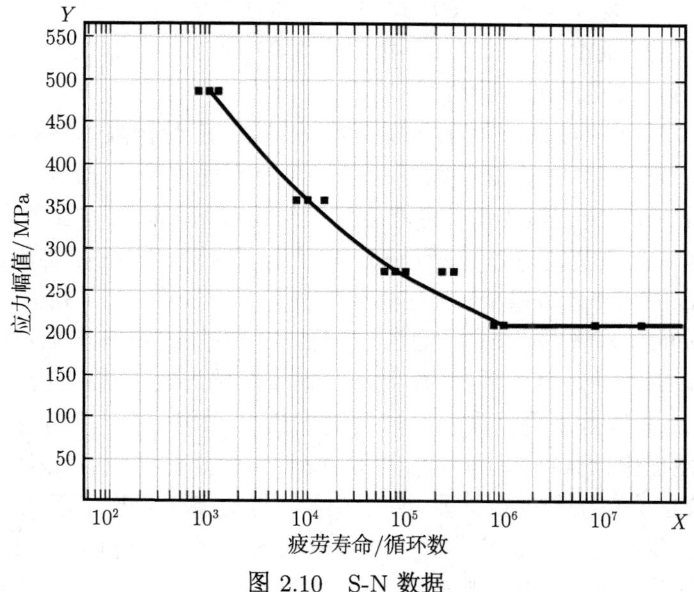

图 2.10 S-N 数据

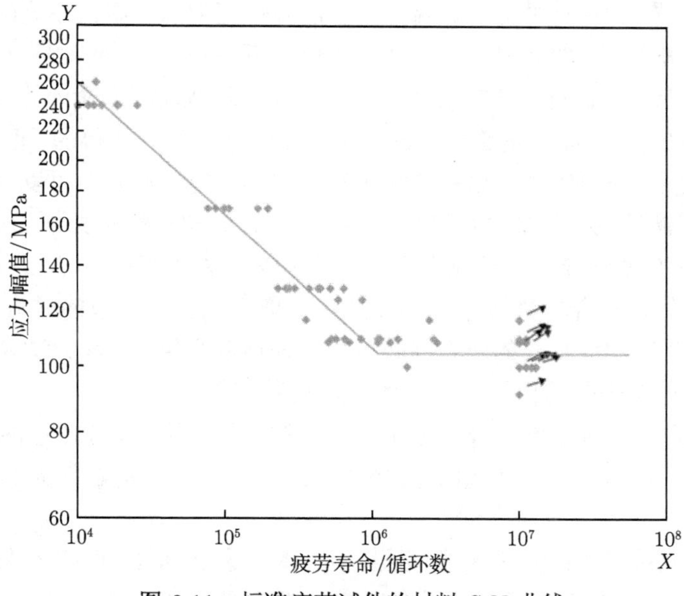

图 2.11 标准疲劳试件的材料 S-N 曲线

一些金属材料，特别是低合金钢材料，有时存在两种 S-N 曲线，当 N 大于 10^7 次左右时，有一个扁平变化关系，这条线可能变成水平线，说明在 N 值很高时材料没有继续发生失效，通常也可以说，这是材料的疲劳强度极限。如果疲劳设计目标是无限寿命，材料的 S-N 曲线又会不同，这是非常重要的。但是需要注意的是，疲劳强度极限对许多影响因素都很敏感，如平均应力、应力集中和腐蚀环境、温度环境等。近年来，疲劳强度极限的处理引起了很多学者关注，并为不同种类的材料进行了诸多疲劳极限的设定 (诸如环境、温度等)。比如，在钢材的焊缝处，通常假定它只有在 $N = 10^7$ 才能达到疲劳极限。

对于许多材料，有时并不存在明确的疲劳极限，疲劳极限的材料试件测试通常中止于 $N = 10^7 \sim 10^8$。在这些循环对应的应力位置 S 可以指定为疲劳极限。如果超过 10^8 次循环应力发生，有可能会发生结构失效，这时需要考虑高周疲劳问题 (这不是本书的研究重点)。众所周知，容易出现这种问题的材料是合金铝。使用的条件疲劳极限和耐久极限。有时在标准中没有严格规定，但是相关疲劳分析软件中，均有相关的技术说明，在使用过程中需要注意不同材料 S-N 曲线的差异性，如果感觉某种数据差异是至关重要的，就应当审查原始的疲劳试件的测试数据文件。

材料 S-N 曲线是采用标准疲劳试样测试获取，比如通过单向轴应力加载，并根据材料弹性理论计算，获取其失效的寿命。通常假定标准疲劳试样不受局部应力影响，仅名义应力在实验中很重要。如果类似的应力条件再次出现在另一个样本或部件时，那么我们可以假定其发生类似的寿命失效问题。材料的 S-N 曲线涉及弹性应力，S 是循环数，N 是引起寿命失效的循环数。这样的曲线，可用于监测结构疲劳损伤的位置，并估计整体已计算出适当的弹性应力的有限元模型的寿命。如果所有其他因素都相同，并且只有一个载荷的情况下，失效位置将对应区域的模型所显示出的最高应力。此外，分布预期寿命可以被有效地代表寿命的等高线图。

结构部件的 S-N 曲线是通过测试完整部件或相似部件获得的，而不是仅仅通过抛光的光滑标准试样获取。这些曲线用来评估部件的循环载荷可以持续多久。失效的位置是在循环载荷的加载测试过程中，施加在结构部件本身预先定义的位置。部件 S-N 曲线在准确描述局部应力方面，无论是弹性或弹塑性，均是非常有用的。但是，焊接结构或复合材料部件的 S-N 曲线获取方法上和一般的材料 S-N 曲线相比稍微不同。S-N 曲线组成的应力参数可以是任何名义值，在疲劳试验过程中是很容易测量的。通常失效的位置根据其他位置测量获得。

假设，循环载荷导致结构部件在某个位置的失效。根据距离该点两个位置测试获得的应力值 S_1 和 S_2，即可以通过插值方法推导出该结构部件的 S-N 曲线，如图 2.12 所示。

当然，据此推得的部件 S-N 曲线会有所不同，这个 S-N 曲线是位置的函数，且根据不同参考位置获取的应力进行 S-N 曲线的定义。也就是说，不同位置的应力

S_1 和 S_2 导致了部件在某一位置发生失效及产生了同样的寿命 N，这里假设:

- 通过参考应力与部件的 S-N 曲线相结合，来获得结构的疲劳寿命。
- 通过将在该点的真实应力与材料焊缝根部的热影响区 (HAZ) 的 S-N 曲线相结合，来获得其疲劳寿命。
- 在同一个理想环境下，获得的结构寿命几乎是相同的，难点是如何获取焊接部位热影响区的材料曲线。

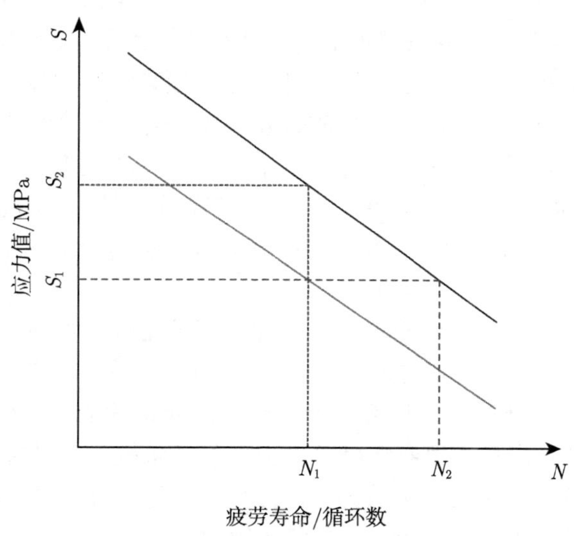

图 2.12 部件 S-N 曲线定义 [7]

一般来说，基于有限元分析结果确定结构部件的 S-N 曲线，危险应力位置的确定同样需要格外细心。例如，首先需要通过有限元分析结果定义该部件中对应部件测点位置周围的所有单元应力。利用这些有限元分析结果，确定距离焊趾某处的所有节点应力。疲劳寿命的结果也只与这些关键位置，即焊趾尺寸有关。

2.2.2 S-N 曲线的局限性

尽管由于 S-N 曲线在工程上因为其便利性而得到广泛的应用，且 S-N 曲线的方法适用于几乎所有线弹性结构的受到动应力作用的情形，甚至是结构局部保持弹性的应力情形，但其受到多种因素 (几何形状、表面处理、环境因素和载荷因素等) 的影响，S-N 曲线的使用存在着很大的局限性。首先，对于机械结构高周疲劳而言，S-N 曲线通常是指满足失效循环数大于 10^4 的情况。常用黑色金属和有色金属的典型 S-N 曲线存在一定的差异性。比如某种低碳钢和铝合金材料的疲劳极限就显然存在一定的差异性，主要是因为这两种材料之间存在相对较低的屈服应力。高周疲劳的寿命一般是从 $10^4 \sim 10^5$ 循环次数开始计算。其次，材料数据库中所给出的材料或进行实际测试的材料的 S-N 曲线数据，主要是根据标准的光滑试件在对称横幅循环载荷下得到的。但在实际的结构中很难遇到与标准试件完全相同的形状和使用环境的情况。实际的结构一般不是光滑试件，应力比也不是 −1，尺寸大小也不尽相同，表面状态、载荷形式、加载频率也差异很大。如果要在实际的结构中使用材料的 S-N 曲线，就必须进行这些修正。对于没有可用 S-N 曲线的材料，需要进行疲劳设计和寿命预测时，一般通过材料的静强度特性参数来估算 S-N 曲线 (目前很多著名的疲劳分析软件均有此功能)。最后，正是由于利用 S-N 曲线方法时，有时并没有完全考虑试样缺口根部的局部塑性的特点，而且标准疲劳试件和结构部件之间的等效关系的确定也比较困难，导致预测的结构疲劳寿命与实际结构部件的疲劳寿命结果经常会出现较大的误差，甚至是几倍的误差。也就是说，S-N 曲线的最大局限性，不仅在于其应力和失效循环次数的关系图是高度依赖于测试的环境和条件 (比如应力比、试样的几何形状和表面处理的条件以及不同的材料特性等)，而且主要是因为其根本上并不能够有效预测不同应力比下的材料或结构部件的寿命。

当然，要获取不同应力比和应力集中因子下的结构和材料的 S-N 曲线，需要人们花费大量的人力、物力和财力，以及大量疲劳试件的实验时间。这些因素也经常导致名义应力法在新产品的疲劳设计及寿命预测中的应用受到了很大程度的限制。在名义应力法发展中，国内外已经有很多学者根据 S-N 曲线进行了各种修正方法的研究，人们希望通过各种努力，使得材料或结构部件的 S-N 曲线成为结构疲劳设计和寿命预测中一种简单、便利和实用的工具。

2.2.3　平均应力及修正方法

1. 平均应力

多数材料的疲劳特性数据是在实验室中用对称常幅载荷作为疲劳标准试件的弯曲载荷的加载试验的方法采集获得。但是实际结构部件一般服从于随机变幅载荷，了解平均应力对结构疲劳过程的影响是非常重要的。大量研究文献表明，应力时间历程中的平均应力很大程度上影响着结构疲劳寿命评估的准确性。平均应力不同，应力幅值相同的随机交变应力造成的结构损伤是不同的，平均应力越大，交变应力造成的结构损伤越大。一般来说，拉伸平均应力经常会缩短结构的疲劳寿命，而压缩平均应力则可以增加结构的疲劳寿命。也就是说，拉伸平均应力比压缩平均应力更容易导致结构出现疲劳问题。而且结构应力幅值给定时，循环载荷中的拉伸部分增大，对于结构疲劳裂纹的萌生和扩展会产生负面效果，也会使得结构疲劳寿命降低 [12,14]。

只有考虑平均应力的影响才能利用相关疲劳试件获得的结构或材料 S-N 曲线进行有效的结构疲劳寿命评估。为此人们在应用应力–寿命方法 (包括 Morrow 方法和 Smith-Watson-Topper 方法) 评估结构寿命时，经常以相似的方式考虑平均应力的影响。平均应力产生的影响可以依据不同平均应力下疲劳试件的试验进行量化对比分析。但是同样要求进行大量的标准试件的疲劳试验，以及采集不同的载荷组合，试验费用十分昂贵。人们通常喜欢通过等效的 0 平均应力的应力幅值去修正实际应力幅值。比如著名疲劳分析软件 FE-Fatigue 中的应力寿命模块中，经常利用 Goodman 和 Gerber 应力修正 [15,16]。

Goodman 公式 (Goodman，1899)：

$$\sigma_a = \sigma_a|_{\sigma_\mathrm{m}=0}\left[1-\frac{\sigma_\mathrm{m}}{\sigma_u}\right] \tag{2-18}$$

Gerber 公式 (Gerber，1874)：

$$\sigma_a = \sigma_a|_{\sigma_\mathrm{m}=0}\left[1-\left(\frac{\sigma_\mathrm{m}}{\sigma_u}\right)^2\right] \tag{2-19}$$

其中，$\sigma_a|_{\sigma_\mathrm{m}=0}$ 表示平均应力等于 0 的疲劳强度；σ_u 是强度极限。所有的试验结果表明，拉伸平均应力比 0 平均应力会产生更大的结构损伤，而压缩平均应力和 0 平均应力比起来会延长结构疲劳寿命。

2. 切口修正和表面修正

(1) 切口修正

由于 S-N 曲线主要适用于结构的高周疲劳标准无切口试件，对于发生在切口根部产生较小塑性的区域，如果直接使用应力寿命方法就显得不合适。Sigmund 根据相关文献研究表明 [16]：

- 材料屈服强度愈高，切口的敏度愈高；
- 切口半径愈小，切口的敏度愈低，这主要是因为在切口塑性区域释放了应力；
- 钢比铝合金等其他材质的切口敏度要高。

(2) 表面修正

另外，在结构疲劳寿命预测过程中，由于通常的结构应力–寿命方法是基于光滑无裂纹的试件测试数据，如何对结构表面的粗糙度和其他表面条件进行相关参数修正也是十分必要的。由于绝大多数裂纹萌生出现在结构表面，应力集中区域表面的各种瑕疵，比如加工划痕、擦伤、凹坑等经常是应力集中和裂纹萌生的位置。特别是对高强钢裂纹萌生的区域，这种应力集中现象比较明显。表面光洁度，或者说是结构和材料的表面处理，对裂纹萌生处于主导地位的高强结构钢的寿命评估有着极为重要的作用。结构钢材表面的修正可以通过修正因子对传统分析中拉伸极限强度进行修正。

为了考虑高周疲劳条件下的切口影响，可以使用循环应力集中因子 K_f 表示。循环应力因子 K_f 可以被定义为

$$K_\mathrm{f}=\frac{S_{\mathrm{no-noch}}}{S_{\mathrm{noch}}} \tag{2-20}$$

其中，$S_{\mathrm{no-noch}}$ 表示无切口试件的疲劳极限；S_{noch} 表示有切口试件的疲劳极限。

对单轴疲劳载荷，K_f 可以作为疲劳强度缩减因子，直接应用到 S-N 曲线中。试验表明，在疲劳中切口的影响比静态应力集中因子 K_t 小。K_f 和 K_t 之间的关系可以表示为

$$K_\mathrm{f}=1+\frac{K_\mathrm{t}-1}{1+\sqrt{p'/\rho}} \tag{2-21}$$

其中，p' 是材料常数，ρ 是切口根部的半径。上式可以改写为

$$q=\frac{K_\mathrm{f}-1}{K_\mathrm{t}-1} \tag{2-22}$$

参数 q 一般是从 0 到 1 变化，表示无切口影响和完全弹性切口因子的比率。另外，疲劳强度缩减因子 K_f 对 S-N 曲线的影响可以作为分段显示在图 2.13 上。

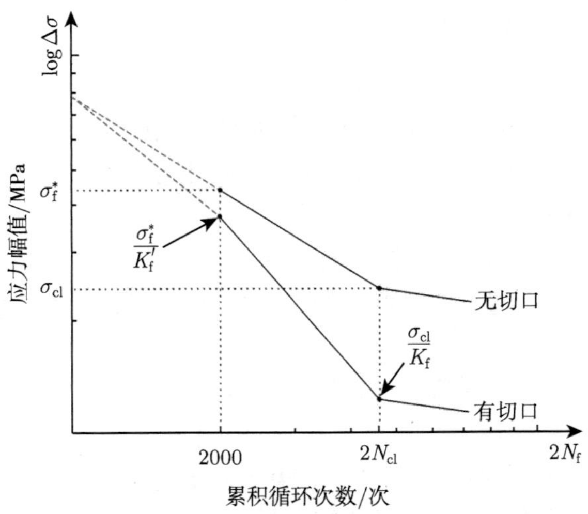

图 2.13　S-N 曲线修正对切口的影响 [16]

在目前很多疲劳软件中，均包含了相应材料的表面修正系数。换句话说，传统的结构疲劳寿命可以通过采用表面修正系数和极限拉伸强度之间关系进行合理评估。另外，残余应力经常出现在结构部件的表面和应力集中区域，这经常是是由于

随机动载荷的作用下产生的结果。当然，压缩残余应力对于结构疲劳寿命有益，而拉伸残余应力是有害的。

结构表面处理的影响主要在于表面加工的粗糙度。表面处理和粗糙度的影响需要进行综合考虑。可以通过不同粗糙度的制表形式进行表达。相关的修正系数可以通过不同应力范围值的修改进行选取。结构部件的服役环境也要根据相关的表面修正系数进行考虑修正。对于车辆结构容易产生微裂纹的表面，更是需要根据不同的加工条件和焊接处理工艺等考虑表面修正系数的选取。

2.3 应变–寿命法

2.3.1 应变–寿命 (ε-N) 曲线

评估应变疲劳寿命需要确定裂纹萌生及裂纹扩展的物理过程之间的一一对应关系。所谓裂纹萌生阶段的寿命预测方法主要就是指应变–寿命法，常被称为临界位置区方法 (Critical Location Areas)。有时也称之为临界位置方法 (Critical Location Approach，CLA)、局部的应力–应变方法或裂纹萌生法。该方法把疲劳寿命的估算建立在最危险的切口或其他应力集中部位的应力和应变的局部估算上。

然而，现实中对结构 "裂纹萌生" 的定义经常和冶金材料研究中定义 "裂纹萌生" 的观点发生矛盾。大多数材料在产品原材料制造的时候就会有预先存在的缺陷 (各种微裂纹、夹渣物等)，初始就可能有结构裂纹萌生的概念。当然结构应变–寿命的方法主要是解决应变时间历程阶段的结构寿命预测问题，这个阶段是最有可能发生结构疲劳裂纹萌生和失效破坏的。这是符合现代机械结构对疲劳损伤机制的观测所表明的结果，多数疲劳损伤机制表明，结构疲劳变现的形式是应变而不是应力。针对于不同的疲劳裂纹萌生和裂纹扩展阶段，人们需要采用相应的寿命评估方法。目前评估裂纹萌生阶段的主要方法是应变–寿命法，主要适用于低周疲劳问题。19 世纪 50 年代，Coffin 和 Manson 在研究低周疲劳问题时，提出低周疲劳的塑性应变和失效循环数的关系公式 [11–16]：

$$\frac{\Delta\varepsilon_{\mathrm{p}}}{2}=\varepsilon_{\mathrm{f}}'(2N_{\mathrm{f}})^{c} \tag{2-23}$$

其中，$\Delta\varepsilon_{\mathrm{p}}$ 是塑性应变范围；$\varepsilon_{\mathrm{f}}'$ 是疲劳延展系数；N_{f} 是失效循环数；c 是疲劳指数。

这个方程可以和 Basquin 公式相互结合，推导应用在高周疲劳的应变公式，也就是将应力幅值可以表示成杨氏模量 E 和弹性与塑性应变的公式。总的应变幅值由弹性应变和塑性应变两部分构成，应变幅值和失效循环数之间的关系可以表示成

$$\varepsilon_a = \underbrace{\frac{\Delta\varepsilon}{2}}_{\text{Total}} = \underbrace{\frac{\Delta\varepsilon_{\text{e}}}{2}}_{\text{Elastic}} + \underbrace{\frac{\Delta\varepsilon_{\text{p}}}{2}}_{\text{Plastic}} = \frac{\sigma'_{\text{f}}}{E}(2N_{\text{f}})^b + \varepsilon'_{\text{f}}(2N_{\text{f}})^c \tag{2-24}$$

其中，ε_a 是总应变幅值；E 是弹性模量；b 是疲劳指数；σ'_{f} 是疲劳强度系数。其余指标和公式 (2-12) 相同。总的应变寿命曲线如图 2.14 所示。

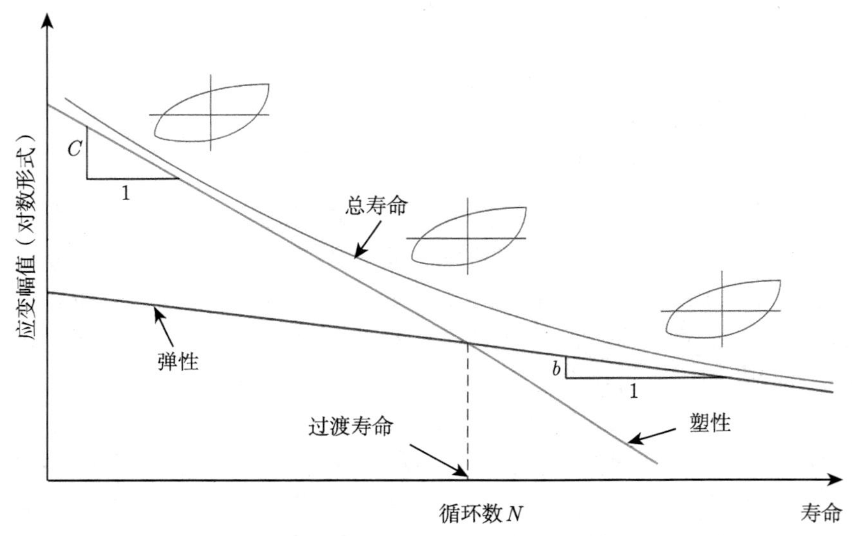

图 2.14 总应变–寿命曲线简单示意图

2.3.2 循环加载及迟滞回线

如果材料在固定应变范围值之间进行往复循环载荷的加载，那么会发生一些特定的应力–应变现象。这里需要介绍一个基本概念 —— 迟滞回线 (Hysteresis Loop)，也称为迟滞回环或滞后回线。迟滞回线在周期性应力应变的形变中，表示一次连续应力–应变状态的封闭循环曲线。构造应力–时间历程数据时的应变–时间历程关系的迟滞循环，经常使用循环应力–应变曲线构造。这里假定描述应力–应变迟滞回环与应力–应变曲线存在几何相似性，循环应力–应变加载曲线如图 2.15 所示 [7−16]。

假定对材料标准疲劳试件从 O 到 B 拉伸加载，然后卸载到 C 变形后继续为负应变区域。起初一直是直线，但在 D 点开始产生压缩屈服，并再次变为曲线。如果加载方向再次逆转，为试样施加压缩加载到 F 点，然后释放及加载到 B 点，材料试件将会形成一个完整的拉伸–压缩循环加载实验。在应力应变空间的循环曲线 “$BCDFB$” 称为迟滞回线，也可以定义为一个独立的疲劳循环周期。关键是确定对材料疲劳试件的拉伸和压缩加载行为在什么时候开始和结束，反之亦然。

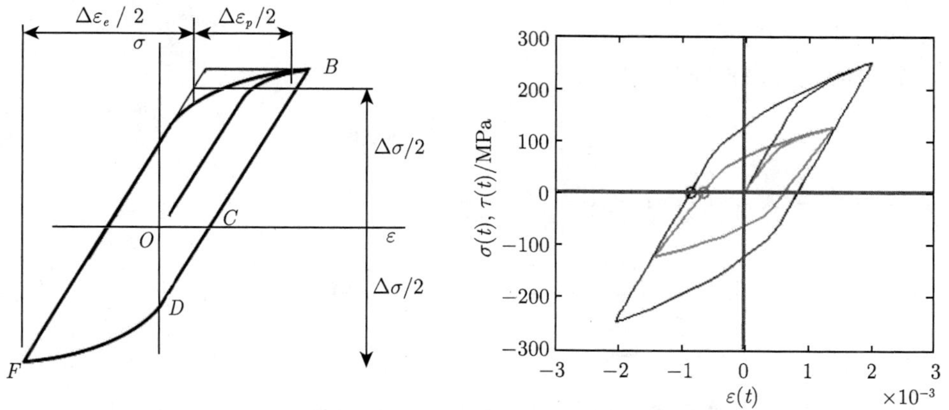

图 2.15 循环应力–应变曲线和迟滞回线 [16]

如果材料在固定的应变极限值之间进行重复循环加载，依赖于材料热处理条件的材料属性可能会发生一些根本性的变化。往复循环应力–应变的加载也会影响材料应变的迟滞回线的形状。如果材料进行不断地加载，屈服应力会不断增加，且迟滞回环的外形尺寸也会增大，材料也可能会变得更硬。相反的情况也可能发生，比如迟滞回环会根据加载的情况，迟滞回环的外形尺寸会减小，材料变软。当然，有时材料在某种加载情况下，既不硬化也不软化。重要的是通过实验获得的应变时间历程，需要进行数据修正。不仅计算时间将大量增加，对材料属性数据的处理也会造成很大的困难，这些属性一般是寿命的平均值。为了简化分析问题的难度，在进行应力–应变循环加载时，需要实施相应的应变控制测试方法，并且假定一些加载循环属性是单调的。假定下面进行一项应力–应变加载循环实验，应变总寿命公式可以修改为

$$\varepsilon=\frac{\sigma}{E}+\left(\frac{\sigma}{K'}\right)^{\frac{1}{n'}} \tag{2-25}$$

其中，K' 为循环强度系数，n' 为循环应变硬化指数。

2.3.3 平均应力修正及其他修正

既然在应力–寿命评估过程中，需要进行平均应力修正，当然在应变–寿命评估过程中，也需要进行平均应力修正、塑性修正和结构表面粗糙度修正。其基本方法原理和应力–寿命法中的修正方法基本相似 [16]。

1. 平均应力修正

在应变–寿命方法中，也必须要考虑平均应力的修正，方法和应力–寿命方法中阐述的基本相同。目前，已经存在大量的平均应力修正方法，比如 Morrow 方法和 Smith-Watson-Topper 方法。Morrow 最早提出在应变–寿命曲线评估结构寿命时需

要考虑平均应力的影响概念，即考虑修改应变–寿命曲线的弹性部分的平均应力来修正应变曲线。

整体应变寿命曲线就变成

$$\varepsilon_{\mathrm{e}}=\frac{(\sigma_{\mathrm{f}}'-\sigma_0)}{E}(2N_{\mathrm{f}})^b \tag{2-26}$$

完整的应变–寿命评估方程式就可以改写为

$$\varepsilon_a=\underbrace{\frac{\Delta\varepsilon}{2}}_{\text{Total}}=\underbrace{\frac{\Delta\varepsilon_{\mathrm{e}}}{2}}_{\text{Elastic}}+\underbrace{\frac{\Delta\varepsilon_{\mathrm{p}}}{2}}_{\text{Plastic}}=\frac{(\sigma_{\mathrm{f}}'-\sigma_0)}{E}(2N_{\mathrm{f}})^b+\varepsilon_{\mathrm{f}}'(2N_{\mathrm{f}})^c \tag{2-27}$$

Morrow 方程与实际疲劳试件的实验结构基本一致，这意味着平均应力主要影响着低塑性变形区域的应力值，对高塑性应变影响不大。

2. 弹塑性修正方法

由于结构应变值是通过线弹性结构有限元分析方法获取，如果当应力水平值超过材料的屈服极限时，对应变–寿命公式必须要进行弹塑性修正。当然这种修正方法只是适用于小范围出现小塑性影响区的结构，这是因为大范围的结构塑性变形区已经不能通过线弹性结构有限元分析方法获取应力–应变值。小的塑性应变区经常发生在结构部件的切口区域，其周围区域经常换保持着弹性。一般在临界平面位置分析中，均可以根据应变历程对平面应力和平面应变进行计算。目前得到广泛应用的弹塑性修正法主要是适合单轴应力–应变状态的 Neuber 修正法则。Neuber 法则一般根据应变集中因子 K_{t} 从理论上进行表述，具体可以通过下式表示：

$$K_{\mathrm{t}}^2=K_\varepsilon K_\sigma \tag{2-28}$$

其中，$K_\varepsilon=\dfrac{\varepsilon_L}{\varepsilon_N}$，$K_\sigma=\dfrac{\sigma_L}{\sigma_N}$，下标 N 表示名义弹性值，下标 L 表示切口根部的局部值。

在循环载荷中，这种关系还可以和应力集中因子 K_{f} 一起表示在应力应变范围中。

$$K_{\mathrm{f}}^2=\frac{\Delta\varepsilon_L}{\Delta\varepsilon_N}\frac{\Delta\sigma_L}{\Delta\sigma_N} \tag{2-29}$$

这就需要掌握局部应力和局部应变之间的关系。最重要的是需要掌握材料在单轴疲劳载荷作用下的应力–应变相应关系，重复疲劳对试件进行常幅载荷加载，经常使得材料疲劳试件产生稳定的迟滞回环。这种循环载荷加载的应力–应变曲线主要是基于 Ramberg-Osgood 方法进行拟合所得。应变–寿命疲劳曲线经常采用双对数坐标的形式表示。必须强调一点，没有相关材料数据库及其载荷循环的必要条件，几乎不可能开展有效的结构应变–寿命计算。常幅加载的循环应力–应变曲线，即应力范围和局部弹塑性应变之间的关系，如图 2.16 所示。

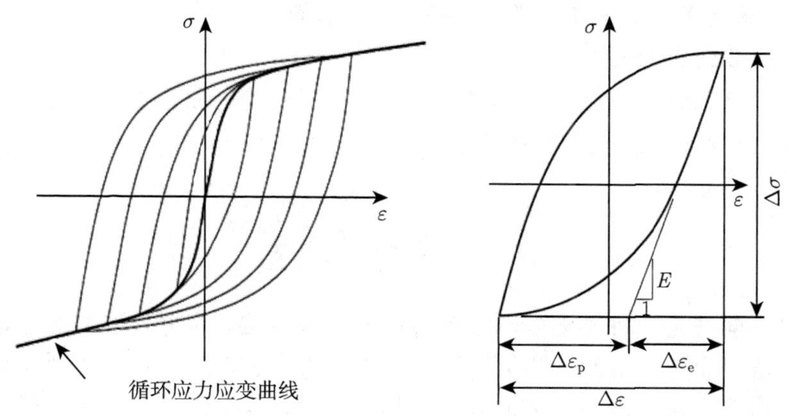

图 2.16 循环应力–应变曲线 [16]

相关文献研究发现：距离切口孔相距较远的位置处依然能保持弹性的材料在高应力区域也容易屈服。与此相关的塑性变形将是产生结构疲劳的主要原因，通过疲劳载荷加载试验后，可以计算出一个相对准确的寿命预测。假定屈服情况发生在结构的小区域缺口根源处，周边区域仍然有弹性。当卸载后，这些区域将返回到以前的形态。这意味着该材料不只是返回到 0 压力，而是被迫返回到原来的形态。这也意味着，必须考虑“固有内力”方式装入样本的行为，使应变而不是应力被控制。当然准确推导结构应变–时间历程比获得弹性情况下的应力–时间历程更困难 [7]。

应变–寿命方法在应变控制下的测试试样和切口根部的材料之间的相似关系。如果应变产生疲劳损伤而不是应力，那么应力–寿命的方法在如此多的情况下如何合理地使用呢？事实上，唯一的理由就是在高周疲劳条件下需要采用应力–寿命的方法，在所有工作中应力和应变等级较小，使应力和应变几乎呈线性关系。然而，随着加载等级变得越来越大，这种解释就不合理了，并不能一概而论。对于应变产生的疲劳损伤还是要采用基于应变–寿命的方法。这种类型的方法通常被称为低周疲劳或更确切的结构应变疲劳。从低周到高周疲劳行为过渡周期一般发生范围在 $10^4 \sim 10^5$ 次。

无论是通过分析或实验手段必须确定局部应力应变的关系。通常需要如有限元建模，或实验的应变测量应力分析程序。为了全面理解局部应变–寿命的分析过程，需要详细地分析结构局部的应力和应变的关系，具体细节可以包括为如下几点。

(1) 应变经常是结构产生疲劳的根本原因。因为在某些时候结构部件的塑性应变经常从某一条微裂纹开始萌生。

(2) 塑性应变通常会改变结构材料的基本性能，尤其过载后产生的塑性应变，其材料的特性已经改变。进行局部应力–应变过程的估计时，需要再次分析相关的材料数据。

(3) 计算结构局部应力–应变，需要采用有效的载荷循环计数法。计数方法必须可以确定有效的应变范围。

(4) 在应变循环计数后，可以使用标准疲劳试件进行常幅载荷加载下的疲劳测试的应变实验数据，估算结构应变的寿命评估。

2.4　临界平面法

临界平面法是一种预测多轴疲劳寿命的有效方法。这种方法主要是基于材料的临界损伤平面进行研究，即将该平面上的剪切应力和法向应力 (应变) 进行各种组合来构造多轴疲劳寿命评估的多个损伤参变量，以便建立多轴疲劳寿命预测的力学方程。也就是说，这种方法主要基于特定平面上的疲劳裂纹萌生和扩展的物理损伤观察。

在多轴成比例载荷加载的情况下，多数的临界平面相对于载荷轴是保持着固定的位置。然而，在多轴载荷非比例加载情况下，相关文献又已经证明临界平面的方位是时变的。也就是说传统的单轴疲劳 S-N 和 ε-N 方法主要是根据最大主应力和主应变进行结构寿命预测。多轴疲劳预测方法解决的是由于疲劳载荷方向随着时间改变，依靠传统的单轴疲劳寿命预测方法并不能有效进行寿命预测的问题。也可以简单地说，多轴疲劳的应力/应变状态是区别于单轴的应力/应变状态的。随着电子显微镜、X 射线或同步辐射电镜技术等先进实验技术的发展，研究人员已经逐步理解和掌握了一些多轴疲劳问题发展的细观和微观的力学特征。这些特征，包括多轴疲劳的萌生以及早期的扩展行为，均表明多轴疲劳问题是一个有方向的裂纹演变过程。同样，多轴疲劳裂纹萌生也可以包括三个主要阶段：裂纹成核、剪切裂纹增长以及拉伸裂纹增长 [16−22]。如图 2.17 所示。

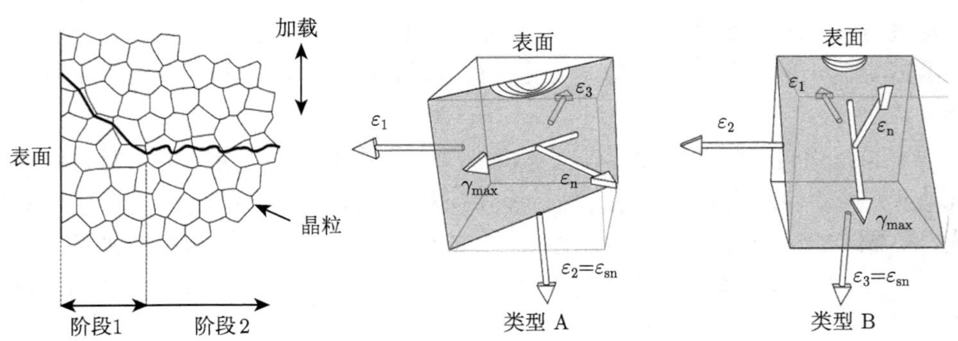

图 2.17　疲劳裂纹萌生三阶段 [16]

目前人们已经可以掌握材料多轴疲劳在载荷作用下的部分作用机理，可以说和载荷环境密切相关。临界平面方法的最大作用就是通过损伤模型来描述多轴疲劳发生的机制。通过对临界平面方法的分析，可以发现该方法考虑了应力和应变的大小及方向，其确定的损伤参数更有现实意义，更加接近实际的工程应用状况。但是现有的临界面方法在处理损伤参数还存在一定的局限性，比如，在处理不同方向的应变问题上，还需要深入研究其非比例载荷加载下的多轴疲劳的本构模型 [22]。

2.4.1 多轴疲劳的裂纹萌生和扩展

多轴疲劳裂纹萌生可以描述为材料内部的滑移带和晶格的发展。微观特征也是包括裂纹持续的滑移带、增长以及成核化。裂纹成核化的时间和材料表面的精度有很大的关系，越粗糙的表面裂纹成核的时间越短 [16−22]。

由于多轴疲劳载荷加载条件导致了结构部件最终产生不同的疲劳失效方式，比如发生剪切疲劳断裂，因此临界平面方法也只适用于特定的疲劳加载条件，如适用于一些剪切失效形式的材料。临界平面法与基于静强度准则和能量方法的多轴疲劳寿命预测方法是完全不同的，主要在于其损伤参数的选择上考虑了平面上剪切应力和法向应力的幅值大小及方向。无论是成比例还是非比例加载情况，这种方法可以说，保证了预测多轴疲劳寿命时可以更加接近真实的材料疲劳损伤的加载情形，多个损伤参数的引入也更加保证了疲劳结构部件多轴疲劳寿命预测的准确性和精度。当然，对于物理损伤参数的选择，临界平面方法还在不断发展和完善的过程中，比如引入应力项的 SWT(Smith-Watson-Toper) 临界平面理论的先决条件就是如何建立非比例载荷加载条件下的本构关系模型。

临界平面法主要包括如下几点 [22]：

- 在临界损伤平面上将应力或应变的状态转化为特定的坐标系统；
- 对该临界平面进行多轴雨流循环计数；
- 利用多轴疲劳寿命预测方法和损伤模型对每个循环进行损伤累积计算；
- 在单独的平面上针对所有的循环进行损伤累积求和计算。

这种方法将在整个每个指定的临界平面上重复进行，在临界平面上进行损伤的最大值总量累积计算。

2.4.2 多轴疲劳的损伤模型

多轴疲劳的主要目标就是发现一些对应于多轴疲劳试验的关键损伤参数，并且保证这些损伤参数可以准确地表达试验结果，以便进行疲劳寿命预测。多轴的疲劳损伤数学模型可以参见文献 [16] ~ [22]。

对于材料的多轴疲劳寿命问题而言，裂纹萌生主要是由塑性剪切应变主导，代表性损伤模型有 Fatemi 模型和 Socie 模型。而短裂纹增长主要是相对最大主应力轴向的垂直平面位置，其中有 Bannanitine 模型以及 Socie 模型，主要是基于 Smith-Watson-Toper 参数模型。

对于高周疲劳损伤区域多轴疲劳寿命主要是由裂纹萌生阶段构成，该阶段主要由最大切应力应变平面的成核阶段构成，主要代表有 Socie 模型。对于低周疲劳而言，多轴疲劳寿命模型，主要是最大剪应力应变的裂纹扩展阶段，代表有 Wang 模型和 Brown 模型。

2.4.3 小裂纹模型

无论是采用应力–寿命法还是应变–寿命法，如果仅仅依赖于常幅疲劳载荷测试均存在着不足的地方。这迫使人们去不断寻找如何建立小裂纹模型以准确表征结构疲劳损伤的关键参数，而不仅仅是传统的平均应力修正以及复杂的累积的损伤累积法则。根据相关文献，已经有人将断裂力学和微裂纹闭合效应联合起来，建立小裂纹的物理模型问题。这种模型通常是假定微裂纹或者缺陷已经在结构产品制造的初期就已经存在且出现裂纹萌生现象。相关小裂纹模型可以参见文献 [16]。

2.5 焊接结构疲劳问题

本书主要阐述的是车辆结构的振动疲劳问题，但也涉及到焊接结构疲劳问题，虽然焊接疲劳不是本书的研究重点，考虑到焊接因素是车辆结构疲劳寿命预测评估的重要内容之一，在这里根据相关文献，简单介绍一下焊接结构的疲劳寿命预测问题。复杂焊接车辆结构的疲劳设计过程和常规结构疲劳设计方法差不多，基本包括：通过现场测试获得载荷时间历程；利用有限元分析获得结构的应力/应变分析结果；对结构部件进行疲劳测试；确定材料、结构焊接质量和检查是否存在其他缺陷；最后进行疲劳寿命评估。区别是，还需要重点考虑焊接结构工艺过程的影响 (对焊缝、焊趾、母材和焊材的疲劳评估等)[23−26]。

2.5.1 焊接结构的寿命预测方法

对于大量采用焊接工艺的车辆结构部件而言，焊接结构的强度和刚度都受到焊接材料特性和焊接工艺的影响。多数的裂纹均是从焊缝开始，原因主要是由于焊材与基本的材料相比，有可能存在各种焊接缺陷 (夹渣、融透等问题)，且结构焊缝和焊接位置承受随机动载荷的能力好坏经常被忽略。目前已经有大量的焊接标准和手册，给动载荷对焊接结构的疲劳寿命估算提供了一种综合的评估方法。焊接结构疲劳寿命预测的基本方法也主要包括四种：名义应力法 (Nominal Stress Method)；结构应力法 (Structure Stress Method)；有效切口应力法 (Effective Notch Stress Method)；线弹性断裂力学法 (Linear Elastic Fracture Mechanics Method，LEFM)。

名义应力法是采用结构力学方法计算较为简单结构部件的名义应力。对于复杂的焊接结构名义应力有时很难有效确定。这就要求根据相关结构疲劳设计理论，需要对不同焊接接头的 S-N 曲线进行相关修正。

结构应力法，也称为热点应力法 (Hot Stress Method) 或几何应力法 (Geometric Stress Method)，主要在名义应力法对焊接结构疲劳预测困难的前提下使用，用来解释由于焊接结构的不连续或切口影响产生裂纹的结构危险点疲劳预测，通常热点定位在焊趾 (weld toe) 处的裂纹附近。热点应力法的优势之一就是可以对多种类型的接头可以使用单一的 S-N 曲线。

有效切口应力法是在假定的线弹性材料行为下，研究切口根部的总应力。这种方法可以有效地研究结构不同的焊接几何形状和非常规焊接接头，可以同时处理焊趾和焊根部位的失效，但是这种方法对高周疲劳 ($N > 10^5$ 循环) 并不实用，主要用于低周疲劳。

线弹性断裂力学法可以有效解决焊接过程中出现的如裂缝，夹渣和微观裂纹等焊接缺陷引起的结构疲劳问题。也就是说，该方法主要研究焊接接头的裂纹扩展寿命，常用方法是 Paris 法则。

根据国际焊接学会 (IIW) 标准，这 4 种焊接结构疲劳寿命预测方法具有各自的特点和差异性。这些方法适用于不同的焊接结构设计模式，且结果存在着很大的分散性，寿命预测的精度也明显不同。比较耗费时间的是有效切口应力法和线弹性断裂力学法，这两种方法要比名义应力法和结构应力法有着更高的精度，和试验结构也有着很好的一致性。但是名义应力法和结构应力法对于解释焊接结构的物理行为，以及考虑焊接结构的焊趾和焊脚的残余应力影响均是相对简单而不错的方法。

由于复杂的焊接结构部件经常表现出很多的非线性行为，如果采用简化的寿命预测方法有可能导致寿命预测的误差性加大的问题。寿命预测精度和采用方法的关系如图 2.18 所示。

焊接接头的疲劳裂纹主要出现在焊接结构的焊角和焊趾两个部位。如果焊角部位裂纹萌生的危险被抑制，焊接接头的危险点则集中于焊趾部位。目前常用于提高焊接接头的疲劳强度方法包括：

- 减少或消灭焊接缺陷，特别是坡口缺陷；
- 改善焊趾部位的几何形状，降低应力集中系数；
- 调节焊接残余应力场，产生残余压缩应力场。

焊接接头质量极大影响着焊接结构的疲劳特性。常见焊接接头形式主要有：对接接头、十字接头、T 形接头和搭接接头等。另外，焊接接头部位由于结构的传力路线受到干扰，因而容易发生应力集中现象。焊接结构的疲劳评估主要是基于实际焊缝的疲劳特性进行评估，考虑上述影响因素。研究焊接疲劳常用的方法主要是基

于热点应力法 (也称结构应力法) 和服从焊接标准规范的 S-N 曲线方法。

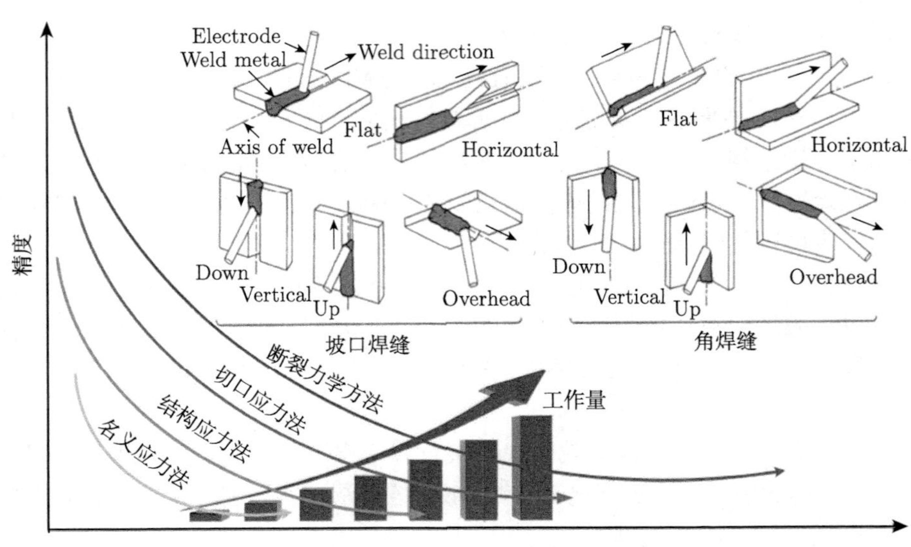

图 2.18　焊接结构寿命预测方法

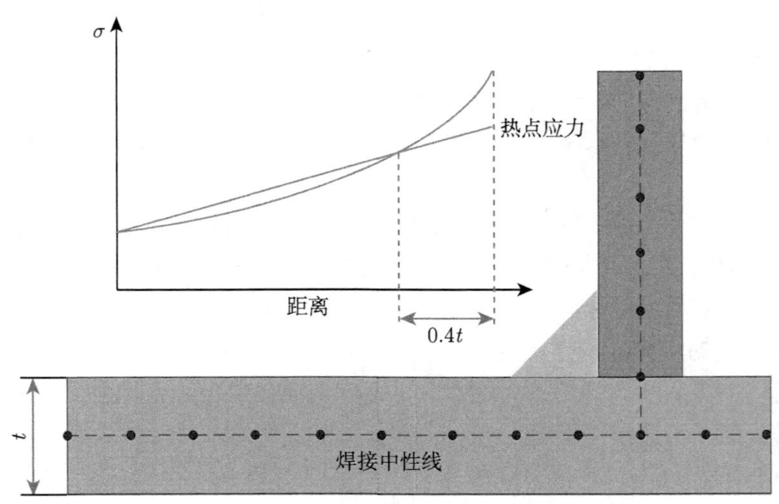

图 2.19　焊趾处的热点应力 [16,27]

综上所述，焊接过程可能极大地降低焊接区域材料的抗疲劳特性，不能简单地用一般修正方法进行疲劳强度修正，其基本原因可以概括为如下几点：

- 温度迅速冷却导致焊接区域材料微观结构发生急速变化，焊接过程中热影响区 (Heat Affected Zone，HAZ) 的耐疲劳特性显著降低；

- 热影响区的拉伸残余应力会降低结构耐疲劳特性。
- 焊接区域焊材的不完全融合可能导致材料裂纹萌生。
- 焊接区域处容易产生应力集中，高应力危险位置主要体现在焊趾处。

虽然应力集中可以准确地分析，但是由于焊接工艺的影响，很难有效地控制焊接的几何特征。图 2.19 简单显示了热点应力法的定义。

2.5.2 焊接结构的裂纹增长

相关文献较为详细地说明了复杂焊接钢结构的疲劳有效评估方法，并对不同焊接结构的分析法做了一个基本比较，具体见表 2.1 所示 [27]。

表 2.1 基于有限元分析的焊接结构的不同分析方法 [27]

方法	网格尺寸	设计方法	精度	注释
零件结构	粗糙	名义应力法	差	对于梁类型结构有较好的精度
	粗糙	结构应力法	差	对单元类型和尺寸比较敏感
	精细	结构应力法	一般	缺乏设计数据，不能有效识别焊接根部裂纹
		有效切口应力法	好	可以应用线弹性断裂力学法
		线弹性断裂力学法	好	要求预先假定初始裂纹尺寸
装配结构	粗糙	名义应力法	差	同零件结构
	粗糙	结构应力法	差	同零件结构
	精细	结构应力法	一般	同零件结构，模型较大
		有效切口应力法	好	可以应用线弹性断裂力学法，模型较大
		线弹性断裂力学法	好	要求预先假定初始裂纹尺寸，模型较大
子模型建模的装配结构	粗糙/精细	名义应力法	差	适合几种更小的模型
		结构应力法	一般	同零件结构
		有效切口应力法	好	同零件结构
		线弹性断裂力学法	好	同零件结构

当然，不同结构和不同载荷形式作用下的结构焊接疲劳寿命的计算，均和如何计算这些部位的结构应力有着极大的关系。比如，结构的焊点疲劳就可以通过对焊点周围板上的局部应力进行数值计算分析的方法来评估。相关文献中已经有基于最大和最小应力，以及载荷谱进行疲劳寿命计算，总体讲，焊点可以通过梁杆单元模拟，焊缝可以通过板壳单元进行模拟。由于本书的重点不在此处，如需了解请参考焊接结构疲劳相关文献。

2.5.3 焊接结构的疲劳分析

对于基于有限元法进行车辆焊接结构进行焊缝的疲劳分析时，还是需要综合考虑多个细节的问题，比如：如何在有限元结构模型中建立有效的焊缝模型；依据什么焊接标准去判断焊缝的基本参数，比如焊缝的方向，焊趾位置尺寸和大小等；

焊缝的网格划分和常规结构的网格划分主要区别是什么，如何针对焊缝进行精细的网格划分，获得有效的应力计算结果；如何正确评估焊缝处的有限元结构模型的应力应变的分布状况；焊缝有限元建模中的焊趾处的奇异点网格划分如何处理；以及能否实现焊缝的疲劳寿命评估的自动化分析技术等。

在评估焊接车辆结构的疲劳寿命时，需要根据国际焊接学会标准，或其他可供参考的焊接结构设计标准进行预测。同时，对于车辆关键结构部件中所有可能和完整的有限元模型的焊缝进行有效地识别，对焊缝的类型进行分类和确定其不同的空间位置及焊接方向，计算交叉焊缝的结构应力，包括对局部焊缝区域的疲劳评估(焊脚、焊趾和交叉部位的切口系数) 等。焊缝的有限元模型基本准则是如何建立准确与完整的有限元模型的焊缝。

2.6　损伤累积法则

在结构疲劳问题研究过程中，结构损伤通常可以依据线性的方式，进行损伤累积计算。疲劳损伤累积法则是研究结构在循环载荷作用下，疲劳损伤的演化规律和疲劳破坏准则的一种理论 [12]。不同研究者根据损伤累积方式的不同假设，提出不同的疲劳累积损伤理论，合理的疲劳损伤累积法则可以节省大量复杂载荷作用下的结构和材料试件的疲劳试验，实现常幅载荷疲劳试验结果对随机变幅载荷作用下的结构疲劳寿命预测。目前，结构疲劳寿命预测的疲劳损伤演化方法的描述主要包括疲劳损伤累积法则和裂纹扩展规律两种方法。具有代表性的疲劳累积损伤理论主要分为 [11−34]。

线性疲劳损伤累积理论。可以简单描述为假定材料在各个应力水平下的疲劳损伤是独立进行的，总损伤可以线性叠加。其中最有代表性的是 Palmgren-Miner 线性损伤累积法则，以及将其修正的 Miner 法则和相对 Miner 法则 [28]。

双线性疲劳累积损伤理论。该理论认为材料在疲劳初期和后期分别按照两种不同的线性规律积累，代表性的是 Manson 双线性损伤累积叠加法则。

非线性累积损伤理论。这些理论假定载荷历程和损伤之间存在相互干涉作用，即各个载荷所造成的疲劳损伤与其以前的再和历史有关，其中最有代表性的是损伤曲线法和 Corten-Dolan 理论。

其他累积损伤理论。这些理论多为从试验，观测和分析数据归纳出来的经验或半经验公式，如 Levy 理论，Kozin 理论。

疲劳累积损伤理论是疲劳分析的理论基础，也是估算变应力幅值下的安全疲劳寿命的关键理论。在结构疲劳过程中，初期材料内的细微结构变化和后期裂纹形成和扩展中，当结构或材料承受高于疲劳极限的应力，每个循环都会使材料产生一定的损伤。

根据文献研究，目前疲劳累积损伤理论一般都包含三个要素：损伤的定义、损伤累积的方式和损伤的临界值 [12,34]。目前的疲劳累积损伤的理论几乎都是宏观、确定性、等损伤和线性累积方式的，损伤累积的临界值也基本等于 1。而微观的、不确定、变损伤和非线性累积方式以及损伤累积的临界值不等于 1 的相对很少。不确定的疲劳累积损伤理论基本也是疲劳可靠性的研究内容。据此，相关文献中将疲劳损伤累积理论分为等损伤现象累积损伤理论；等损伤线性分阶段疲劳累积损伤理论；变损伤线性疲劳累积损伤理论。线性累计是指不同应力水平所造成的疲劳损伤是相互独立的，总损伤可以将各个应力水平下的损伤线性累积起来，否则为非线性。等损伤是指损伤至于当次的循环载荷大小相关，而与所处的时间点无关，否则为变损伤。

Palmgren-Miner 损伤累积法则是线性损伤累积法则中最具代表性的理论。利用该理论可以对绝大多数机械结构的疲劳损伤进行损伤累积。假定每一个循环所造成的平均损伤为 1/N，这种损伤是可以积累的，n 次横幅载荷所造成的损伤等于其循环比。该方法可以简单表达为

$$D = n/N \tag{2-30}$$

根据这种方法，如果总的损伤 D 大于 1 就说明失效发生了。变幅载荷的损伤 D 等于其循环比之和，可以表达为

$$D = \sum_{i=1}^{l} \frac{n_i}{N_i} \tag{2-31}$$

其中，l 为变幅载荷的应力水平级数。n_i 为第 i 阶载荷的循环次数，N_i 为第 i 级载荷下的疲劳寿命。当损伤累积达到了临界值 D_{f} 时，结构就发生疲劳破坏，D_{f} 为临界损伤和，简称损伤和。式 (2-19) 可以改写为

$$D = \sum_{i=1}^{N_{\mathrm{f}}} \left[\frac{n_i}{N_i}\right] = \sum_{t_k \leqslant T} \frac{1}{N_{S_k}} = D_{\mathrm{f}} \tag{2-72}$$

其中，N_{S_k} 表示时间 t_k 对应的应力幅值 S_k 对应的循环数。T 表示所有循环完成后的时间总和。

2.6.1 结合 S-N 曲线预测疲劳寿命

Palmgren-Miner 损伤累积法则的基本理论说明，结构疲劳失效在总的损伤超过 1 时，即 $D(t) > 1$，结构疲劳失效就发生。在这里将失效的时间定义为 T_{f}，然后

$$P(T_{\mathrm{f}} \leqslant t) = P(D(t) \geqslant 1) = P(K \leqslant \varepsilon D_{\beta}(t)) \tag{2-33}$$

其中，ε 是和材料相关的参数，满足 $K = E^{-1}\varepsilon$。正如前面提到的那样，K 是和材料相关的独立随机变量，通常属于对数正态分布，$\ln K = -\ln E + \ln\varepsilon$，而 $\ln(E) \in N(0, \sigma_E^2)$。因此 $\ln K \in N(\ln\varepsilon, \sigma_E^2)$。

总的循环损伤之和 $D_\beta(t)$ 是大量小循环损伤的总和。对于这个损伤可以假设它为近似的正态的。即

$$D_\beta(t) \approx N(\mathrm{d}_\beta t, \sigma_\beta^2(t)) \tag{2-34}$$

其中 $\mathrm{d}_\beta = \lim\limits_{x\to\infty}\dfrac{D_\beta(T)}{t}$，$\sigma_\beta^2 = \lim\limits_{x\to\infty}\dfrac{V(D_\beta(T))}{t}$，这样利用 K 的对数正态分布以及近似正态分布函数 $D_\beta(t)$，结构疲劳寿命分布就可以被计算。设其概率密度和分布函数分别用 $\phi(x)$，$\varPhi(x)$ 表示。结构疲劳失效的概率就可以用下式表示：

$$P(T_\mathrm{f} \leqslant t) \approx \int_{-\infty}^{\infty} \varPhi\left[\frac{\ln\varepsilon + \ln \mathrm{d}_\beta t + \ln\left(1 + \dfrac{\sigma_\beta}{\mathrm{d}_\beta\sqrt{t}}z\right)}{\sigma_E}\right]\phi(z)\mathrm{d}z \tag{2-35}$$

2.6.2　Miner 修正

常用的疲劳累积损伤理论都在努力解释变幅循环作用下由小循环导致的结构损伤。同时简单介绍了 Palmgren-Miner 损伤法则，并且提到 Miner 法则的缺点。这主要是通过不同的修正 S-N 曲线的应力幅值等措施，图 2.20 显示了一些典型的修正法则。

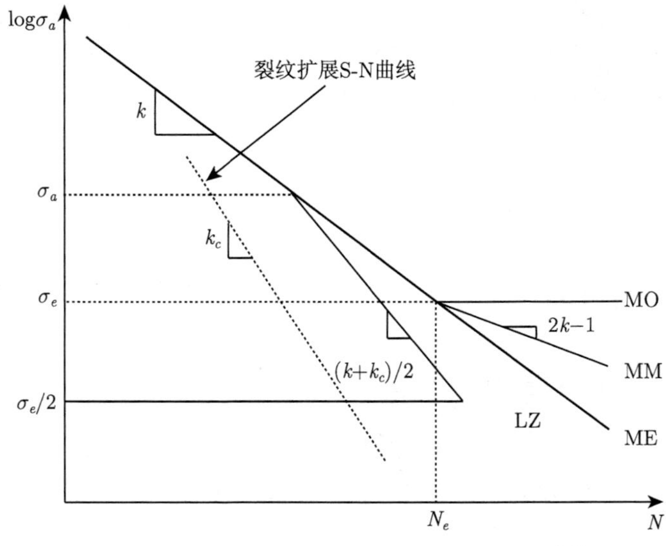

图 2.20　Palmgren-Miner 损伤累积修正法 [16]

假定，这里对没有修正的 Miner 法则的原始方法用 MO 表示 (Miner Original)，它在 S-N 曲线中定义了材料特性的疲劳极限，并表明疲劳极限以下的部分将不会产生任何的损伤。Miner 的初步修正法用 ME 表示 (Miner Elementary)，在疲劳极限的上下主要使用同样的斜率。Miner 完整修改法用 MM 表示 (Miner Modified) 修正。最有名的是 Haibach 修正，它主要是根据图中原始 S-N 曲线的斜率曲线定义。Liu-Zenner (LZ) 修正方法，主要是假设 S-N 曲线的斜率通过有裂纹试件的试验得到，S-N 曲线按照图中构建。其中 σ_a 是设计应力谱中的最大幅值，LZ 修正提出，疲劳极限是原始 S-N 曲线的一半，详细请参见文献 [16]。

目前非线性损伤模型 (Non-Linear Damage Models) 和小裂纹模型 (Small Crack Models) 都已经被专家学者们提出来。由于传统的 S-N 法和 E-N 法主要是针对主应力或主应变。当载荷方向发生改变或应力/应变状态不同于单轴条件时，这种方法就不能有效预测结构疲劳寿命，而多轴疲劳研究可以有效解决这个问题。研究多轴疲劳经常采用临界平面法，即首先通过分析多轴疲劳应力应变确定临界平面，然后在临界平面上建立多轴疲劳损伤参变量。根据确定临界平面的依据不同，也就形成了不同的研究方法，如以最大剪应变、最大主应变或两者某一线性组合为最大平面作为临界平面的方法等，或者是根据确定临界平面上损伤参量形式不同，形成如等效应变法，能量密度法等。由于本书的研究内容主要考虑单轴疲劳的影响，多轴疲劳的研究在这里就不详细阐述。

2.6.3 雨流循环计数

结构部件产生疲劳疲劳损伤的主要因素就是应力幅值和应力循环次数，而不规则载荷的损伤累积，经常需要在疲劳试验和分析中转化为常幅载荷。这主要是因为结构疲劳试验和疲劳强度分析中，对常幅载荷历程的数据更加便于处理。这就需要利用各种循环计数算法，将不规则的载荷历程转化为常幅载荷历程。而将实测或仿真获得的随机动载荷时间历程转化为一系列的全循环或半循环的过程叫“计数法”。常规结构的应力历程属于变幅循环，任何两个相邻的峰值 (或谷值) 之间是不可能完全相同的，也就不可能仅用相邻的峰值和谷值表示。这就需要采用一种合适的循环计数法进行疲劳循环计数，将变化的载荷时间历程转化为一系列具有完整循环载荷的历程。循环计数主要目的就是缩短和简化循环载荷时间历程，便于结构疲劳分析与应力测试结果的处理。疲劳寿命估算和疲劳试验结果的可靠性很大程度上取决于载荷谱，而载荷谱的编制又与计数法有很大的关系 [35−48]。

从统计的角度分类，计数法分为单参数法和双参数法。单参数法一般只考虑载荷循环中的某一个变量，如应力范围，该方法有水平交叉法、范围计数法等，主要用来消除载荷历程中的高频低振幅信号或配合损伤累积理论计算，但是忽略了载荷顺序效应。且由于这种方法只考虑某单一参数，不足以完整描述载荷循环的特征。双参数法主要包括雨流计数法 (Rainflow Counting Method)，极小–极大计数法 (Min-Max Counting Method) 等。

目前在国内外结构疲劳研究中广泛使用的是雨流计数法。雨流计数法是由 Matsuishi 和 Endo (1968) 在考虑材料应力应变行为时提出的一种计数方法。优点是部分考虑了载荷的次序效应，且认为塑性的存在是疲劳损伤的必要条件，将循环载荷通过计数表示为应力应变的迟滞回线，即一个个封闭的迟滞环 [35−48]。雨流计数法可以有效获得载荷历程的幅值、均值和相应频次的关系，是目前国内外应用最广泛的一种计数法，根本原因在于：它建立了便于理解的载荷循环与材料疲劳特性关系；能有效统计载荷历程的发展趋势，且不丢失小载荷的循环信号；使得载荷时间历程的每一部分都可以参与计数且只计数一次。这里简单介绍一种简化的雨流计数法的计数规则 [14,35−37]。

- 编排载荷历程，判断载荷施时间历程的峰谷值总数的奇偶性，若为偶数，则去掉最后一个峰值 (或谷值)，使得历程的首尾都是谷值 (或都是峰值)，同时使得首尾都等于载荷历程之中最低谷值或最高峰值。
- 改造载荷历程，使其成为 “收敛–发散” 载荷。
- $X(i)$ 为存放载荷时间历程峰谷值的数组，$Y(i)$ 为用于存放未删除的峰谷值数组，开始时令 $k=0, i=1$。
- $k=k+1$，读入下一峰值，并令 $Y(i)=X(k)$，当数据完毕，则 $Y(1)$ 和 $Y(2)$ 构成一个完整循环并计算均值和幅值或应力范围。
- 若数据点少于 3，则令 $i=i+1$ 并转上一步。否则，用尚未删除的 3 个新的峰谷值 $Y(i-2)$、$Y(i-1)$、$Y(i)$ 计算：$\Delta W=|Y(i-2)-Y(i-1)|$，$\Delta Z=|Y(i-1)-Y(i)|$。
- 比较 ΔW 和 ΔZ 值。若 $\Delta W>\Delta Z$，则令 $i=i+1$，并读入一下个峰值；若 $\Delta W\leqslant\Delta Z$，则进入下一步。
- 将 ΔW 所对应的峰谷值 $Y(i-2)$ 和 $Y(i-1)$ 取为一个完整循环，并计算均值和幅值或应力范围，同时删除已经计数的 $Y(i-2)$ 和 $Y(i-1)$。

图 2.21 表示了一个原始应力历程和完整循环提取的简单过程。

在材料和结构疲劳试件的疲劳载荷加载试验过程中，经常采用常幅载荷谱，比如 $L(t)=A\sin(wt)$。其中，A 和 w 是幅值和频率，通过对试件施加循环拉伸和压缩的载荷谱试验直到试件断裂。载荷循环的数量 $N(s)$ 和幅值 A，都可以通过相关的测试仪器记录。对于小幅值 $A<A_\infty$，疲劳寿命经常是非常大，可以设置为 $N(s)\approx\infty$，即认为在进一步的试验中没有损伤发生。

另外，车辆结构动应力测试获得的载荷时间历程信号中基本都包含有噪声信号，也可以说，这些载荷信号基本上是由很多不同级别的载荷信号成分组成，除了主要工作载荷信号外，还经常包括一些次要载荷的作用。这些载荷表现为二级波、三级波以及一些高阶小量的循环载荷。对这些构不成疲劳损伤的小量载荷，一般将其定义为无效的幅值。因此在进一步对应力应变数据进行雨流计数分析时，应该将无效的幅值舍弃。关于无效幅值舍弃的取舍标准，一般取随机载荷历程的应力幅值极值差 ($\sigma_{\max}$ 和 $\sigma_{\min}$ 之差) 的 5%～10%。当然还可以对测试或仿真获得的数据信号进行过滤和平滑处理，最简单的方法就是利用相关的数据处理方法，即利用带通滤波器 (Band-pass Filter) 从含噪声信号中去除高频信号 [35,47]。

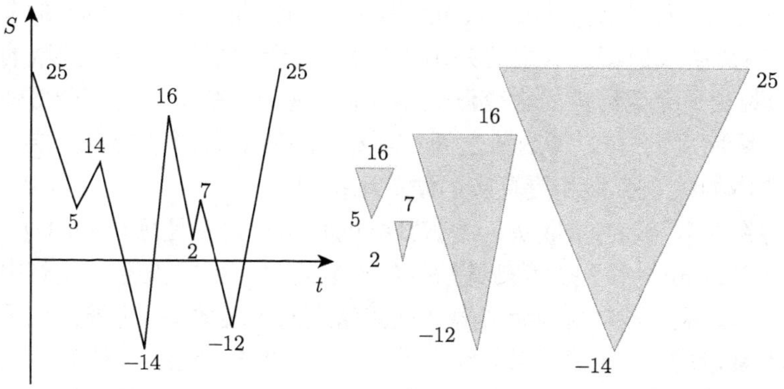

图 2.21 原始应力历程 (左) 和雨流循环计数 (右)

2.6.4 非平均应力的等效变换

由于实际结构动应力测量时，获得的应力历程信号的平均应力并不为零。而相关研究文献表明，应力幅值和均值以及循环次数是对结构疲劳损伤影响最大的因素。特别是平均应力对累积损伤有较大的影响。因此需要按照等效损伤原则将非零平均应力的应力循环等转换为零平均应力的应力循环。

这里，通常可以采用 Goodman 疲劳经验公式对其进行转换。

$$S_i = \frac{\sigma_b S_{ai}}{\sigma_b - |S_{mi}|} \tag{2-36}$$

其中，S_i 是等效的零均值应力；S_{ai} 为第 i 个应力幅值；S_{mi} 为第 i 个应力均值;σ_b 为拉伸强度极限。

以 16Mn 材料为例，$E = 2.068 \times 10^5\text{MPa}$, $\sigma_b = 586\text{MPa}$。若考虑测试载荷的应变幅值 ε_{ai} 和均值 ε_{mi}，根据胡克定律 $\sigma = E\varepsilon$，式 (2-25) 可以改写为

$$S_i = \frac{586 S_{ai}}{586 - |S_{mi}|} = \frac{586 E\varepsilon_{ai}}{586 - E|\varepsilon_{mi}|} = \frac{586 \times 2.068 \times 10^5 \times \varepsilon_{ai}}{586 - 2.068 \times 10^5 \times |\varepsilon_{mi}|} \tag{2-37}$$

将统计后得到的应力均值和应力幅值分别代入式 (2-26)，即可以得到零平均应力的等效应力 S_i 值。

2.6.5　疲劳寿命的估计精度

客观来说，疲劳寿命估算方法中的应力–寿命法 (S-N 法)，经常是根据标准疲劳试件的实验数据获得的应力–寿命曲线 (S-N 曲线) 进行寿命预测。从概率和统计的角度看，这些数据均存在着不同的生存概率和置信度。同样的方法可适用于应变–寿命方法。然而，实验材料试件的应变–寿命曲线获得的数据表现的分散性远远小于应力–寿命曲线数据。这主要是由于应变–寿命数据是从局部区域的控制参数中获得，即测试是完全约束的应变测试中获得。基于应变寿命的疲劳寿命的预测精度有时是实际精度的 1/2 到 2 倍之间。需要更高的寿命预测精度就要求考虑更为复杂的材料本构关系模型和更真实的载荷工况 [11]。

疲劳寿命的预测精度，取决于测试数据的数据分析和处理过程的准确性。疲劳寿命预测计算经常会由于疲劳测试数据的不确定性，特别是寿命预测中的对数性质而不准确。实际上影响结构疲劳寿命预测精度的因素太多，可能是由很多个或更多的错误因素造成。这也意味着，确实需要从结构材料特性 (包括 S-N 曲线的疲劳数据的概率统计分布)、结构载荷历程信息和结构几何特征等角度考虑问题 (包括加工工艺和表面处理等)。

疲劳数据由于寿命和应力之间存在的指数关系，本质上是存在大量的分散性。即使相同的结构部件在相同的物理载荷环境中，寿命也可能因为几个不同的因素而预测结果不同。如何定义车辆结构的加载环境系统本身就非常复杂。这需要对载荷环境数据进行深入分析，考虑测试载荷数据的概率统计、变异性和可重复性的问题。一般来说，如果能够很好地定义疲劳载荷的加载系统和测试环境，还是可以发现车辆结构疲劳寿命预测与实测数据之间存在着良好的相关性。基于疲劳载荷试验的加载数据信号可以根据实际的试验数据进行加载，也可以采用多体动力学–有限元数值计算方法获得 (在后面的章节中将有详细的介绍)。载荷谱是满足结构部件寿命预测精度且进行车辆结构部件的重复疲劳载荷测试的关键因素之一，对于车辆结构部件的疲劳寿命有着重要的相关性和影响。

当然，提高车辆结构部件疲劳寿命预测精度的方法还是依赖于产品整体设计阶段的疲劳设计过程。在疲劳设计阶段，例如结构强度和刚度特征依赖于结构几何尺寸的变化 (倒角、圆角的变化)，如何改变结构的几何特征设计 (CAD 设计) 的细节，均可能避免潜在的结构疲劳问题。另外，车辆结构产品的疲劳设计过程，由于设计目标、设计空间或设计工具的影响均可能导致结构的几何特征的设计受到各种客观因素的限制 (比如结构的几何尺寸等)，载荷和材料等因素的变化也是影响结构疲劳寿命必须要考虑的关键的因素之一。对于车辆结构部件而言，尤其是焊接结构部件，需要进行各种表面处理措施，以避免应力集中或其他影响疲劳寿命的因素发生。这就需要喷丸、喷砂、打磨、时效处理等表面处理的方法。在未来轨道车辆的发展过程中，正在考虑在车辆结构中采用不同层次和不同功能特性的材料。

比如，增加结构部件某一部分的尺寸厚度，或者增加加强筋等设计方法有可能减少应力集中和疲劳破坏的发生，但会导致结构重量方面的不利影响；反之，如果减少结构的重量，进行车辆轻量化设计，会导致结构的强度和刚度发生不利的变化。而且增加结构尺寸的方法虽然可能更有效，但往往增加了生产成本和复杂性，也可能导致在未来的薄弱点成为新的疲劳问题发生的区域。改善结构疲劳寿命还有一种方法是降低作用的外部载荷，在车辆运行的情况下，可以通过改变车辆动力学系统的各项悬挂参数，如弹簧刚度、减震器的刚度和阻尼等参数，也可以通过减少结构外部传递的载荷来实现疲劳寿命的延长。还需要提到关键的一点，就是某些车辆焊接结构部件频繁出现的结构共振疲劳问题，极大程度上导致结构疲劳寿命的缩短。如果增加结构的尺度和加强筋板等修改设计方案未改善结构的抗疲劳特性，主要的原因极可能是车辆结构在某一段线路不平顺的激励下会出现结构共振疲劳的问题，这样的情形在轨道车辆结构部件的疲劳寿命预测中已经得到了佐证，在后面的工程实例中会进行深入的阐述。

2.6.6 基于断裂力学的裂纹扩展分析

众所周知，结构疲劳裂纹经常是起始于驻留滑移带的裂纹成核阶段。通常来说，结构部件基本都存在各种缺陷，比如结构材料内部的夹渣和外部的微裂纹。由于加工过程可能会导致的各种裂纹缺陷等，焊接结构更是如此。这也说明，裂纹萌生阶段仅仅是焊接结构部件总寿命的一部分，包括定义结构裂纹的初始尺寸和最后裂纹扩展后的最终尺寸，甚至需要确定关键结构部件的应力强度因子范围值。应力强度因子可以根据相关的焊接标准手册、权重函数以及数值仿真方法 (有限元法和边界元法) 获取。

从裂纹萌生开始，到裂纹快速增长 (裂纹扩展阶段) 直至失效之前，裂纹扩展阶段至少有两个相对稳定的阶段 (低速和高速裂纹稳定扩展阶段) 和一个裂纹快速扩展阶段。初始阶段关注的是细小裂纹在少数几个晶粒的边界位置处扩展 (在总寿命中占据较少分量)，这个阶段主要是剪切应力导致的裂纹。随之在很多晶粒的边界处扩展，当达到一定的门槛值或临界条件时，裂纹扩展速率增加。疲劳断裂有时只发生在少数几个载荷循环中。相关的裂纹扩展分析和计算可以参见相关文献。

断裂力学主要是根据初始裂纹 (确定的或假设的) 的尺寸和几何特征进行裂纹扩展数据的一种分析方法。对于焊接结构部件，通常是假定初始的裂纹缺陷是存在的，而且其缺陷也在一定的安全阈值以下。这时候可以通过断裂力学方法计算裂纹扩展到特定的不稳定的增长率之间的载荷循环次数。断裂力学方法之所以可以很详细地解释裂纹扩展阶段的疲劳寿命，主要在于其是通过确定裂纹的扩展速率 $\mathrm{d}a/\mathrm{d}N$ 确定载荷从小裂纹增长到导致结构断裂的大裂纹阶段的载荷循环次数。裂纹扩展速率经常与应力强度因子范围值 ΔK 成比例关系。它主要是根据应力强度因子 K、应力幅值、当前的裂纹尺寸 a 和一些焊接的其他细节经验数据进行表述。裂纹扩展速率的公式通常表达为

$$\frac{\mathrm{d}a}{\mathrm{d}N} = C\Delta K^m \tag{2-38}$$

其中，a 表示裂纹尺寸；N 表示疲劳循环的数量；ΔK 表示应力强度影子的范围值。以及 C 和 m 是根据经验获得的裂纹扩展参数。

在等幅循环载荷的作用下，对公式 (2-27) 积分，可以获得疲劳裂纹扩展阶段的寿命。

$$N = \int \mathrm{d}N = \int_{a_0}^{a_c} \frac{\mathrm{d}a}{C(\Delta K)^m} \tag{2-39}$$

其中，a_0 表示初始裂纹长度；a_c 是临界裂纹长度；N 表示从初始裂纹长度扩展到临界裂纹长度时的循环次数；C 和 m 是根据经验获得的裂纹扩展参数，可以通过疲劳标准试验方法获得。

现代机械机构经常需要使用断裂力学理论描述疲劳裂纹扩展分析和疲劳断裂计算。尤其是大部分的裂纹扩展研究与长裂纹相关，裂纹扩展阶段的一些微观效应可以通过线性弹性断裂力学知识进行有效地解释。相关的裂纹扩展分析参见文献 [49, 50]。

2.7 本章小结

本章主要在众多文献的基础上，对结构疲劳寿命预测的基础理论和一些典型的计算方法做了简单的归纳和总结，并重点介绍了车辆结构疲劳研究的相关理论背景。特别是介绍了结构疲劳寿命预测的基本设计思想和分析方法。对名义应力法和局部应变法及其各自的平均应力修正、表面粗糙修修正、S-N 曲线、临界平面法、损伤累积法则、复杂结构的焊接疲劳以及雨流计数法、寿命预测精度、焊接疲劳和裂纹扩展分析等相关知识也做了不同程度说明。特别是对车辆结构疲劳预测所涉及到的相关疲劳寿命计算方法进行了较为详细的阐述。

参考文献

[1] Radaj D. Design and Analysis of Fatigue Resistant Welded Structures [M]. Elsevier, 1990.

[2] Niemi E. Stress Determination for Fatigue Analysis of Welded Components [M]. Woodhead Publishing, 1995.

[3] Marquis G, Solin J. Fatigue Design and Reliability [M]. Elsevier, 1999.

[4] Patrıcio M, Mattheij R. Crack propagation analysis [J]. CASA report, 2007: 07-03.

[5] Muhmmad A C. Fatigue strength analysis and end-of-life crack propagation in thin stainless steel structures by means of comparing FE-analyses and experimental results [D]. Master thesis. University Stuttgart, 2009.

[6] Luo R K, Gabbitas B L, Brickle B V. An integrated dynamic simulation of metro vehicle in a real operating environment [J]. Vehicle System Dynamics, 1994, 23: 335-345.

[7] Luo R K, Gabbitas B L, Brickle B V. Fatigue design in railway vehicle bogies based on dynamic simulation [J], Vehicle System Dynamies. 1996(25): 438-449.

[8] Dietz S, Netter H, Sachau, Fatigue life prediction of a railway bogie under dynamic loads through simulation [J]. Vehicle System Dynamics, 1998(29): 385-402.

[9] Srikantan S, Yerrapalli S, Hamid Keshtkar. Durability design process for truck body structures [J]. International Journal of Vehicle Design, 2000, 23(1/2): 95-108.

[10] Haiba M, Barton D C, Brooks P C, et al. Review of life assessment techniques applied to dynamically loaded automotive components [J]. Computers & Structures, 2002, 80(5): 481-494.

[11] Bishop N W M, Sherratt F. Finite Element Based Fatigue Calculations [M]. NAFEMS, 2000.

[12] 姚卫星. 结构疲劳寿命分析 [M]. 北京: 国防工业出版社, 2004.

[13] 周传月, 等. MSC. Fatigue 疲劳分析应用与实例 [M]. 北京: 科学出版社, 2005.

[14] Pompetzki M, Ogarevic V. Integrated fatigue analysis for CAE[C]. Sixth ISSAT international conference on reliability and quality design, 2000.

[15] Kim H S, Yim H J, Kim C B. Computational durability prediction of body structures in prototype vehicles. International Journal of Automotive Technology, 2002, 3(4): 129-135.

[16] Sigmund K A. Fatigue assessment of aluminum automotive structure [D]. PhD thesis, Norwegian University of Science and Technology, Norwegian, 2002, 8.

[17] Harris B. Fatigue in Composites: Science and Technology of the Fatigue Response of Fiber-reinforced Plastics [M]. Woodhead Publishing, 2003.

[18] Ridnour J A. Methodology for evaluating vehicle fatigue life and durability [D]. PhD thesis, The University of Tennessee, Knoxville, 2003, 12.

[19] WAFO Group. WAFO a Matlab for analysis of random waves and loads [D]. Lund University, Sweden, 2000, 8.

[20] Karlsson M. Load modelling for fatigue assessment of vehicles——a statistical approach [D]. PhD thesis, Chalmers University of Technology, 2007.

[21] Castillo E, Fernández-Canteli A. A Unified Statistical Methodology for Modeling Fatigue Damage [M]. Springer Science & Business Media, 2009.

[22] 尚德广，王德俊. 多轴疲劳强度 [M]. 北京：科学出版社，2007.

[23] Lassen T, Recho N. Fatigue Life Analysis of Welded Structures [M]. London: Newport Beach, CA: ISTE, 2006.

[24] Radaj D, Sonsino C M, Fricke W. Fatigue Assessment of Welded Joints by Local Approaches [M]. Woodhead Publishing, 2006.

[25] Niemi E, Fricke W, Maddox S J. Fatigue Analysis of Welded Components: Designer's Guide to the Structural Hot-spot Stress Approach [M]. Woodhead Publishing, 2006.

[26] Lagoda T. Lifetime Estimation of Welded Joints [M]. Springer Science & Business Media, 2008.

[27] Martinsson J. Fatigue assessment of complex welded steel structures [D]. PhD thesis, Royal Institute of Technology, Stockholm, 2005, 2.

[28] Lassen T, Recho N. Fatigue Life Analyses of Welded Structures [M]. Flaws: John Wiley & Sons, 2013.

[29] Lee Y L. Fatigue Testing and Analysis: Theory and Practice [M]. Butterworth-Heinemann, 2005.

[30] Aliabadi M, Guagliano M. Fracture and Damage of Composites [M]. WIT Press, 2006.

[31] Halford G R. Fatigue and Durability of Structural Materials [M]. ASM International, 2006.

[32] Bathias C, Pineau A. Fatigue of Materials and Structures [M]. Wiley Online Library, 2010.

[33] Campbell F C. Fatigue and Fracture: Understanding the Basics [M]. ASM International, 2012.

[34] 嵇应凤，姚卫星，夏天翔. 线性疲劳累积损伤准则适用性评估 [J]. 力学与实践, 2015，37(6): 674-682.

[35] Xiong J, Shenoi R. Fatigue and Fracture Reliability Engineering [M]. Springer Science & Business Media, 2011.

[36] Dawling S, Socie D. Simplified rainflow counting algorithms [J]. International Journal of Fatigue, January 1982, 4(1): 31-40

[37] Rychlik I. Simulation of load sequences from rainflow matrices: Markov method [J]. International Journal of Fatigue, 1996, 18(8): 429-438.

[38] Khosrovaneh A, Dowling N. Fatigue loading history reconstruction based on the rainflow technique [J]. International Journal of Fatigue. 1990, 12: 99-106.

[39] Rychlik I. Rainflow cycles in gaussian loads. Fatigue & Fracture of Engineering Materials & Structures [J]. 1992, 15: 57-72.

[40] Frendahl M, Rychlik I. Rainflow analysis: Markov method [J]. International Journal of Fatigue, 1993, 15: 265-272.

[41] Amzallag C, Gerey J, Robert J, Bahuaud J. Standardization of the rainflow counting method for fatigue analysis [J]. International Journal of Fatigue, 1994, 16: 287-293.

[42] Rychlik I. Extremes, rainflow cycles and damage functionals in continuous random processes [J]. Stochastic Processes and Their Applications, 1996, 63: 97-116.

[43] Rychlik I. Simulation of load sequences from rainflow matrices: Markov method [J]. International Journal of Fatigue, 1996, 18: 429-438.

[44] Johannesson P. Rainflow cycles for switching processes with Markov structure [J]. Probability in the Engineering and Informational Sciences, 1998, 12: 143-175.

[45] Johannesson P. Rainflow analysis of switching Markov loads [D]. Lund: Lund University, 1999.

[46] Johannesson P, Thomas J J. Extrapolation of rainflow matrices [J]. Extremes, 2001, 4: 241-262.

[47] 赵晓鹏, 姜丁, 张强, 朱先民. 雨流计数法在整车载荷谱分析中的应用 [J]. 科技导报, 2009, 27: 67-73.

[48] Akin I V. Fatigue life calculation by rainflow cycle counting method [D]. Ankara: Middle East Technical University, 2012.

[49] Ayyub B M, Assakkaf I A, Kihl D P, et al. Reliability-based design guidelines for fatigue of ship structures [J]. Naval Engineers Journal, 2002, 114(2): 113-138.

[50] 王国军，胡仁喜，陈欣，等. nSoft 疲劳分析理论与应用实例指导教程. 北京: 机械工业出版社, 2007.

第 3 章　车辆多体动力学建模和仿真

目前，计算车辆结构动应力和动应变的数值仿真和试验方法已经相对比较成熟和准确，然而依然会受到很多不确定性的因素影响。作为预测结构疲劳寿命的三个重要的输入条件，载荷时间历程 (包括动应力的计算) 可以简单理解为是对车辆服役环境影响的一种简化和近似表征；材料疲劳特征可以理解为结构的一些基本特性；结构几何特征的设计 (CAD) 可以认为是结构强度和刚度设计的具体表现，也反应了车辆结构的宏观特征。但是寿命预测过程中也经常需要对加工工艺、表面处理的影响通过相关影响因子进行考虑，比如结构表面的加工划痕等缺陷、材料内部的夹杂物等。作为寿命预测的输入条件之一，应力和应变结果还需要依据结构疲劳寿命评估模型、结构与材料 S-N 曲线、损伤累积理论 (Palmgren-Miner 损伤累积法则) 或 Paris 法则等结合在一起进行结构疲劳寿命的评估。

各种复杂因素影响下的疲劳模型很容易导致模型结果预测的误差，主要是因为这些关键参数的确定也有很大的局限性，比如，结构和材料的 S-N 曲线需要经过大量的标准试件的疲劳测试或者根据相关疲劳设计手册中列出的数据。为了准确评估寿命有必要理解车辆的动力学特性，也需要有效地分析载荷时间历程的特性，与结构和材料输入条件一样，考虑载荷环境中存在的不确定性因素的影响 [1]。然而，应该说明的是，在获取车辆结构部件的载荷时间历程时，由于模型结果的简化会受到各种不确定因素的影响，包括车辆动力学建模中的非线性因素，结构有限元模型中单元类型的选择与网格的质量，以及多体动力学建模中轮轨接触的因素等。载荷分析在结构疲劳寿命评估中占据极为重要的位置，不仅可以有效地作为寿命预测的输入条件，而且也是验证数值计算与试验结构的必要环节。文献 [1] 中列出的疲劳寿命评估的一般流程图，表述了多体动力学和有限元在其中的作用，如图 3.1 所示。

在进行车辆结构疲劳寿命预测和耐久性设计过程中，结构动应力的计算和获取是关键的因素之一。许多研究文献表明，车辆结构动应力过大是导致车辆结构产生振动疲劳破坏导致结构损伤的主要原因之一，而动应力过大，和车辆动力学特性的悬挂参数选择不合理导致的结构振动特性恶劣，以及结构设计存在一些缺陷等因素导致的综合结果密切相关 [3,4]。详细的结构动应力计算方法，将在第 5 章进行介绍。承受外部随机动载荷作用的车辆结构部件要进行准确的疲劳设计、分析和计算，如何获取载荷历程和疲劳载荷谱 (应力谱) 是关键。通过车辆多体动力学建模和分析，不仅可以在车辆设计的早期阶段，提前理解车辆动力学特性和结构疲劳特性之间的作用机理，而且可以有效地获取车辆结构部件不同位置的载荷历程，最终形成疲劳载荷谱，尤其是在物理样机没有制造之前，车辆多体动力学的建模和仿真可以很好地预测车辆结构的振动特性，获取一些疲劳寿命预测中所必需的结构载荷时间历程。

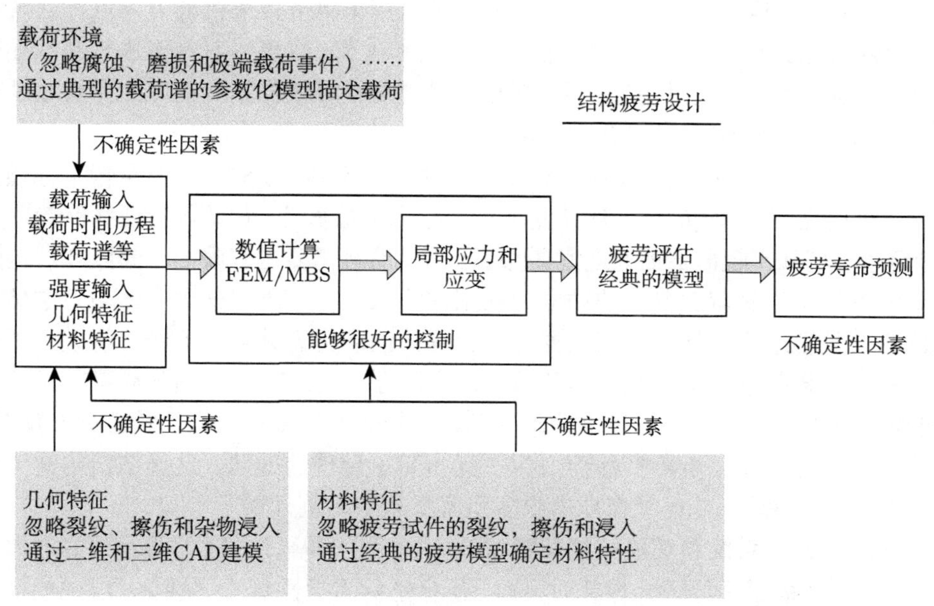

图 3.1　疲劳设计的一般流程图 [1]

在车辆的实际服役过程中，由于车辆结构运行在不同的线路上，按照列车运行时刻表的计划安排，需要面临多种复杂的载荷工况。不同的载荷工况下，车辆结构的外界激励的载荷环境不仅非常复杂，而且载荷谱也具有不同的特征和时频特性。就高速列车而言，不仅需要考虑由于轨道不平顺导致的振动载荷，还需要考虑车辆结构部件在明线和进出隧道等工况下环境载荷导致的气动载荷的影响。比如，轨道车辆的车体结构安装有各种设备，也是一些振动源 (如变流器、变压器类吊挂设备或车载空调设备等)；转向架构架更是悬挂有电机、齿轮传动和牵引制动机构等。这些振动源均有可能在车辆运行过程中产生各种局部颤振和共振破坏现象。这种自激振动和受迫振动等耦合振动的作用，很可能引起结构部件的振动疲劳问题，最终产生结构疲劳损伤，甚至是结构疲劳断裂破坏事件。这说明，进行车辆多体动力学特性以及载荷谱的计算与确定，尤其是理解车辆结构在服役过程中的动力学特性是十分必要的。这也是在车辆随机振动疲劳分析和寿命预测过程中，需要进行车辆动力学仿真分析的根本原因之一。

对于轨道车辆而言，获得载荷谱主要有两种方法：一是通过实际线路的动应力测试；二是通过列车或整车的多体动力学建模仿真计算。前者是在实际线路上进行车辆结构的动应力测试，是准确获取结构部件在危险位置的垂向、横向和纵向的载荷时间历程的最有效途径，但是试验成本十分昂贵。如何利用车辆动力学仿真技术，获取结构疲劳寿命预测中的载荷时间历程，也就成为了车辆结构疲劳寿命预测的主要内容，尤其在新产品研制阶段，有效地利用车辆多体系统动力学进行建模和仿真计算，可以提前理解车辆结构的振动特性和载荷，也可以对结构进行虚拟样机的疲劳设计和优化。值得注意的是，采用仿真方法计算获得结构动应力需要通过实际结构动应力进行结果的有效性验证。

众所周知，要准确获得实际结构动应力非常的不容易。对于客货运营十分频繁的铁路部门而言，车辆的实际线路测试费用是十分昂贵的。这不仅需要铁路管理部门、运营部门和车辆制造商等之间的协调运作，而且需要在有限的时间段和规定的线路段进行完整载荷工况下的动应力数据的测试任务。通过车辆多体动力学仿真计算获取关键结构部件的载荷数据并结合具体的动应力计算的方法，就成为了另外一种获取载荷谱的有效及必然的选择。这种方法已经在众多物理样机的试验验证的技术基础上证明可行，能准确反映车辆结构的实际载荷时间历程的分布情况。这些载荷谱可以通过车辆多体动力学仿真和简单合理的处置，直接在结构疲劳仿真分析过程中使用，也已经在业内很多研究文献中得到证明 [2−4]。

车辆动力学系统和其他的复杂机械动力学系统一样，一般可以通过多刚体和可变形物体 (根据具体研究对象的不同，也分别称为柔性体或弹性体) 组成的多体动力学模型进行有效地描述，这些系统和模型简称为 “多体系统”。多体系统动力学主要研究由刚体及柔性体所组成的系统经历大范围空间运动时的动力学行为。整车车辆多体系统动力学建模和仿真过程，就是通过对刚体、柔性体、约束、力元，以及轮轨接触元素等的定义来确定车辆各部分组件特性及其连接关系，从而形成一系列的车辆多体系统动力学控制方程并求解。

3.1　基本理论及工程背景

多体系统动力学的研究开始于 20 世纪 60 年代，其在经典力学基础上逐渐发展成为的一门新的力学分支。目前，多体系统动力学的研究已经发展为一般力学研究中最有活力的分支之一，也远远地超出人们理解的一般力学的概念和含义 [5]。由于多体动力学建模与仿真的高精度，它已经被广泛应用于汽车、铁路机车车辆、航空航天飞行器、机器人、工程机械等复杂产品的机械动态设计中，在复杂机械结构的疲劳寿命研究中也得到广泛的应用 [6,7]。

特别是，在航天和机械两个研究领域，人们分别展开了多刚体系统动力学的两个重要方向的研究，形成了两种完全不同的多体系统动力学研究方法，即相对坐标法和绝对坐标法。最具代表性的方法分别是牛顿–欧拉 (Newton-Euler) 方法、Roberson-Wittenburg 方法 (R/W 方法)、Kane 方法和变分方法 [7]。这些方法构成早期多刚体系统动力学的主要内容和基础，借助计算机数值分析技术，可以解决由多个物体组成的复杂机械系统动力学分析问题。可以说，在多体系统动力学发展的前期阶段，人们侧重于研究多刚体系统的自动建模和数值求解方法。20 世纪 80 年代中后期，多刚体系统动力学的研究已经取得一系列的成果，且自动化建模理论逐步趋于成熟，但更稳定、更有效的数值求解方法仍然是研究热点和难点问题。尤其是多体系统动力学在建模与求解方面的自动化程度，相对于结构有限元分析技术的成熟度来说，还是相差甚远。

为了解决多体系统动力学方程的建模与求解的自动化问题，美国的 Chace 和 Haug 于 20 世纪 80 年代提出了适宜于计算机自动建模与求解的多刚体系统笛卡儿建模方法。这种方法不同于以 R/W 方法为代表的拉格朗日方法，它是以系统中每个物体为单元，建立固结在刚体上的坐标系，刚体的位置相对于一个公共参考基点进行定义，其位置坐标统一为刚体坐标系基点的笛卡儿坐标与坐标系的方位坐标，再根据铰约束和动力学原理建立系统的数学模型进行求解。20 世纪 80 年代，Haug 等确立了计算多体系统动力学这门新的学科，多体系统动力学的研究重点由多刚体系统向多柔体系统方向发展。柔性多体系统动力学成为计算多体系统动力学的重要内容和发展方向。实际上，柔性多体系统动力学在 20 世纪 70 年代就已经逐渐引起人们的注意，一些复杂的机械系统 (如高速车辆、机器人、航天器、高速机构、精密机械等) 中柔性体的变形对系统的动力学行为产生很大影响。近二十年来，柔性多体系统动力学一直是研究热点。这期间产生了许多新的概念和方法，有浮动坐标法、运动–弹性动力学方法、有限段方法以及最新提出的绝对节点坐标法等 [6]。

我国在 20 世纪 80 年代后期将多刚体系统动力学逐渐应用到机车车辆运动学和动力学响应的研究分析中。而将多体动力学分析和结构疲劳分析方法结合在一起，进行轨道车辆关键结构部件的疲劳研究，是在 20 世纪 90 年代中后期逐步兴起的研究课题 [6,7]。

3.1.1 概述

多体动力学分析也已经发展成为一个包含多学科的研究分支和研究领域。要以简短的内容全面完整概括出多体动力学基本理论的研究发展最新成果和国内外专家学者贡献的详细历史，也几乎是不可能的，多体动力学的详细发展史参见相关文献 [6,7]。

机械动力学仿真通常可以被用来研究机械系统动力学问题中各个刚体的位移、速度、加速度与其所受力或者力矩的关系。而多体动力学仿真则将机械系统看成是由一系列的刚体和柔性体，通过建立它们相互之间的约束关系而形成的完整动力学系统。

对多刚体系统动力学的研究中，尽管存在各种各样的方法，但是为了简化研究问题的规模，均假定整体系统运动与柔性体的小变形是相对独立的，其结构力学方程是线性的。其求解基本思路是：利用多刚体运动等式可以计算获得惯性力，然后将其施加于柔性体，最后计算获得仿真结果，实际上，多体系统中各个构件的几何非线性决定了结构动力学等式的非线性，系统整体运动与柔性体的小变形是耦合的 [7]。柔性多体系统动力学主要研究物体变形与其整体运动相互耦合，以及这种耦合关系所导致的一种动力学效应关系。近二十年来，柔性多体系统动力学已经发展成为一门涉及分析力学、连续介质力学、现代数值计算方法以及现代控制理论相结合的多学科交叉的边缘性新学科。其发展也为建立整车多体系统模型，完成动应力响应分析提供了理论基础，特别是计算机软硬件技术的发展，可以考虑车体结构柔性的建模和仿真。

当然，在复杂机械系统的运动过程中可能会出现系统中不同构件之间的运动速度差别比较大的情况，就会导致微分代数方程呈现刚性特征。刚性特征的方程组的数值积分过程中存在快变分量和慢变分量，因此选择合适的多体仿真算法极为关键。

为了强调本书的研究重点，下面结合多体动力学分析的相关理论背景，介绍多体系统动力学的基本理论和建立运动学微分方程的基本理论。这里主要是简单介绍拉格朗日方法和牛顿–欧拉法两种方法，同时阐述如何利用多体动力学理论求解车辆动力学问题的一般性方法。对任何一个复杂机械结构系统进行动力学分析和计算时，首要任务就是将这个系统进行合理的简化，建立一个由多个刚体 (或刚、柔体) 组成的系统替代物理模型。多体系统是指由多个物体通过运动副连接的复杂机械系统。

多体系统动力学仿真的根本目的是应用计算机技术进行复杂机械系统的动力学的自动化建模、分析与仿真。它是在经典力学基础上产生的新学科分支，在经典刚体系统动力学的基础上，经历了多刚体系统动力学和计算多体系统动力学两个发展阶段，目前其发展已经趋于成熟。大部分常规的机械结构系统均可以描述成刚体和柔性多体系统模型，而且可以由机、电、液压、气以及其他控制系统的部件组成相互作用。多体动力学软件在机械系统动力学仿真中可以被考虑作为动力学方程的计算平台。如果多体系统是闭环系统，那么该等式模型结构会更加复杂。比如，车辆的一系悬挂装置模型可以被看作是一个多体系统仿真的典型案例。通过约束对复杂动力学工况进行仿真，一个多体系统运动方程式可以通过适当维数的二阶非线性系统的常微分方程给出，并且通过标准的数值计算方法进行数值求解。其核心问题是机械结构系统的动力学和运动学的建模和求解问题。

计算机软硬件技术的不断发展，几乎已经渗透到工程应用和科学计算的各个领域。数值分析技术与传统力学的不断融合，出现了诸如 ANSYS、MSC Nastran、ABAQUS 等为代表的应用极为广泛的结构有限元分析软件。同样，复杂机械系统的动力学仿真技术不断成熟，而多刚 (柔) 体系统动力学是其重要的理论基础。将计算机技术应用在结构的静力学分析、运动学分析、动力学分析以及控制系统分析上，则在 20 世纪 80 年代形成了计算多体系统动力学，并产生了以 MSC Adams、SIMPACK、DADS 等为典型代表的通用动力学分析软件，它们共同构成了计算机辅助工程 (CAE) 技术的重要基础。

对于由多个刚体组成的复杂机械系统的求解，理论上可以采用经典力学的方法，即以牛顿–欧拉方法为代表的矢量力学方法和以拉格朗日方程为代表的分析力学方法。这种方法对于单刚体或者少数几个刚体组成的系统是可行的，但随着刚体数目的增加，方程复杂度成倍增长，寻求解析解几乎是不可能的。后来由于计算机数值计算方法的出现，使得面向具体问题的程序数值方法成为求解复杂问题的一条可行道路，即针对具体的多刚体问题列出其数学方程，再编制数值计算程序进行求解。对于每一个具体的动力学问题都要编制相应的程序进行求解，虽然可以得到合理的计算结果，但是这个过程的长期重复是让人难以忍受的，于是寻求一种适合计算机操作的程序化的建模和求解方法就变得迫切需要了。

计算多体系统动力学是指用计算机数值手段来研究复杂机械系统的静力学分析、运动学分析、动力学分析以及控制系统分析的理论和方法。相比于多刚体系统，对于柔性体和多体与控制混合问题的考虑是多体系统动力学计算的重要特征。

计算多体系统动力学的产生极大地改变了传统机构动力学分析的面貌，使工程师从传统的手工计算中解放了出来。只需根据实际情况建立合适的模型，就可由计算机自动求解，并可提供丰富的结果分析和利用手段；对于原来不可能求解或求解极为困难的大型复杂问题，现可利用计算机的强大计算功能顺利求解；而且现在的动力学分析软件提供了与其他工程辅助设计或分析软件的强大接口功能，它与其他工程辅助设计和分析软件一起提供了完整的 CAE 技术。

计算多体系统动力学中所研究的多体系统，根据系统中物体的力学特性可分为多刚体系统、柔性多体系统和刚柔混合多体系统。多刚体系统是指可以忽略系统中物体的弹性变形而将其当作刚体来处理的系统，该类系统常处于低速运动状态；柔性多体系统是指系统在运动过程中会出现物体的大范围运动与物体的弹性变形的耦合，从而必须把物体当作柔性体处理的系统，大型、轻质而高速运动的机械系统常属此类；如果柔性多体系统中有部分物体可以当作刚体来处理，那么该系统就是刚柔混合多体系统，这是多体系统中最一般的模型。

采用强大且有效的微分代数方程时间积分方法是多体态多体系统仿真软件的理论基础和方法支撑。模型中另一个重要问题是离散控制器的处理。这已经超出了传统的力学时间连续领域。面向多领域实际运用的高级多体系统仿真包已经发展很多年了。车辆多体动力学模型中，液压和电力系统的分量经常是采用内部状态为时间连续或离散的特殊力元。换句话说，多场物理技术系统中新的建模和仿真技术，可以应用在更为复杂的多领域研究中。基于机械系统动力学仿真的模型依赖于模型建立方法的提高，以及强大而高效的数字处理技术和运用于工业的强大的仿真工具。本章将回顾多体系统动力学中传统的和更为先进的仿真算法。这些与多体数组和多体系统仿真包密切相关。这部分主要包括多体系统分析中的基础仿真算法，方程式的一般结构，包括闭环系统、内部力元的不同状态，以及系统的时间离散性；使等式模型具有强大而高效的数字处理能力的特殊微分代数方程时间集成方法，以及在多线性分析运用中的算法和工具。

采用广义坐标形式的动力学普遍方程，将拉格朗日方程写成矩阵形式为 [6]

$$\frac{\mathrm{d}}{\mathrm{d}t}\left(\frac{\partial T}{\partial \dot{\boldsymbol{q}}}\right)-\frac{\partial T}{\partial \boldsymbol{q}}=\boldsymbol{Q} \tag{3-1}$$

其中，$\boldsymbol{q}$ 是广义坐标向量，T 是系统动能，$\boldsymbol{Q}$ 是广义力。机械系统动能 T 由广义速度表示为

$$T=\frac{1}{2}\dot{\boldsymbol{q}}^{\mathrm{T}}\boldsymbol{M}\dot{\boldsymbol{q}} \tag{3-2}$$

其中，$\dot{\boldsymbol{q}}$ 是广义速度向量；$\boldsymbol{M}$ 为质量矩阵。将系统的动能表达式代入拉格朗日方程，得到的拉格朗日方程的展开形式，及系统汇总第 i 个物体的动力学控制方程。

$$\boldsymbol{M}^i\ddot{\boldsymbol{q}}^i+\boldsymbol{K}^i\boldsymbol{q}^i=\boldsymbol{Q}_F^i+\boldsymbol{Q}_v^i \tag{3-3}$$

其中，$\ddot{\boldsymbol{q}}$ 是广义加速度向量；$\boldsymbol{M}$ 为质量矩阵；$\boldsymbol{K}$ 为刚度矩阵，$\boldsymbol{Q}_F$ 为主动力对应的广义力；$\boldsymbol{Q}_v$ 为速度的二次项有关的广义力，n_b 为系统中的物体总数。若将系统中 n_b 物体的动力学方程通过约束组装起来，用拉格朗日乘子法可得到多体系统的动力学控制方程，即

$$\boldsymbol{M}\ddot{\boldsymbol{q}}+\boldsymbol{K}\boldsymbol{q}+\boldsymbol{C}_q^{\mathrm{T}}\lambda=\boldsymbol{Q}_F+\boldsymbol{Q}_v \tag{3-4}$$

其相应的约束方程为

$$\boldsymbol{C}(q,t)=0 \tag{3-5}$$

式中，λ 为拉格朗日乘子列阵，$\boldsymbol{C}$ 为约束矩阵，$\boldsymbol{C}_q^{\mathrm{T}}$ 为约束的雅可比转置矩阵。

根据上面得到的多体系统动力学控制方程，复杂的大型微分方程组 (DAES) 的求解依然比较困难，也是多体系统动力学需要研究的重点问题之一。目前根据位置坐标和拉格朗日乘子处理技术的不同，可以将微分–代数方程组求解的问题分为增广法和缩并法。

上述的多体系统动力学基本理论，形成了轨道车辆多体动力学建模和仿真技术理论基础。这种技术适用于轨道车辆多自由度复杂的大型系统，且具体建模过程中需要考虑机车系统的特殊性进行必要的处理，如动力学与有限元模型的接口，车

辆与轨道激励相互作用等，以便对结构进行适当简化，反映其复杂特性的多体仿真模型。本书正是结合多体动力学仿真和有限元分析方法进行大型复杂车辆结构的疲劳寿命预测。

3.1.2 多体动力学基本理论

在多体动力学系统的研究领域，惯性系统被作为参考系统。通过与体对齐的直角坐标系可以清楚定义空间刚体 B_i 的位置。也就是说利用单位矢量与体坐标系统对齐：$\boldsymbol{e}_{ix}$，$\boldsymbol{e}_{iy}$，$\boldsymbol{e}_{iz}$ 表示刚体位置。根据参考系统定义刚体 B_i 质心的原点坐标 $\boldsymbol{e}_{Ix}$，$\boldsymbol{e}_{Iy}$，$\boldsymbol{e}_{Iz}$。以及通过 (3×1) 位移矢量 $\boldsymbol{r}_i$ 和 (3×3) 的旋转矩阵 $\boldsymbol{A}_{Ii}$。如图 3.2 所示 [6]。

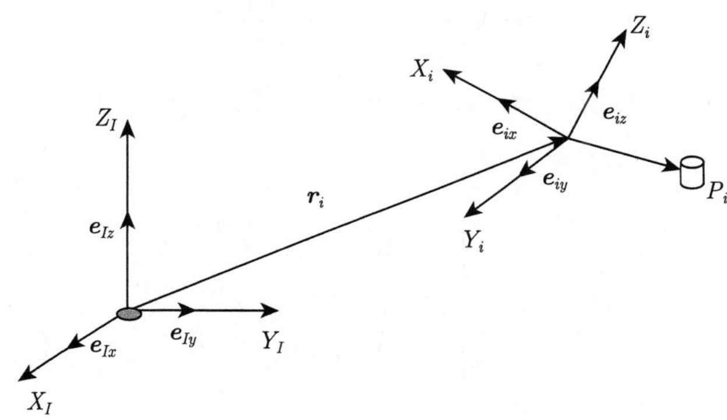

图 3.2 刚体坐标系

自由体的位移矢量是根据通过 3 个直角坐标的质心定义，作为一列矩阵显示在系统 I 中。

$$\boldsymbol{r}_i = \boldsymbol{r}_{ix/I}\boldsymbol{e}_{Ix} + \boldsymbol{r}_{iy/I}\boldsymbol{e}_{Iy} + \boldsymbol{r}_{iz/I}\boldsymbol{e}_{Iz} \tag{3-6}$$

$$\boldsymbol{r}_{ix} = \begin{bmatrix} \boldsymbol{r}_{ix/I} \\ \boldsymbol{r}_{iy/I} \\ \boldsymbol{r}_{iz/I} \end{bmatrix} \tag{3-7}$$

旋转矩阵是 3 个幅值的函数，可以通过欧拉、Kardanic 角以及 3 个单元旋转矩阵 (绕坐标轴旋转) 定义。

旋转矩阵可以写为

$$\boldsymbol{A}_{Ii} = \boldsymbol{A}_{Ik}(\alpha)\boldsymbol{A}_{kj}(\beta)\boldsymbol{A}_{jI}(\gamma) = \begin{bmatrix} \mathrm{c}\beta\mathrm{c}\gamma & -\mathrm{c}\beta\mathrm{s}\gamma & \mathrm{s}\beta \\ \mathrm{c}\alpha\mathrm{s}\gamma + \mathrm{s}\alpha\mathrm{s}\beta\mathrm{c}\gamma & \mathrm{c}\alpha\mathrm{c}\gamma - \mathrm{s}\alpha\mathrm{s}\beta\mathrm{s}\gamma & -\mathrm{s}\alpha\mathrm{c}\beta \\ \mathrm{s}\alpha\mathrm{s}\gamma - \mathrm{c}\alpha\mathrm{s}\beta\mathrm{c}\gamma & \mathrm{s}\alpha\mathrm{c}\gamma + \mathrm{c}\alpha\mathrm{s}\beta\mathrm{s}\gamma & \mathrm{c}\alpha\mathrm{c}\beta \end{bmatrix} \tag{3-8}$$

其中，简写 $\sin\alpha = \mathrm{s}\alpha$，$\cos\alpha = \mathrm{c}\alpha$。单自由体 B_i 的位移可以根据 6 个自由度定义，即通过 $[6 \times 1]$ 位移矢量代表 6 个广义坐标。

$$\boldsymbol{Z} = \begin{bmatrix} r_{xi} & r_{yi} & r_{zi} & \alpha_i & \beta_i & \gamma_i \end{bmatrix}^{\mathrm{T}} \tag{3-9}$$

位移矢量和旋转矩阵可以分别表示为位移矢量 $\boldsymbol{Z}$ 的函数。

$$\boldsymbol{A}_{Ii} = \boldsymbol{A}_{Ii}(\boldsymbol{Z}), \quad \boldsymbol{r}_{i/I} = \boldsymbol{r}_{i/I}(\boldsymbol{Z}) \tag{3-10}$$

质心 B_i 的速度根据参考系统 I 可以被计算为

$$\boldsymbol{\nu}_{i/I} = \frac{\mathrm{d}\boldsymbol{r}_{i/I}}{\mathrm{d}t} = \frac{\partial \boldsymbol{r}_{i/I}}{\partial z}\dot{\boldsymbol{Z}} \tag{3-11}$$

质心的位移的方程可以通过一个 $[3 \times 6]$ 的雅可比矩阵进行描述。

$$\boldsymbol{v}_{i/I} = \boldsymbol{J}_{Ci/I}\dot{z} = \begin{bmatrix} 1 & 0 & 0 & 0 & 0 & 0 \\ 0 & 1 & 0 & 0 & 0 & 0 \\ 0 & 0 & 1 & 0 & 0 & 0 \end{bmatrix} \begin{bmatrix} \dot{r}_{xi} \\ \dot{r}_{yi} \\ \dot{r}_{zi} \\ \dot{\alpha}_i \\ \dot{\beta}_i \\ \dot{\gamma}_i \end{bmatrix} \tag{3-12}$$

或者没有参考系统 I 简化为

$$\boldsymbol{v}_i = \boldsymbol{J}_{ci}\dot{z} \tag{3-13}$$

角速度可以相似的通过雅可比的旋转矩阵计算：

$$\boldsymbol{\omega}_i = \boldsymbol{J}_{\omega i}\dot{z} \tag{3-14}$$

$$\boldsymbol{J}_{\omega i} = \begin{bmatrix} 0 & 0 & 0 & 1 & 0 & \mathrm{s}\beta \\ 0 & 0 & 0 & 0 & \mathrm{c}\alpha & -\mathrm{s}\alpha\mathrm{c}\beta \\ 0 & 0 & 0 & 0 & \mathrm{s}\alpha & \mathrm{c}\alpha\mathrm{c}\beta \end{bmatrix} \tag{3-15}$$

角速度和平动自由度可以通过在体之间的运动约束定义。处理系统包含 q 个约束的 p 个刚体的系统，独立广义坐标的自由度总数可以表示为 $f = 6p - q$。

对于多体运动方程的确定，一般用下面两种方法表示建立第二拉格朗日方程 (Second Kind Lagrange Equations) 和建立运动方程牛顿–欧拉方程 (Newton-Euler Equations)。

1. 建立第二拉格朗日方程

由 p 个刚体和一个完整的环组成的系统可以用第二拉格朗日方程表示

$$\frac{\mathrm{d}}{\mathrm{d}t}\left(\frac{\partial T}{\partial \dot{z}}\right)^{\mathrm{T}}-\left(\frac{\partial T}{\partial z}\right)^{\mathrm{T}}=Q \tag{3-16}$$

其中，T 是有 p 多体系统的动能 (所有值在 I 惯性系统)

$$T=\frac{1}{2}\sum_{i=1}^{p}\left(v_i^{\mathrm{T}}m_iv_i+\omega_i^{\mathrm{T}}I_i\omega_i\right) \tag{3-17}$$

广义力的矢量 $\boldsymbol{Q}$ 可以通过在每个刚体 K_i 上的应用力 $\boldsymbol{F}_i$ 以及力矩 $\boldsymbol{M}_i$ 表示

$$\boldsymbol{Q}=\sum_{i=1}^{p}\left(\boldsymbol{J}_{Ci}^{\mathrm{T}}\boldsymbol{F}_i+\boldsymbol{J}_{\omega i}^{\mathrm{T}}\boldsymbol{M}_i\right) \tag{3-18}$$

利用前面公式得到的所有的结果，多体系统的定义运动方程

$$M\left(z,t\right)\ddot{z}+G\left(z,\dot{z},t\right)=Q\left(z,\dot{z},t\right) \tag{3-19}$$

2. 建立牛顿–欧拉方程

多体系统的每个刚体 K_i 的牛顿方程可以表示为

$$m_i\boldsymbol{a}_i=\boldsymbol{F}_i \tag{3-20}$$

有 M_i 应用力在质心的欧拉方程：

$$I_i\boldsymbol{\alpha}_i+\omega_iI_i\omega_i=\boldsymbol{M}_i \tag{3-21}$$

没有约束的广义力：

$$\boldsymbol{Q}\left(z,\dot{z},t\right)=\boldsymbol{J}^{\mathrm{T}}(z,t)^{e}\left(z,\dot{z},t\right) \tag{3-22}$$

使用 D'Alambert 准则的系统阶数缩减。

$$\boldsymbol{J}^{\mathrm{T}}\boldsymbol{Q}^{z}=0 \tag{3-23}$$

利用上述的逆方法可以获得相同的方程，利用拉格朗日方法：

$$M\left(z,t\right)\ddot{z}+G\left(z,\dot{z},t\right)=Q(z,\dot{z},t) \tag{3-24}$$

3.1.3 车辆动力学系统的一般算法

通过车辆动力学计算机模拟，第一步是建立适当的机械系统动力学模型，以满足相应的动力学特性的模拟任务。如果车辆多体系统通过一系列最小的广义坐标 $y(t) \in \mathbb{R}^{n_y}$ 描述，运动方程就可以表示为一个二阶常微分方程 [5−10]。

$$\boldsymbol{M}(y)\ddot{y}(t) = \boldsymbol{f}(y, \dot{y}, t) \tag{3-25}$$

根据对称性，质量矩阵 $\boldsymbol{M}(y)$ 包含所有体的质量特性和惯性特性，以及外力和陀螺力的矢量 $\boldsymbol{f}(y, \dot{y}, t)$。显然式 (3-26) 是一个显式结构，可以进行数值求解，只不过是随着复杂系统中体的数量 N 的增加会变得更加复杂而已。在给定 $t, y, \dot{y}$ 等已知条件下，可以对式 (3-26) 利用多体系统的拓扑学进行有效求解右边 $\boldsymbol{M}^{-1}(y)f(y, \dot{y}, t)$，或对余式 $\boldsymbol{r}(y, \dot{y}, a, t) := \boldsymbol{M}(y)a - \boldsymbol{f}(y, \dot{y}, t)$ 进行求解。

与结构动力学相比，多体系统动力学的标准时间积分方法不适用于式 (3-26) 的二阶结构微分方程，这是因为在实际求解过程中经常需要考虑附加的一阶等式。通过速度矢量 $\boldsymbol{v} := \dot{y}$ 得到空间状态方程：

$$\dot{x}(t) = \varphi(x, t) \tag{3-26}$$

其中，$x(t) := \begin{pmatrix} y(t) \\ v(t) \end{pmatrix}$，$\varphi(x, t) := \begin{pmatrix} \boldsymbol{v} \\ \left[\boldsymbol{M}^{-1}\boldsymbol{f}\right](y, v, t) \end{pmatrix}$

(1) 静态分析

静态平衡的计算通常是在一个多体系统模型分析的第一步。利用平衡计算可以为式 (2.1) 的线性化定义的有效点以及动力学仿真提供初始值。一般通过在 $t = t_0$ 中的 $\dot{y} = \ddot{y} = 0$ 可以预先确定系统的平衡位置 y^*。

$$0 = \boldsymbol{f}(y^*, 0, t_0) \tag{3-27}$$

式 (3-28) 形成了一个 n_y 的非线性等式系统，在 n_y 中 y^* 未知，这可以通过牛顿法求解，以满足工程运用中强大而高效的要求。其他静力学分析方法更是与平衡问题 (3-28) 密切相关，比如车辆动力学中名义力的计算方法，或是在航空航天器多体模型中的应用。在二者的建模运用中，力元中一些参数值 $\theta \in \mathbb{R}^{n_\theta}$ 并未定义：$\boldsymbol{f} = \boldsymbol{f}(y, \dot{y}, t; \theta)$。只是这些参数经过调整，应该满足以下平衡条件：

$$0 = \boldsymbol{f}(y_0, 0, t_0; \theta^*) \tag{3-28}$$

这是多体系统之前定义的一个位置 y_0 的平衡条件。名义力或参数 θ^* 的实际值在车辆或航天器设计的评估中是一个重要的标准。

式 (3-29) 与传统平衡问题 (3-28) 有着相同的数学结构，并且可以用牛顿法在理论上求解。但是，在实际运用中仅仅依赖于式 (3-29) 是不够的。在 Levenbery 和

Marquadt 的努力下，式 (3-29) 可以通过 $\|\boldsymbol{f}(y_0,0,t_0;\theta^*)\|_2+\alpha\|\theta^*\|_2\to\min$ 给予补充，以保证得到 θ^* 的唯一解。这里 $\alpha>0$ 表示小比例的调整参数。

(2) 线性化

运动方程 (3-25) 的线性化是将线性稳态分析近似看作平衡状态，也是其他线性系统分析方法的关键。式 (3-25) 右边 $\boldsymbol{f}(y,\dot{y},u(t))$，其中 $u(t)\in\mathbb{R}^{n_\theta}$，由线性平衡等式 $y=y^*,\dot{y}=0,u=0$，得到

$$\boldsymbol{M}\ddot{\bar{y}}=-\boldsymbol{D}\ddot{\bar{y}}-\boldsymbol{K}\bar{y}+\boldsymbol{B}u(t) \tag{3-29}$$

其中，$\boldsymbol{M}=\boldsymbol{M}(y^*),\boldsymbol{D}=-\dfrac{\partial\boldsymbol{f}}{\partial\dot{y}}(y^*,0,0),\boldsymbol{K}=-\dfrac{\partial\boldsymbol{f}}{\partial y}(y^*,0,0),\boldsymbol{B}=-\dfrac{\partial\boldsymbol{f}}{\partial u}(y^*,0,0)$。通过经典的有限差分可以得到雅可比式 $\dfrac{\partial\boldsymbol{f}}{\partial y},\dfrac{\partial\boldsymbol{f}}{\partial\dot{y}},\dfrac{\partial\boldsymbol{f}}{\partial u}$ 的近似值。$\dfrac{\partial\boldsymbol{f}}{\partial y}$ 的第 i 列可以表示为

$$\left(\frac{\partial\boldsymbol{f}}{\partial y}(y^*,0,0)\right)_{.i}\approx\frac{\boldsymbol{f}(y^*+\Delta\cdot\boldsymbol{e}_i,0,0)-\boldsymbol{f}(y^*,0,0)}{\Delta} \tag{3-30}$$

式中含有第 i 列单位矢量 $\boldsymbol{e}_i$ 及小范围参数 Δ，其满足 $0<\Delta\ll1$。

运动方程的空间状态形式，即公式 (3-27) 可以通过任何常规微分方程 (ODE) 积分求解。如采用显式 Runge-Kutta 方法和 Adam 类型的预修正法，以及 MATLAB 的求解器等都已经证明在非刚性应用中有着很好的结果。车辆多体系统动力学中，经常在动力学方程的求解过程中出现刚化问题。这是由于在大多数车辆动力学模型中包含有刚性弹簧和有很大阻尼力的力元。向后差分公式 (Backward Differentiation Formula，BDF 或 Gear 方法) 是在解决刚性系统时经常使用的时间积分分法。详细的车辆多体系统动力学的建模理论与方法可以参见相关文献 [5−10]。

3.2 车辆多体动力学建模与仿真

利用多体动力学系统的仿真模拟技术可以有效地预测轨道车辆的动力学特性和振动行为。目前，以计算多体系统动力学 (Computational Dynamics of Multibody Systems) 为基础，国内外已经开发出了多个专业模块和专业领域的多体系统动力学分析软件。利用这些多体系统软件，人们可以建立复杂机械系统的运动学和动力学模型，其模型可以是刚性体，也可以是柔性体以及刚柔体混合模型。通过车辆的多体动力学仿真分析准确获得大型复杂结构的动载荷时间历程，就可以在物理样机制造出来之前，对产品的各种动力学行为和疲劳特性等基本性能进行虚拟测试，避免错误结构设计，优化产品结构，从而达到缩短开发周期，提高产品设计质量，降低产品开发成本的目的。近几年来，基于多体动力学仿真为核心的多学科优化系统的设计技术已经成为轨道车辆产品集成设计技术的关键核心所在。其关键是在

保持车辆具有良好动力学的基础上进行车辆的结构设计 (包括空气动力学、控制工程、结构强度和疲劳设计等领域)，使用车辆多体动力学系统仿真进行虚拟产品设计的示意图如图 3.3 所示。

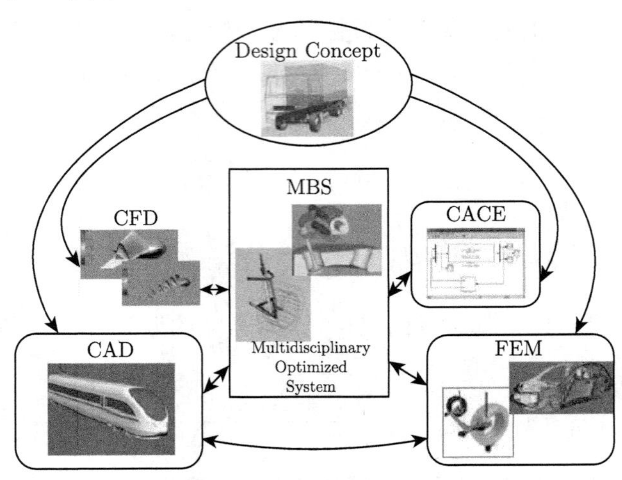

图 3.3　多体系统仿真的集成虚拟设计方法 [5]

车辆结构疲劳分析对模型精度 (包括多体动力学模型和有限元模型等) 要求很高，而且有限元分析和多体动力学仿真计算又是非常耗时的。为了缩短新产品研发时间，缩短开发周期，利用本书提出的基于多体动力学和有限元混合模拟技术，可以通过车辆动力学的精细化建模，在此基础上获得车辆结构关键部件的载荷谱，并利用该载荷谱进行疲劳设计和分析。这种方法的优点在于在预测车辆结构疲劳寿命的时候，能很好地理解车辆动力学特性和结构疲劳特性的作用机理，能从总体设计的角度很好地进行新产品的疲劳设计，而不是传统意义上的结构疲劳分析方法。

车辆多体动力学模型的建立需要根据实际应用和研究需求，既要保证模型满足设计目标，又不要太过复杂。这就需要对车辆结构的整车多体动力学模型或列车模型进行必要的简化和理想处理，只要其满足分析的主要目标和能够保证结构疲劳寿命分析所需要的精度就行。

在多体动力学系统中建立的相同模型可以存储为子结构，如刚体构架等。在整车动力学仿真中，子结构的变化可以自动在整个模型中产生相应的变化。在轨道车辆动力学系统研究领域广泛采用的 SIMPACK 动力学分析软件，是德国 INTEC Gmbh 公司开发的机械/机电系统 (运动学/动力学仿真分析) 的著名多体动力学分析软件包 (2014 年后为达索公司收购)。其可以提供五级数据库，分别包括：机车/车辆模型；多体系统子结构模型 (如车体、构架和轮对等)；包含多体系统的基本元素 (如体、力元、铰接等元素等)；包含各种表和数据文件，如标准输入数据 (SID) 文件；没有经过滤波的数据，如测量的轮轨轮廓等。合理采用子结构的参数化建模技术在多体动力学分析中可以极大地减少多体模型的复杂程度。

多体建模中需要注意的几项重要的参数 [7]：

系统参考坐标 (System Reference Coordinates) 系统参考坐标系统，也称为惯性坐标系统。刚体绝对运动量都是采用相对惯性坐标系统定义的。对于车辆多体动力学系统，惯性坐标系是固定在大地上的不动坐标系。同刚体的定义一样，惯性坐标系中可以定义各种标志 (Marker)，定义这些标志时，点的坐标是相对系统坐标而言，也可以定义移动标志。

刚体 (Body) 刚体是多体动力学中要得到其运动量的一个刚性部件，比如车体 (Carbody)、构架 (Bogie Frame) 和轮对 (Wheelset) 等都可视为一个多体系统众多刚体的一部分。每个刚体都有一个连体坐标，刚体上所有标志点 (Marker 点) 都是相对连体坐标来定义的，每个刚体还缺省地定义了一个传感器 (运动量检测点，简称 Sensor)，并由它来获得刚体连体坐标 (相对惯性坐标系) 的绝对运动，由此可以进一步通过在刚体上任意位置定义标记，并且相应该标记定义传感器，从而得到刚体上除了连体坐标之外的其他任意点 (相对惯性坐标系) 的绝对运动。

力元 (Force Element) 一个模型中各刚体之间的弹簧、减振器等都可以视为力元。当刚体间的相对位置、速度等发生变化时，力元会在相邻刚体上施加一定的力或力矩，力或力矩的大小就与力元的特性有关，例如弹簧的刚度等。

标志 (Marker) 所谓标志点，即一些特定的点，例如弹簧两端必须分别连接在两个点上，而这两个点必须位于不同刚体，这样就需要在这些刚体上特定位置定义标记。因此标志必须是与某个刚体有关，或与惯性坐标系有关。注意：一个刚体上标志的定义一定是相对刚体的连体坐标而言的。

以上几项除了传感器，在多体视图中都可以直接观察到，在模型中还有两个重要项不能直接从图上观察到，但必不可少，这就是“铰接” (Joints) 和约束 (Constraints)，每个刚体都只有一个铰接。铰接，即刚体相对系统惯性坐标或相对其他某个刚体的运动关系。

实际的工程对象中，零部件之间的相互联系，一种是通过运动副，一种是通过力的相互作用。二者之间的本质差异，在于前者限制了相互连接物体之间的相对运动的自由度，而后者却没有这种限制。

3.2.1 轨道激励谱与时频转换方法

根据相关车辆结构疲劳设计标准 (比如EN 12663—2010)，轨道不平顺 (垂向、横向不平顺等) 激励是导致结构振动产生疲劳影响最主要的因素之一。换句话说，轨道不平顺激励产生的载荷时间历程是车辆结构振动疲劳和寿命预测时最主要的输入的载荷因素之一。但是由于线路环境复杂，也缺乏通用的轨道谱，为了尽可能真实反映实际线路运行时轨道车辆受到的轨道不平顺的激励影响产生的载荷，需要进行轨道激励谱与时频转换方法的研究 [8–12]。

目前主要有如下的几种方法获取载荷：

- 采用车辆的动力学建模，主要方法是建立车辆多体动力学模型；
- 根据实际和相似线路的测量数据获得载荷 (比如动应力测试，加速度测试等)；
- 根据经验数据获取 (比如经过认可的加速度，位移和力等载荷谱)

轨道不平顺的激励是导致轨道车辆在行驶过程中产生随机振动的根本原因之一。轨道不平顺引起轨道车辆运行时所承受随机动载荷的各种变化，且车辆结构部件承受的动载荷随着车辆运行速度的提高有显著增大趋势，最终导致结构危险动应力的发生。要深入研究车体结构的危险点的应力历程，就有必要首先研究轨道车辆整车系统在轨道不平顺激励下动态特性问题和载荷计算问题。车辆多体系统动力学分析中，采用时域和频域分析法时，需要输入轨道不平顺激励或轨道不平顺的功率谱密度函数。

目前，相关文献研究表明：利用经典的轨道谱 (比如不同等级的美国轨道谱和高低干扰德国轨道谱) 进行修正后的修正轨道谱可以作为车辆动力学特性分析时的评判，并在此基础上研究我国类似等级线路的不平顺轨道谱，算是基本可行的一种研究方法。比如，根据轨道谱的不同划分等级，美国线路谱可以分为 3 级、4 级、5 级和 6 级，分别对应不同的线路情况。德国线路谱包括高干扰谱和低干扰谱；国内的高速列车的线路谱也分为京津、武广、沪宁、京哈、郑西线路谱等。

在计算车辆动力学特性和获取作用载荷时，人们首先需要获得轨道激励谱以获得轨道不平顺激励的数据作为动力学分析时的输入条件。获得轨道谱主要方法有两种：

- 一种是直接采用现场实际测量获得轨道不平顺；
- 另一种，就是根据实测轨道不平顺的统计特征，确定不同等级铁路的轨道不平顺功率谱密度函数，通过数值模拟出符合给定功率谱密度函数特征的随机过程，从而得到轨道不平顺的模拟量。

对轨道车辆结构进行动力学分析时，采用的轨道不平顺有如下几种途径：

- 通过实际线路轨道不平顺检测车实测获得的轨道不平顺数据 (需要根据不同的轮轨外形踏面的数据进行相关的动力学建模)；
- 采用和实际轨道相接近的轨道谱；
- 采用典型的轨道谱数据，比如美国标准轨道谱 (美国Ⅰ ～ Ⅵ级谱)，德国高、低干扰的轨道谱或在此基础上经过修正的轨道谱；
- 通过采用轨道谱的时频转换复现技术，模拟出符合给定线路的轨道功率谱密度函数的特征，得到轨道不平顺的模拟量。

目前，国内外轨道车辆动力学研究领域，对线路谱还没有权威和统一的线路等级划分。这就导致在实际车辆的动力学仿真中不具备通用和统一的标准轨道不平顺，即标准的轨道谱。正是由于这些原因，国内在进行轨道车辆的动力学分析时，经常会根据美国轨道谱和德国轨道谱，结合国内实际线路的状进行况修正。当然，修正后的线路条件由功率谱密度给出，然后将这些轨道谱应用在轨道车辆的多体动力学分析中。由这种激励产生的动载荷和实际线路产生的动载荷也有一定的误差，需要进行相关的试验数据验证。

在一些文献 [12−14] 中都提出了轨道激励谱的时频转换问题，即分别讨论了如何利用轨道不平顺的功率谱密度模拟得到轨道不平顺的模拟量的问题。如何根据国内大量的干线轨道车辆的线路试验情况，以及相应轨道车辆的动力学仿真结果和试验结果相互验证的比较情况，对相关轨道谱进行适当的修正得到较为准确的线路不平顺的频谱，是值得深入研究的问题，也是目前很多相关文献认为可行的一种方法。

本书作者参考 Ridnour 路面谱的研究成果 [15]，也提出一种简便的轨道随机激励的生成方法，即利用功率谱密度信号进行轨道激励谱的时频转换和复现，通过功率谱密度转换理论产生不丢失相位信息的时域位移信号，最终生成轨道车辆动力学模型计算所需要的相应轨道激励。依据方法生成的结果和文献中的结果进行对比后对比度比较好，并将其应用于轨道车辆多体动力学仿真分析中。

1. 轨道不平顺的基本概念

实际轨道不平顺都不是由一项或几项简谐函数或其他确定性函数所能描述的。轨道随机不平顺是轨道车辆系统产生响应的最主要的输入函数。对于随机过程就需要用统计函数加以描述，而功率谱密度函数则是描述平稳随机过程轨道不平顺的最重要和最常用的统计函数。轨道谱密度即为单位频宽内的不平顺的均方值。

以美国 5 级轨道谱轨道垂向不平顺为例，其数学表达式为 [8−10]

$$S_v(\Omega)=\frac{KA_v\Omega_c^2}{\Omega^2(\Omega^2+\Omega_c^2)} \tag{3-31}$$

其中，K=0.25 为系数，A_v=0.2095/(cm^2 · rad/m) 为表征不平顺程度的参数，Ω_c= 0.8245rad/m 为截断波数，Ω 为空间频率，单位是 rad/m。

德国高速线路不平顺谱密度是目前欧洲铁路统一采用的谱密度函数，也是我国高速列车技术条件中平稳性分析时建议使用的谱密度函数之一。根据我国高速列车总体技术条件规定，高速铁路的不平顺功率谱密度函数如下 [8−11]。

方向不平顺：

$$S_a(\Omega)=\frac{A_A\cdot\Omega_c^2}{(\Omega^2+\Omega_r^2)(\Omega^2+\Omega_c^2)} \tag{3-32}$$

垂向不平顺：

$$S_v(\Omega)=\frac{A_v\cdot\Omega_c^2}{(\Omega^2+\Omega_r^2)(\Omega^2+\Omega_c^2)} \tag{3-33}$$

水平不平顺：

$$S_c(\Omega) = \frac{A_v \cdot \Omega_c^2 \cdot \Omega^2}{b^2(\Omega^2+\Omega_r^2)(\Omega^2+\Omega_c^2)(\Omega^2+\Omega_s^2)} \tag{3-34}$$

其中，角频率 Ω_c=0.8246(rad/m)；Ω_r=0.0206(rad/m)；Ω_s=0.4380(rad/m)；低干扰水平系数：$A_A = 2.119 \times 10^{-7}$m·rad，$A_v = 4.032 \times 10^{-7}$m·rad，高干扰水平系数 $A_A = 6.125 \times 10^{-7}$m·rad，$A_v = 10.80 \times 10^{-7}$m·rad；$b$ 是车轮滚动圆距离之半取 0.75m。

根据相关文献 [12]，国内大量干线机车车辆的线路情况以及相应机车车辆动力学仿真结果的比较，对德国轨道谱进行适当的修正之后可以得到表 3.1 列出的线路不平顺频谱。

表 3.1　修正后的轨道谱

名称	较好线路	较差线路
轨向不平顺	$F(\omega) = \dfrac{0.00285}{0.034+1.6904\omega+\omega^2}$	$F(\omega) = \dfrac{0.0057}{0.034+1.6904\omega+\omega^2}$
垂向不平顺	$F(\omega) = \dfrac{0.000928065}{0.01698676+0.8452\omega+\omega^2}$	$F(\omega) = \dfrac{0.000928065}{0.01698676+0.8452\omega+\omega^2}$
水平不平顺	$F(\omega) = \dfrac{0.0012\omega}{0.00740201+0.0774\omega+1.2832\omega^2+\omega^3}$	$F(\omega) = \dfrac{0.0015\omega}{0.00740201+0.0774\omega+1.2832\omega^2+\omega^3}$

由于轨道不平顺随机函数是一平稳的高斯 (Gauss) 随机过程，目前有各种利用给定轨道不平顺功率谱产生不平顺样本的方法，如一般常用的三角级数叠加法、二次滤波法、AR(自回归) 模型法或 ARMA 模型法 (自回归滑动平均法) 等 [13]。根据实际测量的轨道不平顺的统计特征，可以确定不同等级铁路的轨道不平顺功率谱密度函数，然后通过数值方法得到轨道不平顺的模拟量。

采用三角级数叠加法时，轨道不平顺的样本可按下式产生 [8,12−14]

$$w(x) = \sqrt{2}\sum_{k=1}^{N}\sqrt{S(\omega_k)\Delta\omega}\cos(\omega_k x + \phi_k) \tag{3-35}$$

其中，$w(x)$ 是产生的轨道不平顺的序列；$S(\omega_k)$ 是给定的轨道不平顺的功率谱密度函数；$\omega_k(K=1,N)$ 分别是考虑的频率下限和上限；$\Delta\omega$ 为频率间隔的带宽；ϕ_k 为相应的第 k 个频率的相位，一般可按照 0 到 2π 之间均匀分布。对于模拟的样本，必须要检验模拟出的样本是否与给定的功率谱密度函数 $S(\omega)$ 具有同样的统计性质。检验的基本做法是：对模拟出的不平顺序列 $w(x)(x=1,2,\cdots)$ 用 FFT 变换后得到的谱密度 $S^*(\omega)$，将其与理论谱密度进行比较，观察它的接近程度，以检验模拟样本的可靠性。

2. 功率谱密度

一般而言，任何随机过程的时间周期信号历程都可以描述为“幅值、频率和相位”组成的正弦波信号的总和，这也是傅里叶技术的基础。一个时间历程周期为 T 的信号 $x(t)$ 的傅里叶扩展可以用公式表示 [15]：

$$x(t)=A_0+\sum_{n=1}^{\infty}\left\{A_n\cos\left(\frac{2\pi n}{T}\cdot t\right)+B_n\sin\left(\frac{2\pi n}{T}\cdot t\right)\right\} \tag{3-36}$$

其中，$A_0=\dfrac{1}{T}\displaystyle\int_{-T/2}^{T/2}x(t)\mathrm{d}t$；$A_n=\dfrac{2}{T}\displaystyle\int_{-T/2}^{T/2}x(t)\cos\left(\frac{2\pi n}{T}\cdot t\right)\mathrm{d}t$；$B_n=\dfrac{2}{T}\displaystyle\int_{-T/2}^{T/2}x(t)\times\sin\left(\frac{2\pi n}{T}\cdot t\right)\mathrm{d}t$。

A_0, A_n, B_n 是傅里叶系数，提供时间历程频率的内容的信息。A_0 代表时间历程的均值, A_n, B_n 代表时间历程内的正弦和余弦叠加在一起的幅值。

频域是时间历程的另一种有效的表现方式。有时随机过程信号的特定信息在频域中可以得到明显显示，而在时域表示就很困难。利用傅里叶变换和逆变换可以实现时域和频域的有效转换，即连续和离散信号的相互转换。离散转换可以有效处理数据记录仪记录的数字化标准时间历程。随机振动过程的特性除了用时域上各种均值方差和相关函数对其描述外，往往更广泛地用功率谱密度函数从频域对其描述。

功率谱密度函数利用谱密度均方值，对随机变量的频率结构进行描述，对随机振动而言就是表示振动能量在频率上的分布。功率谱密度函数的定义为随机变量 $x_{\Delta f}$ 在微小的频带宽度 Δf 内的均方值除以带宽。即

$$W_x(f)=\frac{1}{\Delta f}\left[\lim_{T\to\infty}x_{\Delta f}^2(t)\mathrm{d}t\right] \tag{3-37}$$

一般而言，功率谱密度是独立于时间且具有统计性质、特定类型的随机信号，也可以说是一个随机的、某一时段信号的频率响应，它阐述了信号作为频率函数的平均功率分布。功率谱密度是结构对随机动力载荷响应的概率统计，可以用于随机振动分析，常用表现形式是“功率谱密度–频率”的关系曲线。

和傅里叶变换不一样的是，功率谱密度本身不包含时间历程的正弦波之间的相位关系信息。功率谱密度描述了所有参与信号组成的随机过程谐振频率的功率密度分布，但是傅里叶变换后，由于只能保留信号的幅值，而虚部就丢失了，它仅仅包含每个波的均方幅值信息。为了再生一个时间历程，这时有必要引入每个波之间的相位关系。对于许多信号，可以发现相位关系服从一个从 0 到 2π 的统一随机分布。一般的时间历程信号也服从这个趋势，即高斯随机过程。再生的时间历程和

原始标准时间历程不完全相同，因为相位角不相同，但是它在统计特性上仍然是一致的。

功率谱密度有位移功率谱密度、速度功率谱密度、加速度功率谱密度和力功率谱密度等表现形式。与响应谱分析相似，随机振动分析可以是单点也可以是多点。在单点的随机振动分析时，需要指定一个点集的功率谱密度值；在多点随机振动分析时需要在模型的不同点集上定义不同的功率谱密度值。

其定义还可以简单表示为 Bishop 等在文献中提到的公式 [16]

$$\text{PSD} \stackrel{\text{def}}{=} \frac{1}{2T}|\text{FFT}|^2 \tag{3-38}$$

它是平稳随机过程频率域的重要统计参量，同时具有如下一些重要性质 [16]：

- 功率谱密度为 ω 的实函数；
- 因为 $|F_X(j\omega,T)|^2 \geqslant 0$，所以 $S_X(\omega) \geqslant 0$，即功率谱密度为非负函数。
- 功率谱密度为 ω 的偶函数，$S_X(\omega) = S_X(-\omega)$；
- 功率谱密度为可积函数，$\int_{-\infty}^{\infty} S_X(\omega)\mathrm{d}\omega < \infty$；
- 功率谱密度函数的积分等于随机过程的均方值，即

$$E[X^2(t)] = \frac{1}{2\pi}\int_{-\infty}^{\infty} S_X(\omega)\mathrm{d}\omega \tag{3-39}$$

图 3.4 表示一个在时间 10s 内的时间随机信号 $x(t)$ 及其功率谱密度。

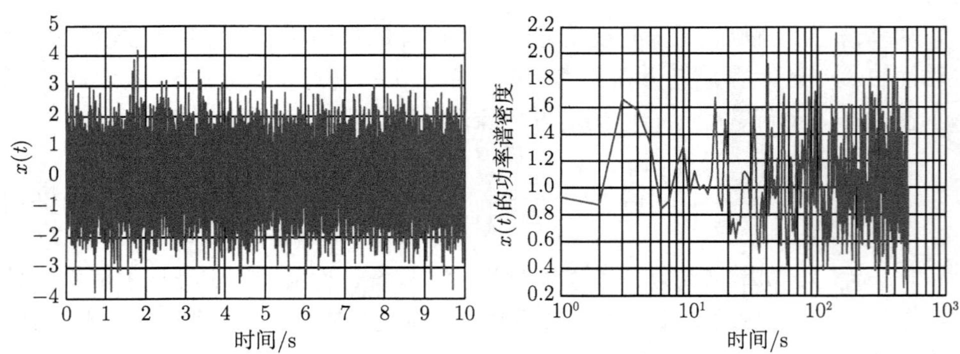

图 3.4 一个时间随机信号及其功率谱密度

平稳随机过程的均方值是有限的，自相关函数是从时域的角度描述随机过程统计特性最主要的数字特征，而功率谱密度函数则是从频率的角度描述随机过程的统计特性的。平稳随机过程可以通过对自相关函数作傅里叶变换得到功率谱密度。

随机过程如果按照它的功率谱密度函数的形状来进行分类，可以分成白噪声和有色噪声两大类。具有均匀功率谱的白噪声是一种普通存在的最为重要的噪声。

一个均值为 0 和功率谱密度在整个频率轴上有非零的常数使得白噪声在任何两个相邻时刻的取值都是不相关的，所以又叫做不自相关的随机过程。在分析过程中，任何一个独立成分可以看成一个平稳的随机过程，因为这个独立过程出现的时间在全时域上是等概率分布。它在一个时间点上的取值概率特性与在任何其他时间点上取值的概率特性是相同的。

白噪声只是一种理想化的模型，实际上不可能存在，因为实际的随机过程总是具有有限的平均功率，而且在非常邻近的两个时刻的状态总会存在一定的相关性，也就是说其相关函数不可能是一个严格的函数。除了白噪声外的信号都称为有色噪声。

功率谱密度函数是描述稳态各态历经过程的最重要的函数，它直接描述了频域内能量的分布，利用功率谱密度信号在频域表示随机过程是得到广泛认可的一种方法。而对于形成轨道激励谱，功率谱密度主要通过幅值和波长压缩离散数据的时频复现技术实现，波长可以表示为单位长度下的循环数。

为了利用功率谱密度产生动力学仿真分析计算需要的轨道激励数据，必须要利用时频复现技术，即将具有统计性质的功率谱密度转化为空间数据。要求转换后空间域的数据符合正态分布模型，且该数据和原始数据具有等效的频率内容，这也是进行轨道车辆多体动力学仿真分析的前提条件之一。

利用频率 ω、时间 t，信号 $W(t)$ 可以经过傅里叶变换后，得到表示功率谱密度的 $W(\omega)$，即

$$W(\omega) = \int_{-\infty}^{\infty} W(t)\mathrm{e}^{-\mathrm{i}\omega t} dt \tag{3-40}$$

傅里叶变换是幅值和相位角的复杂组成。幅值是实部平方与虚部平方之和的均方根，即

$$|W(\omega)| = \sqrt{[\mathrm{Re}(W(\omega)]^2 + [\mathrm{Im}(W(\omega)]^2} \tag{3-41}$$

相位角 $\phi(\omega)$ 是虚部和实部相比值的反正切。

$$\phi(\omega) = \arctan\frac{\mathrm{Im}(W(\omega))}{\mathrm{Re}(W(\omega))} \tag{3-42}$$

对于有限能量的信号，可以被定义成傅里叶变换的幅值的平方：

$$\varPhi_\omega = |W(\omega)|^2 \tag{3-43}$$

这个值通常除以采样频率 f_s 及信号波长 L 的乘积。当然，由于乘积相当于比例因子，其他的分母也可以使用。上式可以改写为

$$\varPhi_\omega = \frac{|W(\omega)|^2}{f_s \cdot L} \tag{3-44}$$

信号能量，即功率谱密度可以最终通过频率 ω_1 和 ω_2 之间 $\varPhi_\omega$ 积分表示，即

$$\mathrm{PSD}=\int_{\omega 1}^{\omega 2}\varPhi_\omega(\omega)\mathrm{d}\omega \tag{3-45}$$

3. 时频复现技术

为了将功率谱密度转换到具有统计等效的原始信号数据，首先将式 (3-44) 中的 PSD 和分母相乘获得原始使用的信号，即

$$|W(\omega)|^2=f_s\cdot L\cdot\varPhi_\omega \tag{3-46}$$

在时频复现技术中将会用到转换数据的平方根和傅里叶逆变换。如果不能从存储的功率谱密度中预先确定信号长度 L，样本频率 f_s 和窗口的尺寸 T 的乘积 $f_s\cdot T$ 将会被用来代替 $f_s\cdot L$，这就改变了式 (3-46) 中的 $f_s\cdot L$。

$$|W(\omega)|^2=f_s\cdot T\cdot\varPhi_\omega \tag{3-47}$$

如果应用傅里叶的逆变换，在计算功率谱密度时仅有幅值可以使用。而相位角 $\phi(\omega)$ 的数据点是丢失的。由于从傅里叶逆变换后得到的时间信号中没有相位角信息，因此它也就不可以直接被用来将功率谱的数据还原成原始的时域信号。为了消除这个问题，利用一系列在 0 到 1 的随机相位角重建一个与模型统计傅里叶变换时等效的原始数据。构建的相位角可以被应用在实部和虚部。

$$\mathrm{Re}(W(\omega))=\sqrt{f_s\cdot T\cdot\varPhi(\omega)}\cos(\phi(\omega)) \tag{3-48}$$

$$\mathrm{Im}(W(\omega))=-\sqrt{f_s\cdot T\cdot\varPhi(\omega)}\sin(\phi(\omega)) \tag{3-49}$$

$$W(\omega)=\mathrm{Re}(W(\omega))+\mathrm{Im}(W(\omega)) \tag{3-50}$$

通过执行逆向傅里叶变换可以得到与原始数据统计等效的 $W(t)$。傅里叶的逆变换可以通过下面的公式进行计算：

$$W(t)=\frac{1}{2\pi}\int_{-\infty}^{\infty}W(\omega)\mathrm{e}^{\mathrm{i}\omega t}\mathrm{d}\omega \tag{3-51}$$

由于一般不知道功率谱密度的信号长度，一般在计算的时候利用窗口函数代替，采用窗口尺寸 2048。

本书利用 MATLAB 程序实现时频转换方法，编制过程主要内容如下 [15]：

(1) 首先，从功率谱密度函数中读取数据；

(2) 其次，将每个数据点和 $f_s\cdot T$ 相乘；

(3) 然后，采用乘积的平方根，产生高斯伪随机数序列和 2π 相乘，产生随机相位角，相位角分别应用到实部和虚部的余弦和正弦函数中；

(4) 最后，使用傅里叶逆变换产生轨道随机不平顺。

4. 功率谱密度时频复现结果

基于功率谱密度而重建的轨道谱数据可以与现场测试的轨道谱进行验证，来证明构建轨道谱信号方法的可靠性。根据文献 [14] 的仿真结果和实测结果对比验证，这种功率谱密度信号的时域重构方法被证明是有效的。需要说明一点，空间功率谱密度和速度是无关的，或者简单地说，不同速度经历的轨道谱密度在理论上应该是完全相同的，而通过时频复现技术，实际上应该对每个速度进行一次计算，否则容易导致不同速度之下所承受的轨道谱是不一致的。这一点很容易被忽略，从而导致在整体系统结构进行实际多体仿真时出现不合理的结果，从而失去其意义。在实际计算过程中，采用了先由计算机生成方差为 1，均值为 0 的高斯分布的随机数序列，然后，根据白噪声法产生符合上述轨道谱要求的随机不平顺序列。设随机数间隔为 T，利用高斯伪随机数序列模拟高斯白噪声的伪随机数序列如图 3.5 所示。

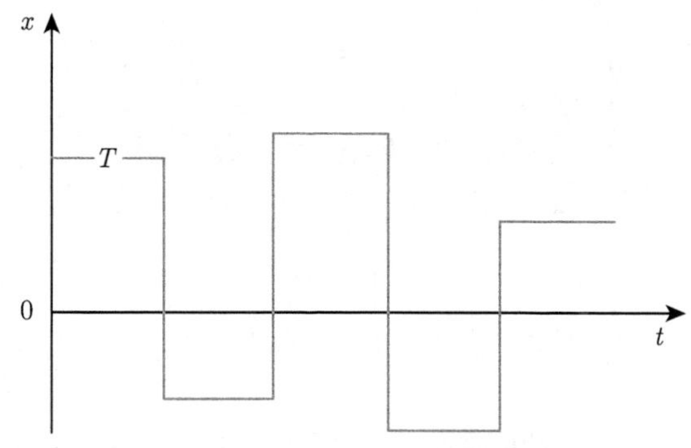

图 3.5 伪随机数序列的产生

由于轨道谱的随机不平顺信号数据是随机重建的，很显然它和实际轨道谱的均值之间存在着一定的差异。但是因为构建信号的标准差与实际轨道谱的数据是紧密相关的，其标准差之间的差别不是很大。而数据范围 (最大值减去最小值) 之间的差距比较大，主要是因为信号功率谱密度的长度不知道而用窗口代替所导致。由于研究轨道谱的主要目的就是要求重构轨道谱的信号与实际轨道谱的信号的频率内容在统计上是等效的，因此数据幅值存在的一些差别是可以接受的。时频复现技术实现的轨道激励将被应用到轨道车辆多体动力学分析中，仿真结果的有效与否，很大程度上也决定于重构数据的范围。

应用在轨道车辆多体动力学分析中的轨道谱，其信号采样频率内容同样对确定车辆结构关键部件的疲劳寿命评估非常重要，这主要是因为传递到车体结构的激励频率和轨道不平顺的采样频率有较大关系。本书选择作者博士论文中构建的轨道谱与文献 [14] 中构建轨道谱的功率谱密度比较结果，可以发现，论文中随机轨道不平顺的重构信号与文献 [14] 中提出的构建信号，无论是幅值还是功率谱密度的内容，都基本是等效的，只是幅值的范围稍微存在差异，但也在同一数量级范围内，本书和文献 [14] 构建的轨道谱统计数据比较见表 3.2。而且为了检查重构信号的频率成分，对文献 [14] 和重构信号的傅里叶变换和功率谱将进行比较，比较结果显示在图 3.6 和图 3.7 中。

表 3.2　本书和文献 [14] 构建的轨道谱统计数据比较

轨道谱		标准差	最小值/mm	最大值/mm	不平顺范围	平均值标准误差
垂向轨道谱	本书构建	3.36464	−8.5876	7.5745	16.162	0.07435
	文献 [14] 构建	2.95065	−9.1978	8.9331	18.1309	0.06528
横向轨道谱	本书构建	3.32637	−9.3475	9.5206	18.8682	0.07350
	文献 [14] 构建	2.99501	−9.4618	10.1323	19.5941	0.06618

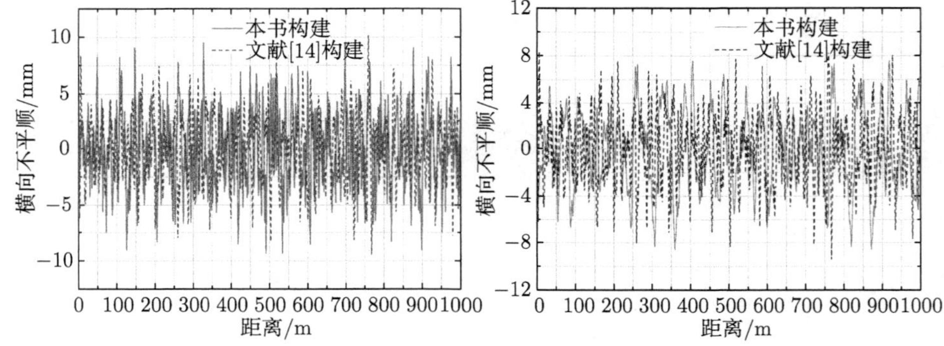

图 3.6　生成的垂向和横向不平顺与文献 [14] 结果

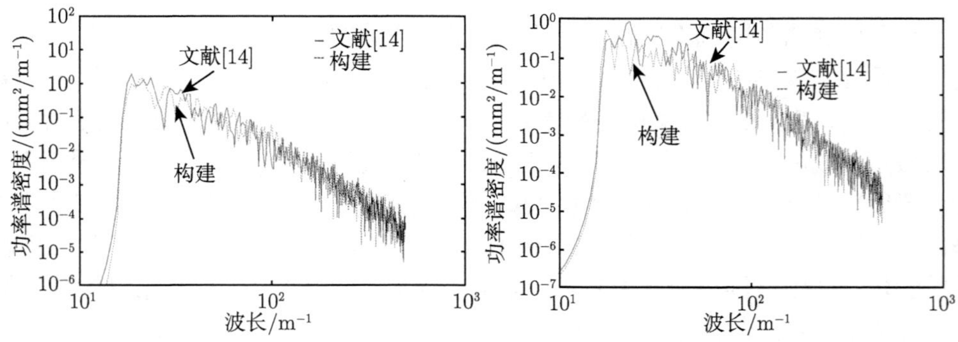

图 3.7　本书构建和文献 [14] 构建的垂向与横向不平顺功率谱密度比较

3.2.2　动力学仿真算例

为了准确预测轨道车辆结构的动力学特性以及相关的振动疲劳问题，以及介绍本书的相关结构疲劳寿命预测方法，这里选择某型 3Bo 轴式客货两用电力机车车体，车体 CAD 外形如图 3.8 所示。该型电力机车是针对我国铁路的主力机车。运行的线路主要是山区路段。线路 1/3 是曲线线路，且山区线路曲线半径相对较小。2000 年，在昆明机务段使用一段时间后，该型电力机车在车体牵引座与底架侧梁 (也称边梁) 的连接根部焊缝处首次出现裂纹萌生。由于这个原因，对配属昆明机务段的服役机车均按照先清除有裂纹焊缝再重新施焊，并在部分牵引座立板前面设置加强筋板的方案进行处置。运行一年后，即 2001 年底，机车车体结构的牵引座在增强立板和加强筋板焊接处下部再次出现了新裂纹。为此，2002 年底，西南交通大学机车车辆研究所根据该型机车在实际运行中出现的疲劳问题，对该型机车改造前后的牵引座在昆明–威舍区段进行全程结构动应力线路测试。结合车辆多体系统动力学和有限元法的结构疲劳仿真技术，最终解决了相关的疲劳问题。该型电力机车 CAD 外形如图 3.8 所示。

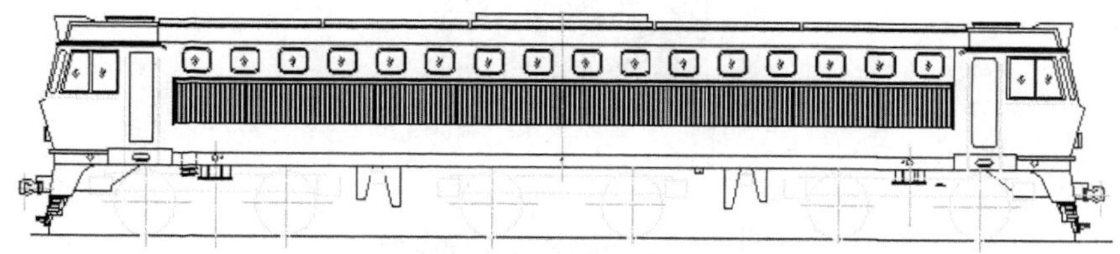

图 3.8 某型机车 CAD 外形图

该型电力机车是 3Bo 轴式大功率客货两用电力机车。其走行部由两台端转向架和一台中间转向架组成，每台转向架由构架、轮对、电机装配轴箱、一系悬挂、齿轮传动装置、牵引电机悬挂装置、二系悬挂装置、基础制动装置、牵引装置等部件组成。本书采用 SIMPACK 多体仿真软件进行机车整体系统的动力学建模与仿真。图 3.9 所示为机车多体整车模型，车体结构和其他部件一样考虑为刚体。

对于多体动力学系统中结构相同或相似的结构，在系统中常使用子结构建模 (Substructure Modeling) 及参数化建模 (Parameter Modeling) 技术，即将一个建好的相同模型定义为子结构，通过数据库调用，实现一次建模多次使用的目的。修改整个模型时，只要修改子结构参数，相应的主结构中所有调用该子结构的地方，都会自动改变。随着模块化设计概念的发展，机车多体系统的动力学建模中也已经广泛应用类似的子结构及参数化建模技术。采用参数化建模就是将模型中所有用相同数据的地方使用同一个参数名来表达。如果修改模型中的某个参数，只要修改对应的参数值就可以了，那么整个模型中用该参数的地方都会相应的修改，因此对于复杂多体系统参数化建模，可以极大地实现复杂系统建模的简化。

建立较为完整的机车动力学模型，其中包括车体、三个转向架、各种悬挂装置、力元和约束关系的处理等。为了确定轮轨几何约束关系，使用简化通用的轮轨接触模型, 轮轨接触点外形如图 3.10 所示。轮对的运动主要通过轮轨外形进行几何约束。轮廓可以通过三次 B 样条函数拟合表示。几何接触和约束函数均可以通过表格形式表示。轮轨互动建模是多体程序 SIMPACK 的一项主要的功能, 在数据库中用户可以自定义通用的轮轨接触单元。蠕滑力的计算主要是基于等效的 Hertzian 接触特性, 并且使用 Kalker 简化的滚动接触的非线性理论——Fastsim 算法 (快速仿真算法)。

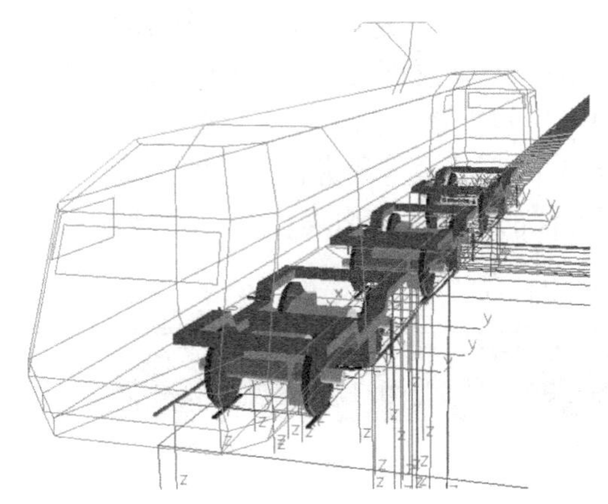

图 3.9　多刚体整车模型图

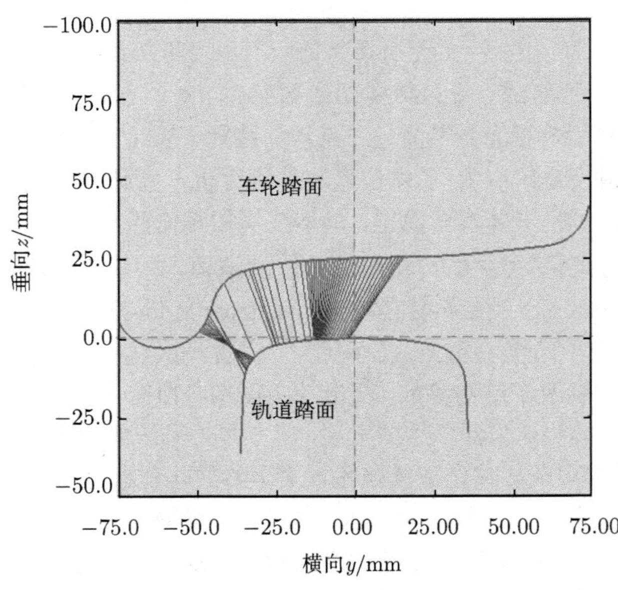

图 3.10　轮轨接触点外形图

牵引装置是传递转向架和车体之间的牵引力和制动力的机械装置, 该型机车转向架的牵引装置为“Z”字型低位斜拉杆牵引装置，端转向架牵引杆延长线交点在轨面下 10mm 处。中间转向架牵引杆延长线的交点在轨面以上 235mm 处。牵引装置由托架，三角连杆 (拐臂)，横向拉杆，斜牵引杆支座和隔振橡胶弹性元件组成。创建的构架多体模型如图 3.11 所示。

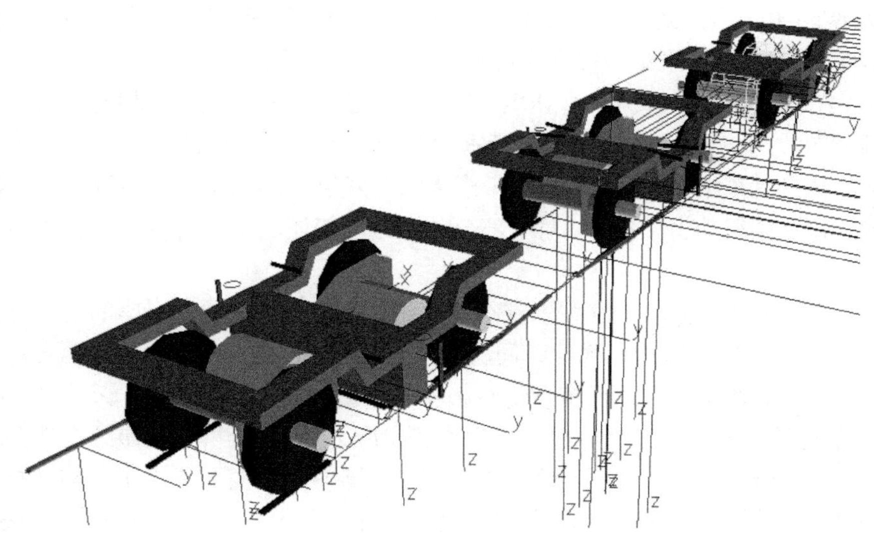

图 3.11 三个构架的多体模型图

1. 载荷时间历程的提取

为了提取在轨道车辆结构部件中的疲劳载荷，根据列车编组和整车的车辆动力学模型，需要选择采用不同的典型载荷工况。以某型机车车辆为例，车辆在实际运行过程中，除了自身的有效载荷 (自重及载客量等) 外，还需要不断受到因为轨道不平顺激励产生的各种随机激励载荷的循环作用。另外，车载设备自激振动都会对车体结构的疲劳特性产生影响。这些作用力会随着车速的提高和相关激扰程度的增大而不断增大，这些随机载荷产生的动应力也很可能就是引起车体结构疲劳破坏形式的主要原因之一。

由于轨道车辆结构属于极为复杂的大型结构，如何准确设计和计算结构疲劳寿命预测的动力学仿真工况，以及与实测动应力数据进行对比验证，直接关系到提出方法结果的有效性。本书结合研究的主要问题，对车辆动力学模型通过适当的简化，同时结合车辆实际运行环境，利用多体动力学仿真方法对车辆多体动力学模型适当简化，通过动力学仿真计算可以获得车体结构主要随机动态响应历程，从而为最终利用多体动力学与有限元混合法预测结构疲劳寿命做一定的准备工作。

为了理解后续章节介绍的疲劳载荷谱的提取，首先需要了解车辆载荷时间历程在整个车辆动力学仿真环节中如何提取的问题。这里先简单介绍利用多体动力学与有限元法预测车辆结构疲劳过程中的几个基本环节。

(1) 根据实际线路的条件，确定和选择典型的车辆运行工况。为了满足车辆动力学模型和实际线路动力学仿真结果与试验结果的相互验证，采用的动力学仿真的典型载荷工况也要求尽可能和实际运行情况基本一致。

(2) 在车辆动力学建模仿真环境中，需要通过适当的简化建立相对比较完整的车辆多体动力学模型。建立一个包括垂向和横向动力学特性的整车车辆系统多体模型；如果是列车编组，还需要研究考虑风致荷载以及车钩缓冲特性等的纵向动力学特性，建立列车动力学模型。对于部分动力转向架还需要考虑电机传动子结构模型的影响。

(3) 采用多体动力学仿真技术获得车体结构主要位置，如牵引座的危险位置的动态响应，即车体结构的动载荷时间历程 (包括惯性载荷、支反力及力矩等)。

(4) 根据车体结构有限元模型进行模态分析确定车体结构固有频率与振型 (以便了解车辆结构的固有频率特性)；利用准静态应力/应变分析法获得结构部件的应力影响因子 (SIC) 等；如果需要考虑车体的弹性影响，还需要通过子结构分析和子结构的模态分析技术，在多体动力学系统中进行有限元和多体之间的数据传递。

(5) 根据动力学应力影响因子和动力学的载荷历程数据，进行叠加求和计算，可以获得结构的应力历程，即结构部件在危险区域的动应力。

(6) 利用雨流计数法程序处理动应力数据，即将动应力结果转化成为常幅应力时间历程，进行车辆关键结构部件应力历程的应力幅值和应力范围，以及循环的交变次数的计算；

(7) 最后根据结构疲劳试件或相关材料疲劳标准手册中的材料 S-N 曲线，获取结构和焊接接头 S-N 曲线，用疲劳损伤累积法则 (Palmgren-Miner Damage Accumulation Rules) 和其他的损伤修正方法进行车体结构最终的疲劳寿命分析。

前面三步主要在多体动力学仿真系统中完成；第四步在有限元软件中进行有限元分析；后面几步可以依据编制的仿真程序，也可以利用有限元疲劳分析软件的程序进行计算。

2. 车辆动力学载荷工况

要准确获得车辆结构子在实际线路中不同工况运行中结构动应力的分布状况，首先要求在车辆多体动力学模型中考虑与车体结构连接的其他相关各部件的自由度，以便建立准确完整的机车多体动力学模型 [4]。

车体模型随机激励输入的激扰主要应该考虑可能对车体结构产生较大作用力的随机和确定性的各类激扰，包括车体结构在运行仿真过程种受到的各类垂向和横向随机载荷、关键位置多个方向的随机激扰、机车过曲线和过道岔的激扰、启动和制动激扰、部分垂向的高频的冲击激扰等。

常见载荷工况的确定：所有可能导致车辆结构部件产生疲劳损伤的循环载荷都应该在分析过程中得到识别。相对应的车辆动力学载荷工况也需要进行认真地分析。而且，为了和动应力测试的试验结果进行对比，需要确定计算机车整车动力学仿真工况。

根据研究对象不同，常规车辆动力学仿真模型中需要考虑的几个典型工况包括 [1,4,11−19]：

(1) 直线运行工况

直线轨道是轨道车辆运行时一种典型的载荷工况。一般来说，列车除了进站和出站的一段是直线轨道外，多数是由不同曲线半径组合而成的线路。

(2) 曲线通过工况

曲线通过性能的评价是车辆横向动力学的一个重要研究领域，而车辆在曲线上运行时各个部件之间以及轮对与钢轨之间的蠕滑力，轮对与钢轨之间将会产生相对的位移，由此引起的悬挂系统的弹性复原力和轮轨之间的蠕滑力等。车辆通过曲线时产生的离心力和由于曲线外轨超高引起的重力分力等，会导致车辆结构产生的横向轮轨力以及轨距作用力较大，最终导致车辆产生较大的振幅。而这些载荷的影响，也是导致车辆结构产生疲劳破坏的根本原因之一。尤其不同曲线半径下的载荷工况必须要考虑，小曲线半径对车辆结构部件的横向作用载荷尤其巨大。

评估曲线通过性能的基本方法就是分析车辆在曲线上的动力学行为。通过曲线运行工况研究结构部件的在车辆通过曲线时的动力学特性。曲线轨道一般由入缓和曲线、圆曲线以及出缓和曲线组成。表 3.3 列出某型轨道车辆常规服役动力学仿真时的准静态曲线分析部分参数。

表 3.3 准静态曲线分析部分参数

曲线半径 R	缓和长度/超高 $u = 0\text{m}$	缓和长度/超高 $u = 0.1\text{m}$	缓和长度/超高 $u = 0.15\text{m}$
300m	50m	75m	120m
500m	75m	75m	120m
1000m	100m	100m	120m
>1000m	100~250m	100~250m	120~250m

(3) 牵引、制动工况

车辆牵引和制动工况的动力学仿真主要是假定车辆每次起动和制动都以最大的恒定加速度和最大减速度进行，将起动和制动模拟为一个独立事件。

这里以某型轨道车辆作为研究对象进行说明。根据研究该型机车的牵引特性曲线定义牵引工况；根据制动曲线定义制动工况，对起动和制动进行简化模拟。在车辆多体动力学仿真中除了建立列车动力学仿真进行牵引制动的仿真以外，还可以通过简化方法处理纵向动力学的影响，具体方法是将牵引的吨位按照力元的方式以移动标志点 (Marker 点) 的形式施加在车钩连接处，同时在车辆多体动力学模型中将牵引力随速度变化的牵引特性曲线转化为牵引力矩施加在六个轮对上。按制动力随速度变化的制动特性曲线也同样以力矩形式分别施加在六个轮对上。

实际上，有时人们需要了解牵引制动工况的影响，特别是电机和齿轮传动对车辆结构部件 (比如转向架构架结构) 的疲劳影响，这就需要建立详细车辆驱动动力学模型。确定的机车牵引力和速度的对应曲线如图 3.12 所示。机车制动曲线如图 3.13 所示。

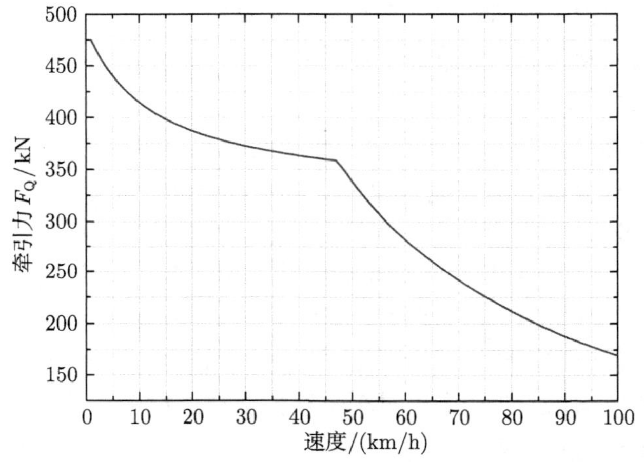

图 3.12　某型机车牵引特性曲线

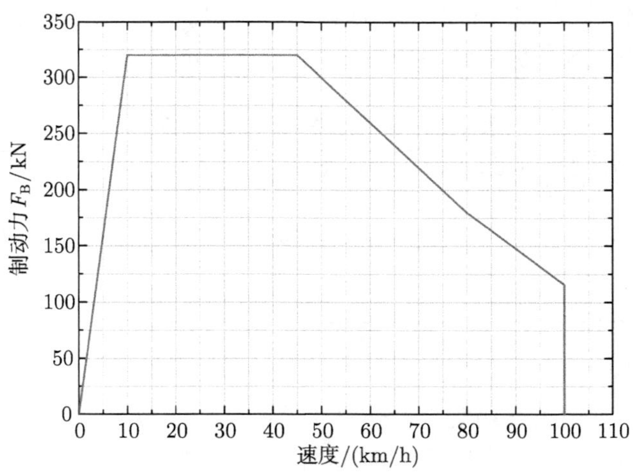

图 3.13　制动特性曲线

(4) 气动载荷工况

通常，轨道车辆 (比如机车、货车等) 在相对较低的速度下运行时，气动载荷可以忽略，或者以施加阻力的形式加载在车辆上 (比如司机室的前端迎风面)。这时的车辆运行阻力包括基本阻力和附加阻力。附加阻力又包括坡道阻力、弯道阻力、隧道阻力和启动阻力。在建立列车或整车的车辆多体动力学模型中，多体动力学中的阻力可以按照等效力元施加，主要集中在动力学模型的头车外形或车钩连接处。同时通过施加拟合后的阻力载荷–速度曲线，可以方便地定义多体动力学模型的不同运行速度下的制动工况。

对于高速列车而言，就需要考虑气动载荷的模拟，包括明线和隧道工况的模拟。在明线时需要考虑横风和会车的影响，包括不同的迎风角的影响因素，需要考虑如何施加风载荷导致的力和力矩；在进出隧道时，需要考虑会车以及流体分析计算时的风致载荷施加方式。而且车辆在明线上曲线通过时，需要计算车辆的横风稳定性。一般这就需要通过多体动力学和流体分析软件之间的并行仿真和数据传递，进行列车编组的流–固耦合动力学仿真。

3. 刚柔耦合多体动力学仿真

轨道车辆在进行各种动力学特性仿真计算时，需要将轨道车辆系统抽象为合理的物理或力学模型，再据此建立多体动力学模型，形成描述完整系统的运动微分方程。由于研究对象的不同，比如高速列车 (动力集中或动力分散式)、机车 (电力、内燃)、客车、货车、地铁以及磁悬浮列车等，这些轨道车辆运行的目和服役环境也就不同，不可能建立一个完全通用的轨道车辆模型来研究所有的动力学问题，而是需要根据研究的对象运行工况的不同，分别确定其不同运行工况下的力元、轮轨接触等特征，使得每一模型可以集中解决某一方面的动力学问题。根据车辆系统仿真的几个典型工况，确定施加合适的动力学边界条件。

这里以该型机车车辆作为算例阐述相关车辆动力学仿真方法。利用该型机车车辆动力学模型进行动力学性能分析时，考虑到该机车实际运行的试验区段昆明–威舍段线路的条件状况，即其轨道激励谱属于质量相对较差的山区线路，在车辆多体动力学仿真中主要采用轨道谱时频复现技术生成的美国 4 级谱进行机车动力学仿真计算。其左、右轨道的横向和垂向激励如图 3.13 所示。

考虑到车辆运行的不利条件，以及车辆最大的恶劣工况，需要根据轨道车辆动力学相关参数进行动力学建模和仿真，获取其惯性载荷，主要包括加速度、角速度和角加速度的载荷时间历程，以及获取个结构相关的支反载荷。部分仿真结果显示在图 3.14~ 图 3.17 中。

曲线通过工况的动力学部分仿真结果显示在图 3.18~ 图 3.21 中。

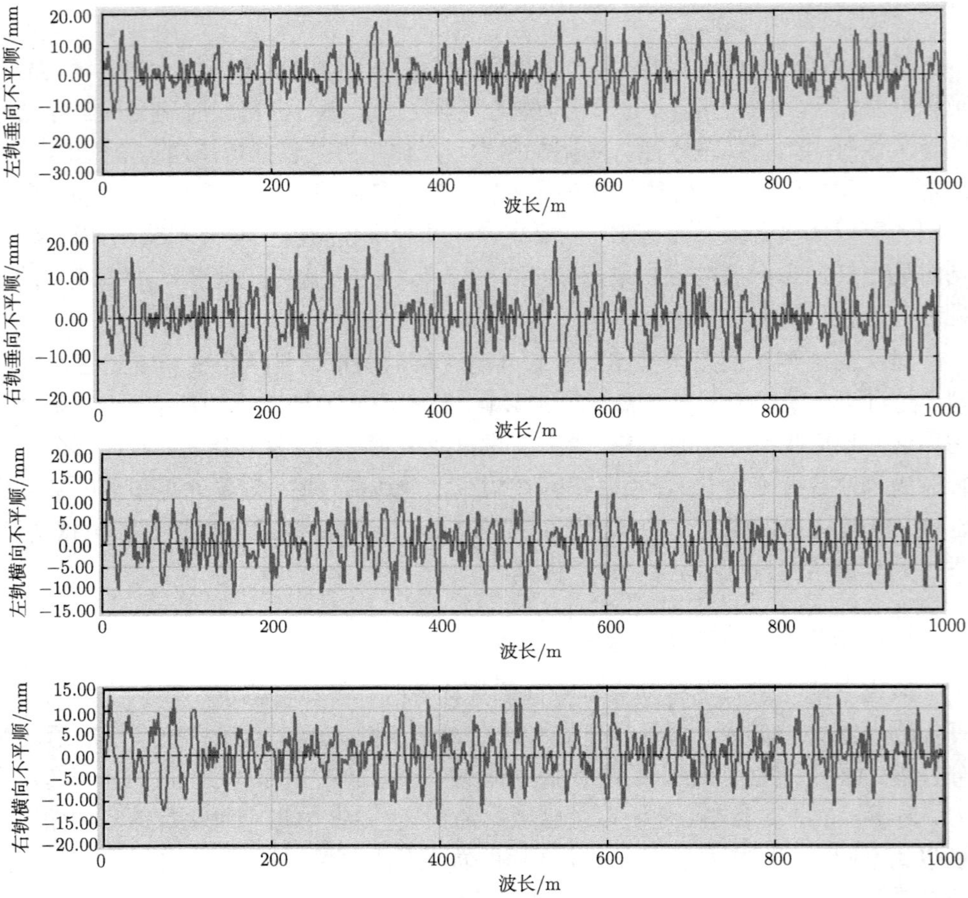

图 3.14　左右轨道的垂向和横向激励谱示意图

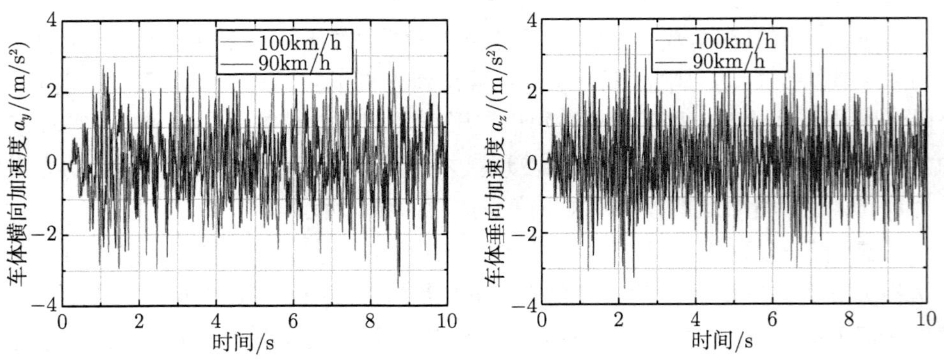

图 3.15　车体中心横向加速度和垂向加速度比较

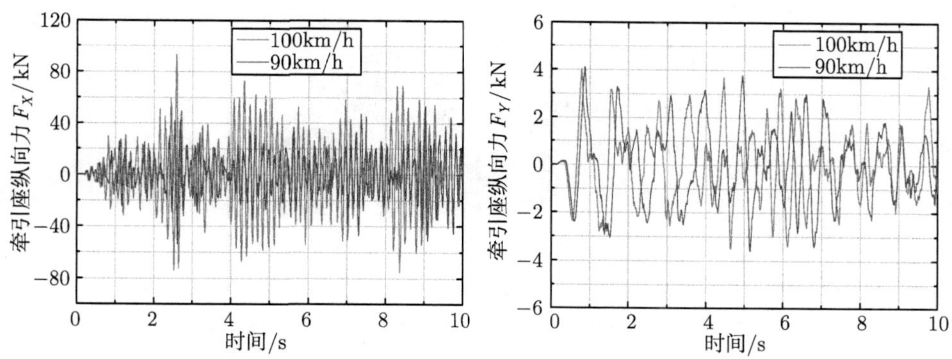

图 3.16 车体中心牵引座 1 纵向力和横向力比较

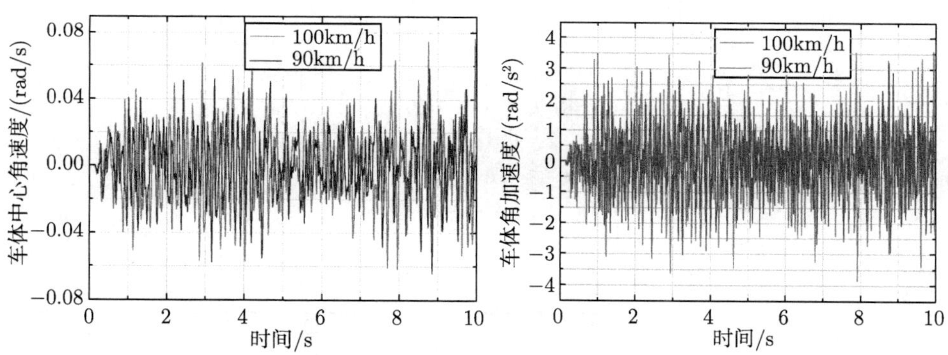

图 3.17 车体中心纵向角速度和车体纵向角加速度

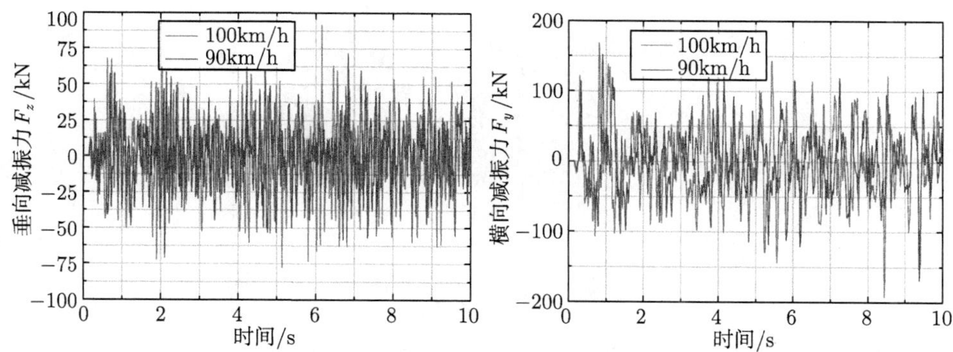

图 3.18 车体前端转向架垂向减振力和横向减振力

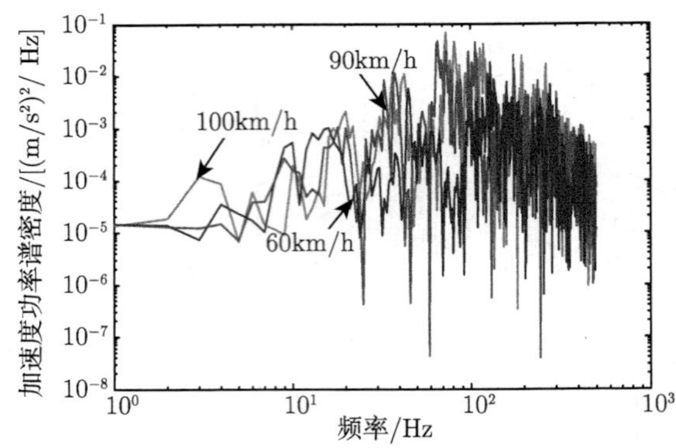

图 3.19　车体三种直线运行速度下的加速度功率谱密度对比

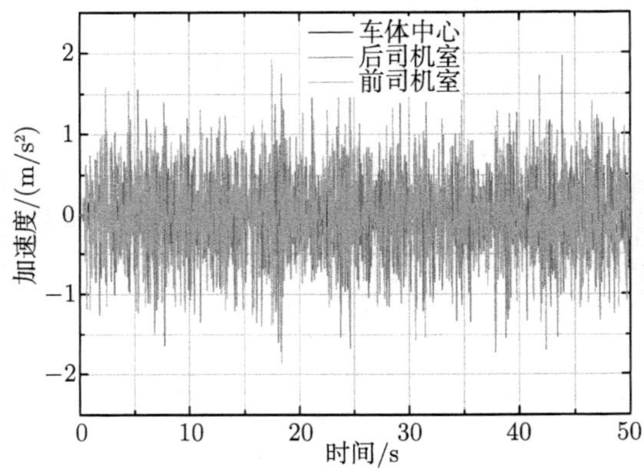

图 3.20　曲线通过时车体不同位置的加速度 (60km/h)

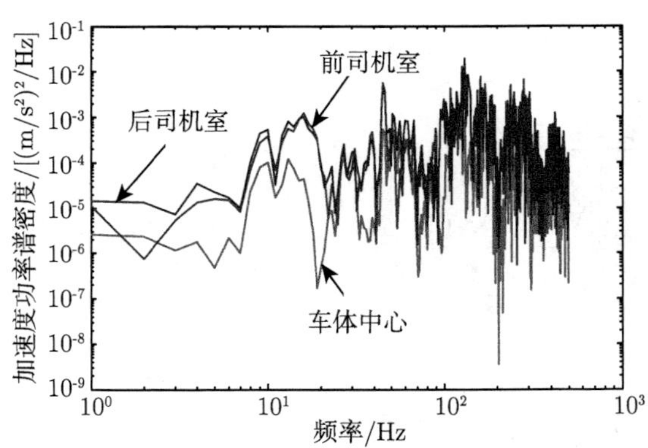

图 3.21　曲线通过车体不同位置的加速度的功率谱密度

3.3 柔性多体动力学仿真

3.3.1 建模假设

随着车辆结构轻量化的设计，结构的动强度和动刚度性能都会产生变化，对车辆关键结构部件的振动性能进行分析时，就需要考虑其弹性变形的影响。在进行车辆动力学仿真时，需要建立柔性多体动力学模型。多体系统可以由刚体和柔性体(也说成是弹性体)，通过和全局参考坐标系之间的铰接和力元等元素混合建模。为了节省柔性多体数值计算的仿真时间，必须建立弹性车辆结构部件的子结构的缩减形式。为了说明刚柔耦合建模，这里以某型机车车体为研究对象。为了准确预测其疲劳寿命问题，首先需要进行车辆刚柔耦合动力学建模和仿真。从简化动力学分析模型和节约计算机仿真机时的角度考虑，算例中仅将车体考虑成柔性体，而构架和轮对等其他部件依然考虑成刚体。

在建立弹性车体的车辆多体动力学模型时，首先需要产生准确的多刚体模型，然后用弹性体取代要考虑成柔性体的结构部件。在有限元分析中，复杂柔性结构的运动可以通过大量的节点坐标描述，其中，多体动力学分析软件对刚体运动的代码可以使用非线性元素表示，弹性体的变形通过相对较少的模态坐标进行表示。有限元软件是考虑柔性体结构应力应变计算的有效工具，然而由于柔性结构自由度过于巨大，且动载荷工况仿真计算非常耗时，有限元分析只适合获得车体结构少数工况的应力应变信息。相反，利用多体系统仿真可以对非常复杂非线性机械系统进行有效的仿真，如计算不同类型的激励下的车体结构动态特性的计算。

FEMBS 是多体动力学分析软件 SIMPACK 和其他有限元软件之间的接口程序，允许将有限元分析的物理模型数据转化为标准代码，即将有限元模型的弹性体特性输入到运动方程，形成弹性体数据的标准输入数据文件。标准输入的数据文件可以通过接口程序 FEMBS 的 FEM 模块写入，同时将弹性体的数据文件整理成多体动力学软件可读的格式。FEMBS 的主要任务之一就是计算结构的特征模态，减少大型结构的自由度 (一般是指自由度数超过 10^5)，从而要求对结构有限元模型首先进行子结构分析。为了不使柔性体模型太复杂，可以不必选择太多的节点 (只要可表示结构危险区域或需要关心的节点)，计算精确度一般是不会受少数节点的影响的，在车体子结构计算时选择合适的主自由度是非常必要的。

对于弹性体的建模还需要做下面的一些假定：

- 多体系统中的任意体都可以考虑为弹性体；
- 多刚体参考系统可以描述各个刚体的弹性变形，即所谓移动参考坐标系；
- 体上质点的总位移是由参考坐标系的运动位移和变形位移之和组成；
- 模型可以包括旋转单元和框架；

- 允许很小的变形，且可以考虑预应力；
- 在体参考坐标系主要以矢量形式表示。

在有限元分析中，有几种方法可以用来计算转换矩阵：

- 静态缩减；
- Guyan 缩减；
- Ritz 函数缩减；
- 动态缩减 (子模态合成技术)。

算例中，主要是在 ANSYS 软件中利用 Guyan 缩减方法进行车体结构模型缩减，形成一系列的转换矩阵。子结构模型缩减的效果及其准确度很大程度上依赖于对车体结构主自由度的合理选择。使用这种方法可以使得车体结构的质量矩阵和刚度矩阵在结构的固有频率和振型计算时缩减到每个主自由度上。

3.3.2　子结构算法

子结构的所有自由度可以分为内部和外部自由度，外部自由度附着在多体系统的铰接、弹簧和阻尼上。这些自由度对多体仿真是十分重要的，作为主自由度不能在缩减过程中删除，而剩余的其他自由度称为内部自由度可以进行缩减。内部自由度既可以表示为和外部自由度之间的静态关系，也可以表示为一系列广义自由度之间的动态关系。这些广义的自由度通过研究子结构的特征模态获得。特征模态主要根据研究对象的重点进行有效的选择。

子结构的动力学方程可以表示为

$$\begin{bmatrix} \boldsymbol{M}_{ee} & \boldsymbol{M}_{ei} \\ \boldsymbol{M}_{ie} & \boldsymbol{M}_{ii} \end{bmatrix} \begin{bmatrix} \ddot{\boldsymbol{X}}_e \\ \ddot{\boldsymbol{X}}_i \end{bmatrix} + \begin{bmatrix} \boldsymbol{C}_{ee} & \boldsymbol{C}_{ei} \\ \boldsymbol{C}_{ie} & \boldsymbol{C}_{ii} \end{bmatrix} \begin{bmatrix} \dot{\boldsymbol{X}}_e \\ \dot{\boldsymbol{X}}_i \end{bmatrix} + \begin{bmatrix} \boldsymbol{K}_{ee} & \boldsymbol{K}_{ei} \\ \boldsymbol{K}_{ie} & \boldsymbol{K}_{ii} \end{bmatrix} \begin{bmatrix} \boldsymbol{X}_e \\ \boldsymbol{X}_i \end{bmatrix} = \begin{bmatrix} \boldsymbol{F}_e \\ \boldsymbol{F}_i \end{bmatrix} \tag{3-52}$$

其中，$\boldsymbol{X}$ 是位移矢量，$\boldsymbol{M}$ 是质量矩阵，$\boldsymbol{C}$ 是阻尼矩阵，$\boldsymbol{K}$ 是刚度矩阵以及 $\boldsymbol{F}$ 是载荷矢量。各个矩阵通过下标 i(表示内部) 和 e(表示外部) 自由度，以及自由度之间关系等。

如果只考虑静态，式 (3-52) 可以简化为刚度、位移和载荷的式子，通过求解，可以获得

$$\boldsymbol{X}_i = \boldsymbol{K}_{ii}^{-1}\boldsymbol{F}_i - \boldsymbol{K}_{ii}^{-1}\boldsymbol{K}_{ie}\boldsymbol{X}_e \tag{3-53}$$

设 $\boldsymbol{X}_i^i = \boldsymbol{K}_{ii}^{-1}\boldsymbol{F}_i$，$\boldsymbol{X}_i^e = \boldsymbol{K}_{ii}^{-1}\boldsymbol{K}_{ie}\boldsymbol{X}_e = \boldsymbol{B}\boldsymbol{X}_e$

前者表示内部位移和载荷的关系，后者表示外在位移函数的内部位移。矩阵 $\boldsymbol{B}$ 表述内部位移和外在位移的关系。研究中主要关心结构振动模态相应的内部自由度。

设定外在位移为 0，以及内部位移的运动为简单谐运动，即

$$\boldsymbol{X}_i^i = \phi \mathrm{e}^{\mathrm{i}\omega t} \tag{3-54}$$

其中，ϕ 是特征矢量，通过对时间求微分，方程 (4-29) 可以改写为

$$(-\omega^2 \boldsymbol{M}_{ii} + \mathrm{i}\omega \boldsymbol{C}_{ii} + \boldsymbol{K}_{ii})\phi \mathrm{e}^{\mathrm{i}\omega t} = \boldsymbol{F}_{ii} \tag{3-55}$$

其中，ω 是角频率。通过设定输入载荷 $\boldsymbol{F}_{ii} = 0$，且忽略阻尼矩阵，可以求出正则模态。式 (4-31) 可以简化为

$$(-\omega^2 \boldsymbol{M}_{ii} + \boldsymbol{K}_{ii})\phi = 0 \tag{3-56}$$

内部位移可以通过相应自由度的特征模态表示。设子结构中 n 为 p 个外在自由度的激活自由度，缩减系统的位移可以表示为外在自由度和广义自由度 y，即

$$\boldsymbol{X}_i^i = \sum_{k=1}^{s} \phi_k y_k = \boldsymbol{\Phi} y \tag{3-57}$$

$$\boldsymbol{\Phi} = [\ \phi_1,\quad \phi_2,\quad \cdots,\quad \phi_s\ ] \tag{3-58}$$

式 (4-34) 中的特征矢量矩阵有维数 $s(n-p)$ 缩减系统的位移，可以表示为外在自由度和新的广义自由度 y 之间的公式：

$$\boldsymbol{X} = \begin{bmatrix} \boldsymbol{X}_e \\ \boldsymbol{X}_i \end{bmatrix} = \begin{bmatrix} \boldsymbol{I} & 0 \\ \boldsymbol{B} & \boldsymbol{\Phi} \end{bmatrix} \begin{bmatrix} \boldsymbol{X}_e \\ y \end{bmatrix} = \boldsymbol{H} \begin{bmatrix} \boldsymbol{X}_e \\ y \end{bmatrix} \tag{3-59}$$

将式 (4-35) 以及其一阶和二阶时间微分，分别代入式 (4-28)，且在前面乘上 $\boldsymbol{H}^{\mathrm{T}}$，可以得到

$$\begin{bmatrix} m_{11} & m_{21} \\ m_{12} & m_{22} \end{bmatrix} \begin{bmatrix} \ddot{\boldsymbol{X}}_e \\ \ddot{y} \end{bmatrix} + \begin{bmatrix} c_{11} & c_{21} \\ c_{12} & c_{22} \end{bmatrix} \begin{bmatrix} \dot{\boldsymbol{X}}_e \\ \dot{y} \end{bmatrix} + \begin{bmatrix} k_{11} & k_{21} \\ k_{12} & k_{22} \end{bmatrix} \begin{bmatrix} \boldsymbol{X}_e \\ y \end{bmatrix} = \begin{bmatrix} \boldsymbol{F}_1 \\ \boldsymbol{F}_2 \end{bmatrix} \tag{3-60}$$

从上述的一系列公式，可以说明子结构缩减的基本过程，即用一些缩减的节点和单元来准确地描述结构。这些节点和单元分别称为超节点 (Super Node) 和超单元 (Super Element)。如果希望得到一个更为合理的节点分布，就需要手工添加自己关心的节点。

3.3.3 弹性体的实现

利用多体动力学分析软件和有限元分析软件之间的接口程序 FEMBS 可以生成柔性体仿真时所需要的弹性车体模型的文件。首先导入利用有限元软件 ANSYS 子结构分析生成的结果的文件，最后在接口程序中创建车体结构的 *.fbi 文件。这样

就可以在 SIMPACK 的软件中将多体系统刚性车体模型替换为柔性车体模型。在替换过程中同时要将原来与刚体车体连接的标志点用弹性体的标志点全部替换过来，这样就可以进行柔性车体结构仿真计算。图 3.22 表示了有限元分析软件 ANSYS 和多体系统软件 SIMPACK 之间的弹性体数据传输的基本流程。

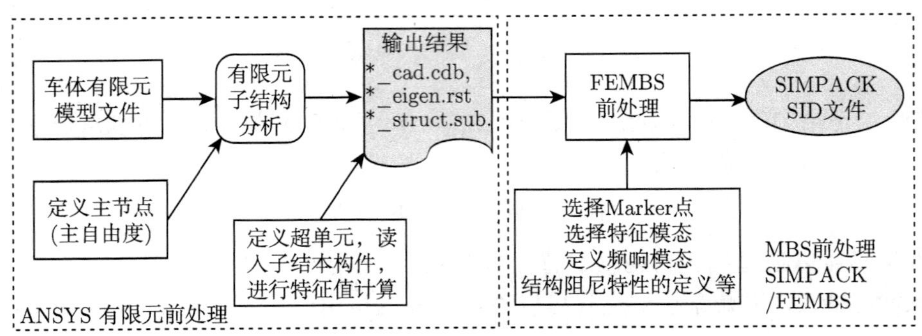

图 3.22　利用 FEMBS 生成标准输出文件基本过程

将刚性车体替换为柔性车体后的机车多体动力学模型如图 3.23 所示。

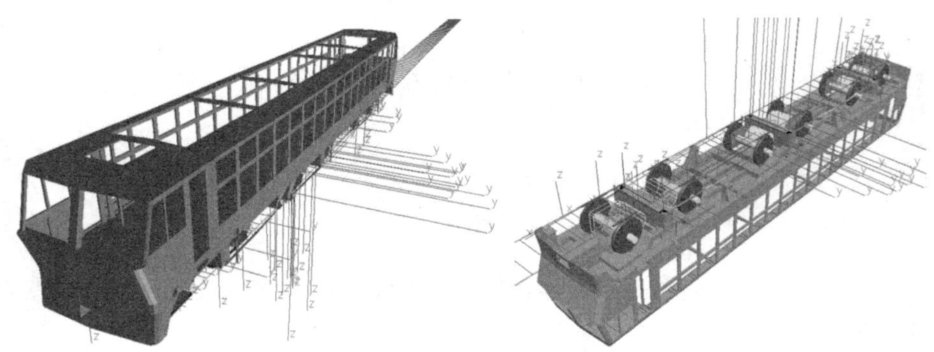

图 3.23　考虑柔性车体的机车刚柔混合体模型

这里仅仅列出机车在 100km/h 下对应的刚性车体结构和柔性车体结构的部分载荷历程分量的多体仿真结果比较，见图 3.24～ 图 3.26。从载荷历程比较结果看，除柔性车体结构比刚性车体结构的加速度稍微大一些之外，对横向载荷历程的影响并不是很大。但这些结果基本在同一数量级内，且幅值的相差并不是很大，这可能是由于机车车体整体刚度较大。同时也说明，对车体结构柔性的考虑与否对载荷历程的影响不是很大。由于考虑刚柔形体时，利用准静态应力法计算获得的车体结构应力影响因子 (SIC) 是相同的，因此多体仿真计算的载荷历程是其决定性因素之一。在其他条件基本相同的情况下，也可以说明，刚性车体和柔性车体仿真的载荷历程导致的应力结果影响基本不大，但是具体的柔性车体对车体结构动应力的影响还需要进一步深入研究。

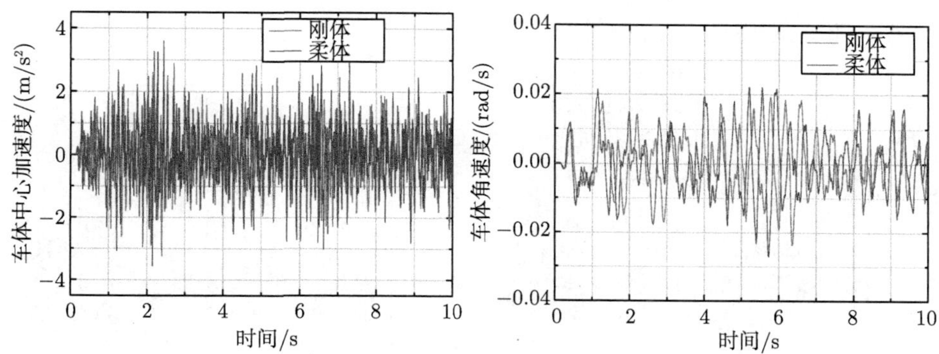

图 3.24 车体结构中心垂向加速度和垂向角速度

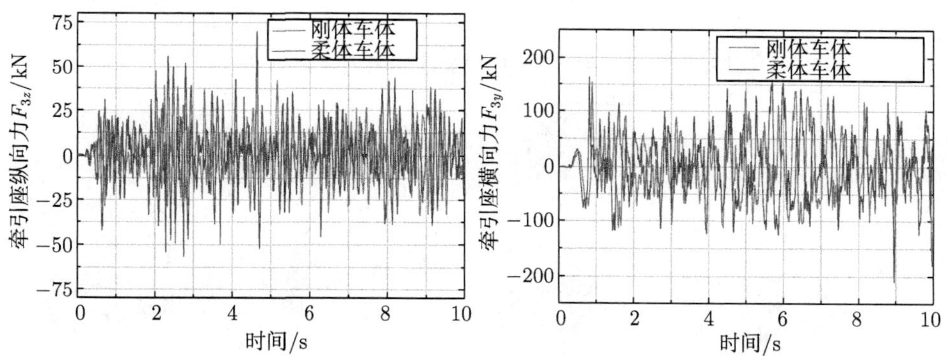

图 3.25 车体 3 号牵引座纵向载荷和横向载荷

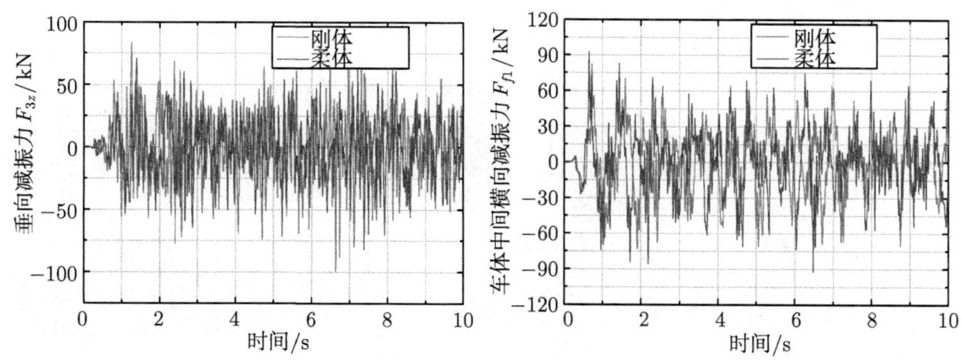

图 3.26 车体端部垂向减振力和中间横向减振力

另外一个高速列车的算例中，根据确定的典型载荷工况，施加合适的动力学边界条件。利用 SIMPACK 对某型高速列车的动力学模型进行动力学分析时，考虑到其实际运行的试验区段京津城际线路的条件状况，采用实测的京津线路的轨道谱进行动力学仿真计算。200km/h~300km/h 的动力学部分仿真部分结果显示在

图 3.27～ 图 3.29 中。

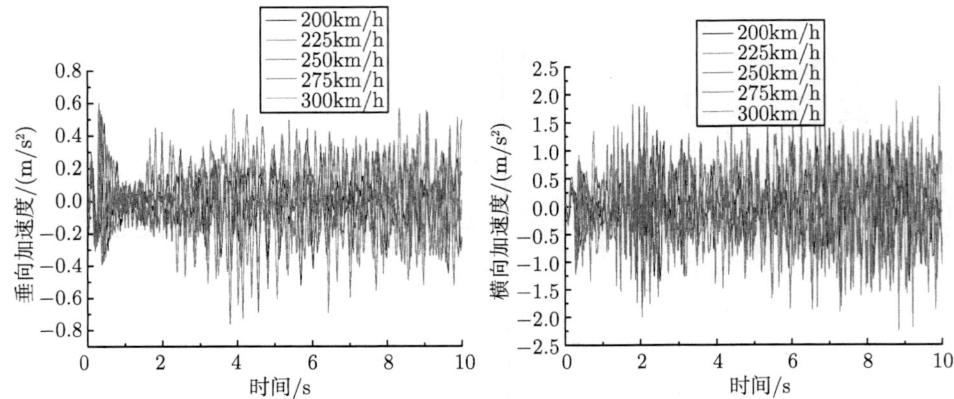

图 3.27　车体中心垂向加速度和横向加速度比较

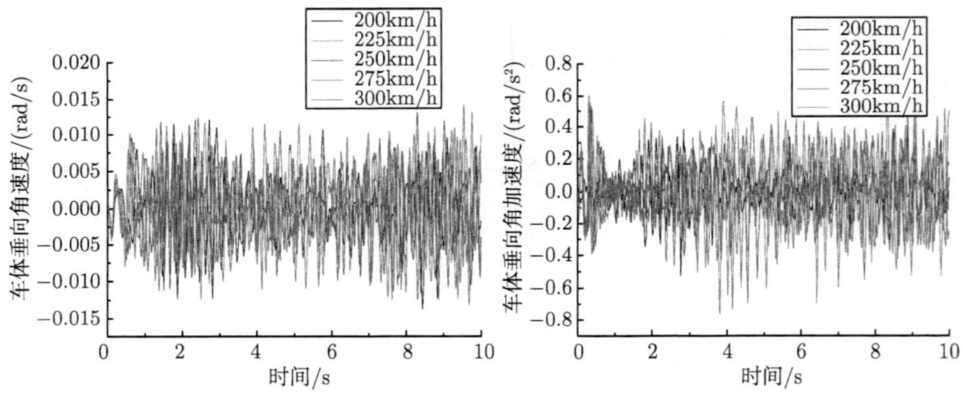

图 3.28　车体垂向角速度和角加速度比较

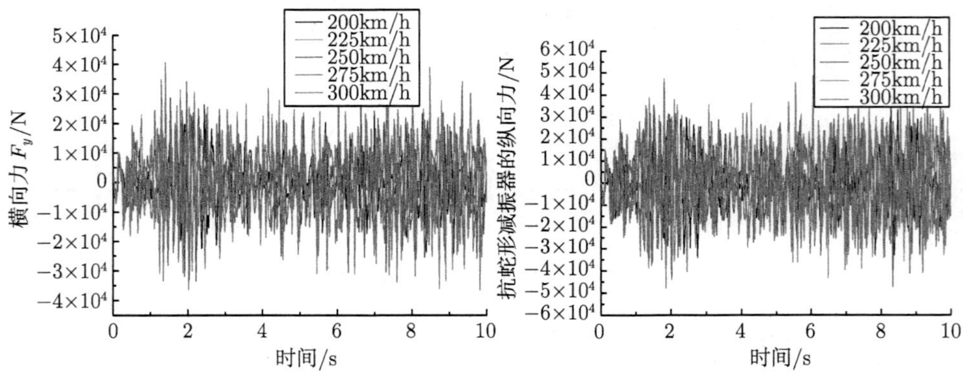

图 3.29　车体横向减振力和抗蛇形减振器的纵向力

3.4 本章小结

本章主要详细讨论了整车多体系统动力学的基本理论背景，以及介绍了车辆动力学建模和仿真过程，首先介绍了一种轨道激励品的时频转换方法，即参照 Ridnour 提出的地形功率谱密度法，提出一种实现轨道谱的时频复现方法，保留了幅值和相位等重要参数。这种技术和相关文献构建的轨道不平顺的功率谱密度结果非常接近，基本说明了轨道激励谱生成方法的有效性。另外，结合实际算例，考虑车体结构的弹性影响，阐述了如何利用子结构和参数化建模技术实施刚–柔耦合多体动力学的建模与仿真。同时，讨论了动力学典型仿真工况的确定，包括直线、曲线、牵引等工况，并计算获得了某型机车和高速列车的整车系统的载荷时间历程结果。讨论了如何利用有限元子结构分析技术和多体–有限元的接口程序实现考虑柔性车体的影响，并得到了部分结果，且做了简单的比较。

参考文献

[1] Johannesson P, Speckert M. Guide to Load Analysis for Durability in Vehicle Engineering [M]. John Wiley & Sons, 2013.

[2] Luo R K, Gabbitas B L, Brickle B V. An integrated dynamic simulation of metro vehicle in a real operating environment [J].Vehicle System Dynamics, 1994, 23: 335-345.

[3] Luo R K, Gabbitas B L, Brickle B V. Fatigue design in railway vehicle bogies based on dynamic simulation [J]. Vehicle System Dynamies, 1996(25): 438-449.

[4] Dietz S, Netter H, Sachau. Fatigue life prediction of a railway bogie under dynamic loads through simulation [J]. Vehicle System Dynamics, 1998, 29: 385-402.

[5] Arnlod M. Simulation algorithms in vehicle system dynamics [D]. Halle: Martin-Luther University of Halle-Wittenberg, 2004.

[6] SIMPACK Theory. INTEC Ltd, 2002.

[7] 洪嘉振. 计算多体系统动力学 [M]. 北京：高等教育出版社，1999.

[8] 王福天. 车辆系统动力学 [M]. 北京: 中国铁道出版社, 1994.

[9] 翟婉明. 车辆–轨道耦合动力学 [M]. 北京: 中国铁道出版社, 2001.

[10] 任尊松. 车辆系统动力学 [M]. 北京: 中国铁道出版社, 2007.

[11] European committee for standardization. EN12663: 2010.Railway applications structural of railway vehicle bodies [S]. London: British Standard institution, 2010.

[12] 夏禾. 车辆与结构动力相互作用 [M]. 北京: 科学出版社, 2002.

[13] 曾宇清, 王卫东, 贺启庸. 车辆激励谱的时频转换复现技术 [J]. 中国铁道科学, 1996, 17(4): 26-31

[14] 陈果, 翟婉明. 铁路轨道不平顺随机过程的数值模拟 [J]. 西南交通大学学报, 1999, 34(2): 138-141.

[15] Ridnour J A. Methodology for evaluating vehicle fatigue life and durability [D]. Knoxville: The University of Tennessee, 2003.

[16] Bishop N W M, Sherratt F. Fatigue life prediction from power spectral density data [J]. Environmental Engineering, 1989, 2(1).

[17] 李强, 金新灿. 动车组设计 [M]. 北京: 中国铁道出版社, 2008.

[18] 严隽耄. 车辆工程 [M]. 北京: 中国铁道出版社, 1999.

[19] Moriarty P J, Holley W E, Butterfield C P. Extrapolation of Extreme and Fatigue Loads Using Probabilistic Methods [M]. Golden, Colorado: National Renewable Energy Laboratory, 2004.

第 4 章　疲劳寿命预测和耐久性设计中的有限元分析

众所周知，现代机械结构中有限元分析早已经是新产品结构设计中极为关键的工具和重要的设计环节。这不仅仅是因为计算机辅助工程 (CAE) 领域已经逐步发展为多学科优化设计和分析，而且是随着有限元分析和计算机技术的发展，人们对新产品的研制技术已经逐步从简单模型向复杂模型，从局部模型向整体模型，从静态模型向动态模型，从单场模型向多场模型不断地转变和发展，且已经逐步发展成熟 [1]。

结构部件在疲劳载荷的循环往复的作用下，会发生裂纹萌生、裂纹扩展并导致突然断裂问题，这种现象称为疲劳破坏。常规结构疲劳强度计算是以名义应力为基础的，可分为无限寿命和有限寿命计算。结构零部件的疲劳寿命与其应力、应变水平有关，它们之间的关系可以用应力–寿命曲线 (σ-N 曲线) 和应变–寿命曲线 (ε-N 曲线) 表示。结构或材料试件在无限多次交变载荷作用下会产生破坏的最大应力，称为疲劳强度或疲劳极限。耐久性设计的基本定义是指产品在使用寿命期内，使结构具有抗开裂、腐蚀、热退化、剥离、磨损和外来物损伤能力的设计。限于本书研究范围，这里仅仅将耐久性设计理解为一种抗疲劳设计的方法。车辆在不同类型线路的行驶过程中，关键结构部件容易受到各种随机变幅载荷的作用，最终导致车辆结构关键部件产生疲劳损伤，结构的疲劳极限一般低于材料的拉伸强度极限。

4.1　概　　述

有限元法起始于 20 世纪 50 年代，是相关研究学者在连续体力学领域，即结构静力学和动力学特性分析中，提出的一种数值分析方法 [2]。有限元法是一种解决工程和数学物理问题的有效数值方法，可以应用于求解结构和非结构的问题。结构问题包括应力应变分析、模态分析、屈曲分析和振动分析等；非结构问题包括热分析、流体分析和电磁分析等。利用有限元法可以解决许多工程和数学领域的典型问题，其中包括结构分析、热分析、流体分析和电磁分析等。结构问题的求解通常是指确定每个模型节点的位移和构成承载结构的每个单元内的应力，在非结构问题中，节点未知量可以是热流或流体产生的温度或流体压力等。同时，有限元法的通用计算程序作为有限元分析的重要组成部分，也随着电子计算机技术的引入而迅速发展起来。在 20 世纪 70 年代初期，大型通用的有限元分析软件出现了，这些大型、通用的有限元软件功能强大，计算可靠，工作效率高，逐步成为结构力学分析中强有力的工具。近 20 多年来，人们已经开发了很多成熟的通用有限元分析程序，应用领域也从结构分析领域扩展到各种物理场的分析，从线性分析扩展到非线性分析，从单一场的分析扩展到多个场耦合的分析。有限元分析基本可以概括为三个主要的阶段：理想化 (建模)、离散化 (网格划分) 和求解 (施加边界条件和选择求解器)[3]。

如今，人们关于有限元分析方面的书籍已经非常多，但是多数是在讲述有限元方法的基本原理及实际工程的应用 [4−6]。对于在车辆结构疲劳寿命预测过程中如何进行有限元分析的过程介绍得并不详细。比如，有限元分析在结构振动疲劳设计和耐久性分析过程中计算结构应力所起的作用，以及不同应力计算方法中，有限元在时域和频域不同分析方法和结构疲劳寿命评估之间的关系的讨论等；在疲劳寿命分析中有限元建模中应该注意的细节问题方面阐述得相对较少。

特别是近十年来，有限元疲劳分析已经成为车辆结构疲劳工程设计中必不可少的一个技术手段。车辆结构部件的强度分析和刚度计算已经不再满足于静强度与静刚度的设计、分析与测试，而是逐步走向了动强度和动刚度分析，走向了多学科疲劳优化设计的发展方向。本书阐述的主要内容是如何基于多体动力学和有限元法进行车辆结构疲劳寿命计算。根据相关文献研究，基于动力学和有限元分析的结构疲劳仿真的混合模拟技术，对于准确预测车辆结构疲劳寿命及优化等课题有着极大的作用。这也突显出车辆多体动力学分析和有限元分析在现代轨道车辆结构动态设计与强度分析中有着十分重要的作用。

其中，有限元分析可以说是进行结构疲劳寿命预测和耐久性分析的重要基础，不仅可以有效解决复杂机械结构系统的静态和动态设计问题，而且是解决车辆结构部件的振动疲劳的必要条件。人们更需要彻底了解有限元分析在结构疲劳中的作用。这里列出了有限元建模中经常使用到的单元类型，如图 4.1 所示 [7]。

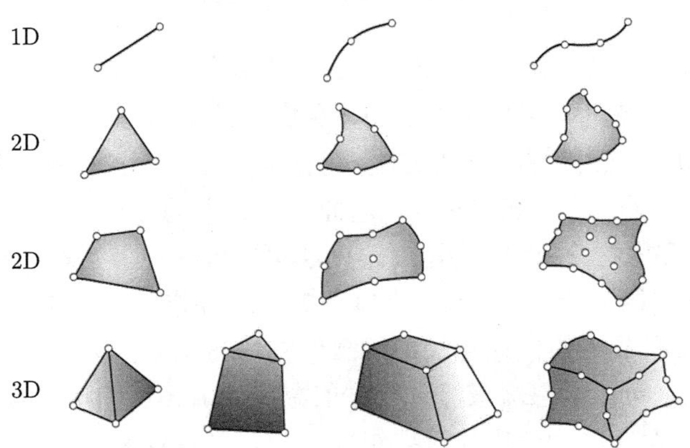

图 4.1　有限元建模过程中经常采用的单元类型 [7]

随着计算机技术和各种数值计算方法的进步，任何车辆新产品的诞生，已经不仅仅局限于某个特定的研究领域或者某个单独学科。基于多体系统为核心的车辆结构疲劳寿命预测及多学科优化设计与分析技术已经成为一种未来车辆学科设计的必然趋势。已经有诸多工程应用实例文献表明，这些分析技术不应该仅仅在产品的后期阶段才发挥作用，应该在物理样机的制造之前和制造过程中，以及产品的制造后期阶段全程参与新产品的设计和制造。简单地说，多体系统动力学分析和有限元分析应该尽可能早地应用于产品的开发早期阶段，它们也是新产品的核心工具之一。

以高速列车为例，新一代的高速列车的车辆结构需要在实现高速化的同时，还要满足轻量化、低噪声、环保生态、确保结构安全可靠等严格的技术要求。轨道车辆结构大致可分为车体和转向架 (包括构架和轮对等) 两大部分。在其结构强度、疲劳特性和寿命评估中，有限元法有着极为重要的作用，比如车体结构的结构强度及安全性，不仅需要考虑车辆结构的变形和在惯性载荷与支反载荷等复杂载荷环境作用下的结构强度 (静强度和动强度) 和刚度 (静刚度和动刚度)，以及柱、板的压曲强度，还有必要考虑到高速列车车辆结构在气动载荷作用下的结构疲劳强度问题，比如车体结构在进出隧道前后车内外气压差作用下的静强度和由其交变载荷作用引发的结构的振动疲劳强度。将有限元分析技术和其他学科的分析技术结合在一起，在车辆新产品的研发早期阶段就可以开展车辆结构关键部件的疲劳寿命预测和真正的多学科优化设计等 [8]。

4.2 有限元法的基本原则

由于有限元法具备解决结构和非结构问题的优点，其在工程结构分析领域应用广泛。在车辆结构疲劳设计和寿命预测过程中，人们需要根据车辆结构疲劳分析问题的特点，需要作出一些假设和基本要求，以便合理地建模与分析，同时利用分析结果验证、修改和指导车辆结构疲劳设计的细节修改。显然，车辆结构的物理模型的简化需要尽可能准确和合理，尤其是物理力学模型与数学模型的建立，主要是为有限元疲劳分析提供原始数据，更需要遵循有限元法的基本原则。一般来说，尽管有限元分析需要考虑的原则比较多，但是建模单元和网格的选择直接影响着有限元模型的计算规模和分析的精度，保持计算结果的精度和控制有限元模型的规模是有限元分析的首要原则。

对于车辆结构疲劳寿命预测分析而言，寿命预测结果的准确性对于应力结果是非常敏感的。人们需要掌握车辆结构部件的整体或者局部区域的应力、应变时间历程，以便保证结构疲劳设计的准确性和车辆结构的寿命预测精度。对于车辆结构动应力的计算将在第 5 章进行详细阐述。大多数基于有限元疲劳分析软件，几乎均允许施加在载荷时间历程进行因子缩放和叠加。而利用有限元模型产生的应力计算结果，包括最大主应力、Von Mises 应力 (又称等效应力)、Tresca 应力等，均可以用来确定结构模型上每个单元或节点处的疲劳寿命。在研究结构塑性问题时，有两个非常重要的理论，第三强度理论 (也称为 Tresca 屈服条件) 和第四强度理论 (也称 Mises 屈服条件)，虽然在应用上，第三强度理论较为方便，但是第四强度理论较第三强度理论有更为精确的结果。基于准静态应力分析方法计算结构动应力的公式可以用公式 (4-1) 进行应力叠加求和计算 [9]。

$$\sigma_{ij}(t) = \sum_k P_k(t) \left(\frac{\sigma_{ij,k}}{P_{k,\text{fea}}} \right) \tag{4-1}$$

其中，$P_k(t)$ 表示力–时间关系，$P_{k,\text{fea}}$ 表示的是产生静载荷情况下力的大小，$\sigma_{ij,k}$ 表示在加载 k 作用下点 ij 的静态应力。

基于多体动力学和有限元分析进行车辆结构部件 (车轴) 的疲劳环境，可以简单地如图 4.2 所示。该图表明车辆结构部件的疲劳寿命预测的三要素 (材料数据、结构几何特征及有限元分析结果、服役载荷信息)。

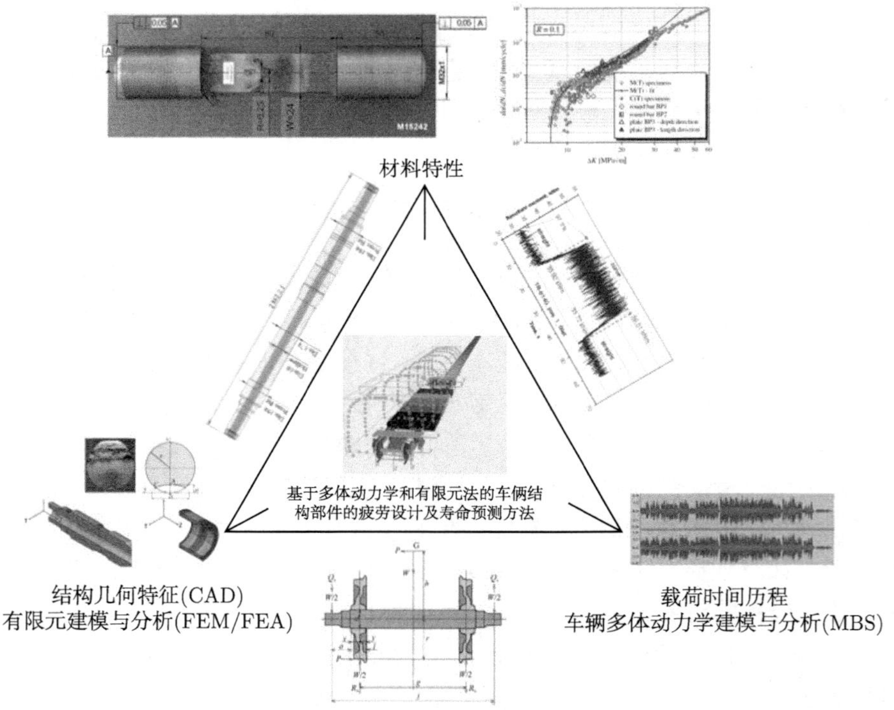

图 4.2　轨道车辆结构 (车轴) 有限元分析的疲劳环境 [10,11]

4.2.1 建模基本原则

建立准确和可靠的有限元计算模型，是利用数值仿真算法解决车辆结构工程问题过程中一项最为重要的工作。它关系到疲劳寿命预测过程中动应力计算结果的正确与否。首先，车辆结构往往是非常复杂的，结构部件几何形状特征各异，载荷边界约束条件和作用载荷变化多端等。这就要求在建立有限元计算模型的过程中遵循一定的原则。比如需要根据相应的结构疲劳强度设计标准，针对具体的结构模型进行必要的结构特征简化。没有这种简化，车辆结构的有限元计算往往变得异常困难，甚至是不可能的。然而这种简化的结果，使得计算模型只能近似地反映工程实际问题，或者说计算模型在不同程度上都具有一定的近似性。一般来说，这种计算模型模拟工程实际问题所带来的误差要比有限元法本身的计算误差大得多。有限元分析结果的准确性主要是取决于计算模型的准确性。有限元模型应该满足以下两条基本分析原则 [12]。

(1) 保证网格精度原则。有限元模型要必须能够准确反映车辆结构部件的实际服役载荷状况。既要考虑形状与结构的一致性，又要考虑支承约束情况及边界条件的一致性，还要考虑载荷与实际情况相一致。

(2) 控制网格规模原则。复杂精细的有限元模型一般具有较为准确的计算结果，但相应地会增加计算机前处理的计算工作量，这是因为形成结构单元质量矩阵和刚度矩阵等数据处理需要耗费大量的计算机机时，极大地增加计算成本。特别是对复杂车辆结构部件进行有限元建模和分析时，一定要考虑模型的规模大小。有限元模型的精度和规模是互相矛盾的，根据工程实际问题的具体要求，在保证精度的前提下，适度减少模型的规模是必要的，它可以在有限的条件下使有限元分析的计算效率得到提高。

4.2.2 模型简化方法

模型简化方法主要遵循原始结构的主要力学特性为前提，要求每个模型与实际结构之间的几何类型和力学特性基本一致。简化的程度取决于结构分析的不同目标。以轨道车辆的车体结构为例，在车辆结构概念设计阶段，只需要建立车体结构相对比较简化的有限元模型，网格可以粗糙一些，可以将一些局部细节结构略去。在结构详细设计阶段，为了理解和掌握整车的结构强度、刚度、局部的应力应变水平、各阶振动固有频率和振型等具体性能指标时，则需要建立更为详细的有限元模型，对车体各个复杂结构要慎重恰当地简化，对所要分析的性能指标有重大贡献的结构要尽量保留；在结构物理样机制造阶段，为了验证计算和实测结果，需要更为详细的结构有限元模型，比如，考虑各种安装设备的振动影响及隔振设计要求等 [12]。

一般来说，结构有限元分析主要是计算结构应力/应变分析、模态分析和刚度分析。结构的强度分析又分为静强度与动强度分析等；结构的刚度分析分为静刚度和动刚度分析等。在结构振动疲劳研究中，需要掌握结构动应力的计算方法 (在本书第 5 章详细介绍结构动应力计算方法)。在静态分析过程中，强度分析是一项必要的条件，即通过有限元分析来校核车体的静强度和静刚度，这就需要对结构有限元模型进行一些定义和简化。而在结构振动疲劳研究中，人们还需要计算结构的动强度和动刚度问题。

下面以某型动车组的车体结构的强度计算为例说明 [12]。

(1) 车体结构主要分为底架、侧墙、顶棚和端墙结构几个主要部分。由于这些结构的主体部分大量采用三明治夹层结构形式，其截面形状在有限元建模过程中需要进行适当的简化。考虑到算例中车体为铝合金挤压型材焊接而成，各型材均为 3mm 左右的薄板组成，为了保证计算精度，采用壳单元 shell63 来模拟，在离散结构时对 shell63 定义相应的实常数表示板壳的厚度。对于在中间隔板与上下板相交时有厚度增加的地方，视为相等的尺寸厚度，符合处于结构安全设计标准的要求。

(2) 因为非承载的结构小部件对整车结构的强度和刚度、变形和应力分布影响很小，可忽略不计。

(3) 简化模型中一些细小倒角和圆角。如果结构本身尺寸较大，对于对结构强度没有明显影响的、因为制造工艺的原因而增加的倒角和圆角，可简化为直角形式，这可以降低划分网格时的困难。

(4) 结构部件的表面光顺化。构件表面上的孔、台肩、凹部和翻边等尽量进行圆整光滑处理。当然，但有些孔和洞等小的细节对车体结构强度有明显削弱的，此时应加以考虑。

(5) 对各种结构的交叉点和临近节点作适当简化。对于两个靠得很近而又不重合的交叉连接点，则可考虑简化为一个节点来处理。

4.2.3　附件质量模拟

由于车辆关键结构部件的附属配件种类繁多，形状、大小、重量、材料、连接方式各异，在建立有限元模型时，需要在结构模型上进行一些附件质量的模拟，一般通过质量单元来描述。以车体结构为例，它是高速列车车辆结构的主要承载结构，需要安装车下吊装设备 (比如变流器、变压器、废排系统等)、空调设备、座椅、客室门、窗户、电缆数据线等。对于这些附件质量需要进行等效模拟。模拟采取以下两种方法：一是以配件重量为基准增加板厚，使钢板增加的重量等于配件重量；二是以质量单元的方式施加在相应节点上。常用形式主要是采用第二种方法来添加车体附件的质量 [12]。

(1) 车下吊装设备。其质量较大，一般为设备与车体为刚性连接安装，需要将其质量分成若干份，通过刚性连接施加在其相应安装位置；

(2) 对于座椅等地板附属设备及乘客，采用分布质量的形式，施加在地板相应位置的节点上。

4.3 有限元分析在车辆结构疲劳的作用

在车辆结构疲劳分析领域，有限元分析的主要作用，可以理解为是为了准确获得车辆关键结构部件在载荷作用下的应力和应变分布。对于结构应力分析的问题，人们一直寻求确定结构在处于平衡状态下，外载荷作用下的整个结构的位移 (变形) 和应力状态。由于结构的复杂性，很多结构部件很难用常规的数值方法确定变形分布，这就需要使用以变分原理为基础的有限元法 [13]。

由于结构共振失效破坏是很多车辆系统结构疲劳失效的主要原因之一。这就需要理解结构的固有振动特性 (固有频率、振型、阻尼成分的影响) 以及外界载荷的幅值大小 (包括结构动应力) 和频率成分之间的关系。利用有限元法，可以从动态设计的角度理解车辆结构的垂向和横向弯曲、扭转等振动频率设计是否符合相关的结构设计标准等。利用有限元分析，人们可以了解轻量化设计后的车辆结构强度和刚度设计是否合理等。利用基于多体动力学仿真技术和有限元分析混合模拟方法，人们可以很好地理解整车车辆结构的振动特性 (比如，考虑车辆系统的各种动力学参数设计是否合理，悬挂系统的刚度、阻尼参数是否匹配优化等) 以及车辆系统在随机轨道不平顺激励的振动频率成分和结构部件疲劳之间的作用机理。利用“基于多体动力学的多学科疲劳优化设计”方法，人们已经可以有效地获取车辆关键结构部件的疲劳设计载荷。这些因素都表明，有限元分析在现代轨道车辆结构的疲劳优化设计中，已经成为必不可少的设计环节，也是未来车辆结构新产品研发的必要工具。

在结构疲劳寿命预测和耐久性分析中，为了有效控制疲劳破坏对车辆关键部件的强度影响，需要对其进行大量的台架疲劳试验和整车耐久性试验，不仅试验费用高、周期长，且很多结构疲劳现象多数出现在物理样机制造之后，对早期设计阶段的产品疲劳设计的寿命预测存在滞后性。而通过虚拟样机的有限元疲劳分析技术，则可以在产品设计初期对整车的耐久性和寿命进行预测，找到关键结构的薄弱环节。通过提出耐久性设计改进措施，不仅可以缩短产品的开发周期，而且可以在某种程度上降低结构和材料试件的疲劳试验次数。有限元分析对于结构疲劳分析过程中的作用，不仅在于动应力的获取 (包括时域和频域的动应力分析)。而且可以对结构固有特性进行分析 (模态分析)、考虑结构的柔性影响 (子结构分析) 和结构优化等。在物理样机制造的不同阶段，利用有限元分析方法了解车辆结构固有特性 (主要频率成分) 均有着极为关键的地位。

正是由于有限元分析在车辆结构疲劳设计中，主要作用在于其对结构应力或应变历程进行分析，并通过名义应力法或局部应变法进行结构疲劳强度设计和寿命预测分析，因此在结构疲劳强度和寿命预测中得到广泛应用，可以有效预测结构裂纹的萌生、扩展和断裂问题 (包括利用非线性有限元分析方法研究与裂纹扩展相关的问题)。利用有限元分析既可以为结构疲劳分析提高参考的数据，又极大地降低结构和材料的疲劳试验费用 [13]。

由于车辆的疲劳载荷多数是随机动载荷，根据载荷和应力分析类型的不同，结构的疲劳寿命评估可以分为时域和频域两种方法。时域方法主要包括准静态疲劳分析方法 (简单)、瞬态动力学疲劳分析方法 (复杂)；频域方法主要包括谐响应疲劳分析方法 (简单) 和随机振动疲劳分析方法 (复杂)。不同方法有不同的计算效率和适用范围，对疲劳寿命预测和耐久性分析问题应该根据车辆关键结构部件所承受的载荷及其动态特性不同，判断并选择正确的疲劳分析方法。如果结构的一阶固有频率远大于载荷频率，可采用静强度疲劳分析方法；如果结构的固有频率与载荷的频率接近需采用动态疲劳分析方法。实际上很多文献已经表明，对于在随机载荷作用下的车辆关键结构部件，需要采用随机动载荷作用下的结构振动疲劳分析方法。对于多数机械结构的疲劳分析过程而言，其基本过程主要基于三种标准寿命估算方法，即应力–寿命方法、应变–寿命方法、裂纹扩展方法 (断裂力学方法)。其他寿命预测模型分类还包括振动疲劳、单轴疲劳、多轴疲劳和焊接疲劳等。

本书的研究重点主要是现代车辆结构振动疲劳的计算方法，特别是如何利用多体动力学和有限元法预测车辆结构的疲劳寿命和进行耐久性分析。在这里主要阐述一下现代车辆结构的疲劳寿命预测中有限元分析的主要作用及进行其重要性。有限元法在结构疲劳寿命预测中主要作用包括三点：

- 利用疲劳分析过程中的动应力计算方法 (时域和频域法)，车辆结构有限元分析在疲劳寿命分析中的最大的作用就是可以利用相应的结构动应力计算方法 (时域和频域法) 获得结构动应力时间历程 (计算结构动应力方法主要在第 5 章介绍)；
- 利用有限元分析可以获得结构的固有频率特性 (具体是通过模态分析获得结构的固有频率、振型、阻尼等)；
- 利用有限元法考虑结构的弹性影响，比如，在有限元模型中，利用子结构分析和模态叠加方法 (利用子结构分析和超单元技术) 的计算结果应用到车辆结构的刚柔耦合动力学模型中，很好地理解了考虑结构弹性影响的车辆动力学特性和结构疲劳寿命之间的作用机理。特别是基于上述方法，可以判断外界激励载荷和车辆结构是否存在共振效应下的疲劳破坏问题的可能性。

除了对车辆结构的关键部件的有限元模型施加必要的约束边界条件外，其外载荷时间历程主要是从车辆多体系统的动力学仿真获得。采用的具体方法是根据不同的载荷工况中选择合适的节点数，耦合后施加单位载荷，保证结构部件在承受单位载荷作用时受力均匀。这样便于进行准静态应力法分析，以及和多体动力学仿真计算的动载荷时间历程相互相乘叠加计算车体结构的应力历程。为了考虑结构的弹性影响，同时对车体结构进行模态分析和子结构分析，前者主要是提取车体结构关键模态，便于研究结构模态在计算应力历程中的影响和识别危险区域，后者主要是为了便于在 FEMBS 中考虑柔性车体的影响。

图 4.3 是某型动车组车体结构的有限元模型。图 4.4 和图 4.5 分别是某型动车组动车构架和拖车结构的几何模型与有限元网格模型 [12,15]。

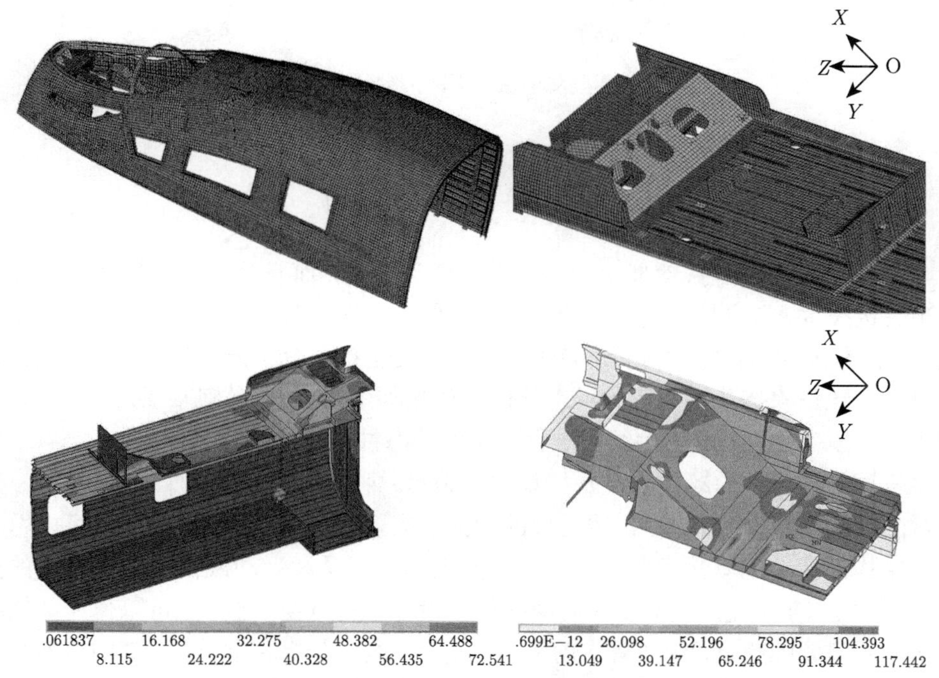

图 4.3 某型动车组车体结构局部模型和有限元分析结果 [12]

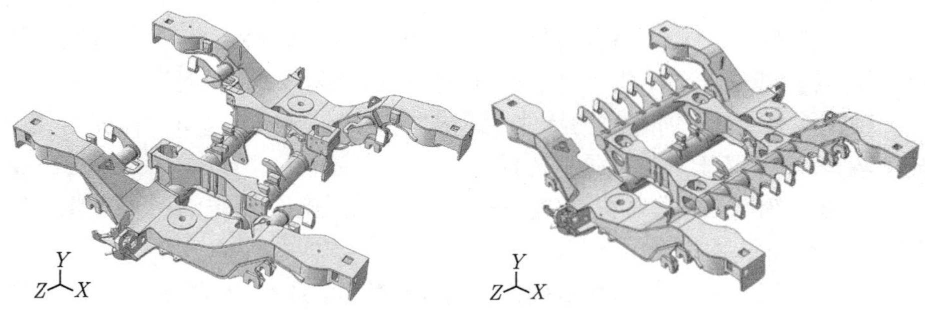

图 4.4 某型动车组动车构架的几何模型 [15]

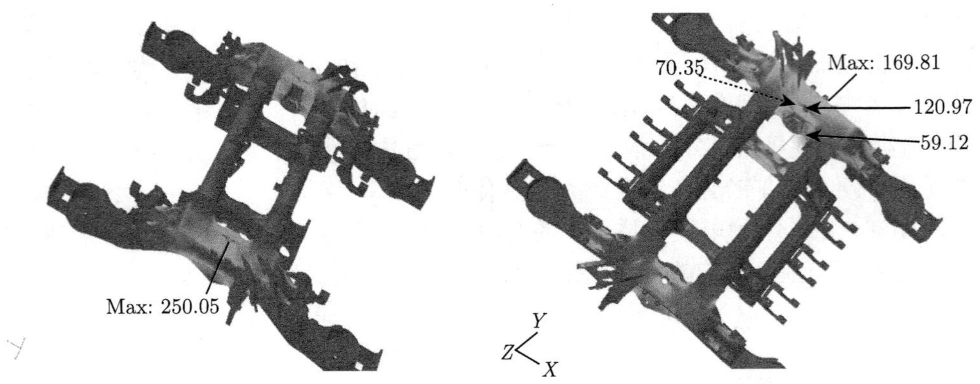

图 4.5 某型动车组构架的部分计算结果 [15]

4.4 结构模态分析

模态分析不仅是振动理论的一个重要学科分支，而且是研究结构动态设计的一项关键技术。它也是研究结构动力学特征的一种近代数值方法。以振动理论为基础，以模态参数为目标的分析方法称为模态分析。根据分析方法的不同，模态分析可以分为理论模态分析和实验模态分析。模态分析结果，具体包括模态频率、振型和阻尼等模态参数，对被测结构进行直接的动态性能分析 [16]。

机械结构系统的动态特性是指系统随频率、刚度、阻尼变化的特性，既可以用频域的频响函数描述，也可以用时域的脉冲响应函数描述。模态分析通常可以用来确定结构部件的固有频率和振型。固有频率和振型是承受动载荷结构设计中的重要参数。模态参数是主要承受动态载荷结构设计中的重要参数，也可以作为其他动力学分析问题的起点，例如瞬态动力学分析、谐响应分析和谱分析，其中模态分析也是进行谱分析或模态叠加法谐响应分析或瞬态动力学分析所必需的前期分析过程。同时，模态分析是刚柔耦合动力学建模中的必要条件之一 [17]。

算例中主要以有限元软件为主，进行结构模态分析。该有限元软件能对有无预应力的结构部件进行模态分析和循环对称开展结构模态分析。其不仅可以对结构进行整体结构的模态分析，也可以进行对称结构的模态分析。但是其模态分析模块属于一种线性分析。任何非线性特性，如塑性和接触 (间隙) 单元，即使定义了也将被忽略。其提供了七种模态提取方法，分别是子空间法、分块 Lanczos 法、Power Dynamics 法、缩减法、非对称法、阻尼法和 QR 阻尼法。阻尼法和 QR 阻尼法允许在结构中存在阻尼 [18−20]。

正如前面所说，应用模态分析确定结构固有特性，选择最有效的模态提取方法是关键的一步。有限元分析软件，如 ANSYS，Nastran 等著名商业软件都提供了各种模态提取方法。Lanczos 方法是目前被用来作为缺省的模态提取方法。除此之外，车体结构的单元应力 (也称为模态应力) 也在结构模态分析的同时被提取。去除前 6 阶刚体模态，表 4.1 列出了该型机车车体结构前 10 阶的模态分析结果。图 4.6 是某型机车车体结构的模态分析的主要振动模态的分析结果 [21]。

表 4.1 某型机车车体结构的模态分析结果

模态阶数	频率/ Hz	振型	相对位移/m
1	6.1201	一阶扭转	0.017541
2	10.699	一阶垂弯	0.026175
3	11.340	一阶横弯	0.034997
4	16.211	局部振动	0.174782
5	16.421	局部振动	0.174453
6	17.054	二阶横弯	0.045226
7	18.377	局部振动	0.554145
8	18.618	二阶垂弯	0.027843
9	19.023	二阶横弯＋局部振动	0.68978
10	20.955	局部振动	0.188448

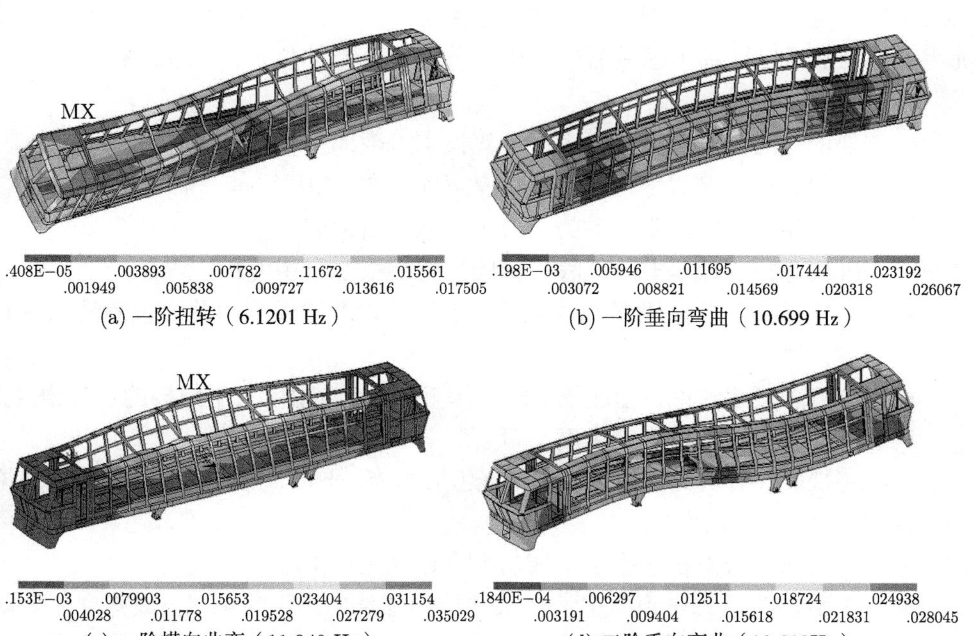

(a) 一阶扭转（6.1201 Hz）

(b) 一阶垂向弯曲（10.699 Hz）

(c) 一阶横向曲弯（11.340 Hz）

(d) 二阶垂向弯曲（18.618Hz）

图 4.6 某型机车车体结构模态分析结果

4.5 子结构分析

子结构分析方法理论比较多，这里主要简单介绍利用有限元分析生成子结构的基本方法。部分理论可以参见 3.3.2 小节的子结构方法。子结构分析一般包括三个步骤：生成部分、求解使用和扩展部分。生成部分就是将结构有限元模型的一些普通单元凝聚成一个超单元。超单元可以使得求解的运动方程的自由度总数以及形成的质量和刚度矩阵的规模极大缩减，节省有限元分析的计算时间，提高计算效率。凝聚的方法主要是通过定义一组主自由度 (Master DOF) 来实现。主自由度用于定义超单元和其他单元之间的边界，从而提取模型的动力学特性。求解使用部分，就是将超单元与模型整体相连进行分析的部分。扩展部分，从凝聚的结果开始计算超单元的所有自由度，如果在使用部分就有多个超单元，对于每个超单元都要进行一个独立的扩展过程。一般来说，有限元分析程序，常用 Guyan 缩减法计算子结构模型的缩减矩阵。该方法的特点是，假设在低频振动区域，缩减了自由度的子结构模型的惯性力和主自由度传递的力相比较可以忽略，结构总质量会自动分配到主自由度上面，最终缩减的结果可以首先保证刚度矩阵的准确性，而缩减的质量矩阵和阻尼矩阵是近似的。当然，选择主自由度在子结构分析中是非常关键的因素，准确程度取决于缩减后的自由度数量和分布的位置。选取的基本原则如下 [17−21]：

- 选取的主自由度总数至少大于计算模态阶数的两倍以上；
- 选取主自由度应该尽可能包括所有运动方向，并尽可能分布均匀；
- 在车辆结构可能发生振动的方向上选取主自由度；
- 在外力作用点或是非零位移约束的位置选取主自由度；
- 在集中质量和转动惯量比较大，而刚对又相对比较小的节点位置选取主自由度；
- 耦合自由度或约束自由度集中时，选取主节点自由度为子结构的主自由度；
- 在主变形方向选取主自由度；
- 在将要获得计算结果的节点位置 (包括弯曲、平移、扭转变形或应力应变位置) 选取主自由度；
- 对于轴对称模型在平行于轴线的节点选取主自由度；
- 在车辆多体动力学模型中考虑某种结构部件的柔性影响时 (或建立刚柔耦合动力学模型时)，需要将在刚柔耦合模型中的铰接位置和力元连接点的位置选择为主自由度 (如果在多体动力学铰接和力元连接点的位置，有限元模型没有节点，需要考虑在有限元模型中做出辅助节点，并将其选择为主自由度)。

一般来说，除了人工手选主自由度之外，还需要计算机的自动选择主自由度的辅助功能，只要保证上述的子结构主自由度选择的基本原则，就可以获取一个较为满意和准确的子结构模型。实际上，对于多数车体结构，有时需要考虑其弹性变形的影响。除了在多体动力学仿真中需要将车体与其他刚体之间的连接点 (铰接点和力元连接点等关键位置) 定义成主自由度外，还可以利用计算机的主自由度自动选择的功能进行其他主自由度的选择。不过从超单元凝聚生成的子结构效果来看，自动选择主自由度定义的超单元所生成子结构的效果有好有坏，需要反复测试。

图 4.7 表示某型机车车体缩减后的超单元子结构模型。可以发现，根据缩减后的子结构的模态分析结果比较，主自由度数越高，缩减后的模型精度也越高；反之，越低。

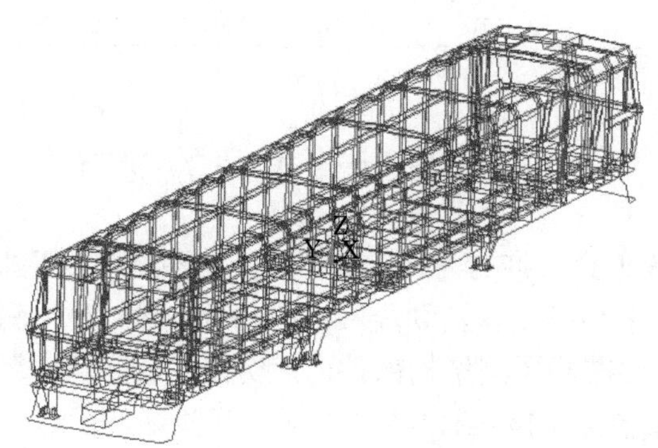

图 4.7 某型机车车体的子结构模型 (600 自由度)

缩减后的子结构的模态分析结果比较见表 4.2。

表 4.2 子结构缩减后频率的比较 [21]

模态阶数	缩减前频率/Hz	缩减后频率					
		主自由度数 (1000)		主自由度数 (800)		主自由度数 (600)	
		频率/Hz	误差/%	频率/Hz	误差/%	频率/Hz	误差/%
1	6.1201	6.105	−0.2467	6.1667	0.7614	6.1831	1.0294
2	10.699	10.698	−0.0093	10.790	0.8505	11.167	4.3742
3	11.340	11.334	−0.0529	11.155	−1.6314	12.053	6.2875
4	16.211	16.208	−0.0185	16.341	0.8019	16.177	−0.2097
5	16.421	16.419	−0.0122	16.593	1.0474	16.598	1.0779
6	17.054	17.047	−0.0410	17.043	−0.0645	17.003	−0.2991
7	18.377	18.012	−1.9862	18.015	−1.9699	18.053	−1.7631
8	18.618	18.390	−1.2246	18.453	−0.8862	18.379	−1.2837
9	19.023	18.953	−0.3680	18.979	−0.2313	19.125	0.5362
10	20.955	20.960	0.0239	21.048	0.4438	21.137	0.8685

续表

模态阶数	缩减前频率/Hz	缩减后频率					
		主自由度数 (1000)		主自由度数 (800)		主自由度数 (600)	
		频率/Hz	误差/%	频率/Hz	误差/%	频率/Hz	误差/%
11	21.003	21.011	0.0381	21.370	1.7474	21.823	3.9042
12	24.414	24.426	0.0492	24.514	0.4096	22.211	−9.0235
13	24.620	24.618	−0.0081	24.924	1.2348	24.422	−0.8042
14	24.704	24.709	0.0202	24.741	0.1498	24.850	0.5910
15	28.214	28.219	0.0177	28.227	0.0461	28.243	0.1028
16	28.276	28.272	−0.0141	28.271	−0.0177	26.439	−6.4967
17	28.399	28.281	−0.4155	28.325	−0.2606	28.077	−1.1338
18	28.410	28.406	−0.0141	28.581	0.6019	28.352	−0.2042
19	28.510	28.841	1.1610	28.614	0.3648	28.404	−0.3718
20	28.517	28.510	−0.0245	29.811	4.5376	29.107	2.0689

4.6　有限元建模中的细节

当利用有限元模型进行疲劳寿命计算时，保证预测精度是非常重要的。有限元建模过程中，结构的细小变化以及划分网格的精细程度，对预测结构动应力均有相当大的影响。另外，要准确预测结构部件的疲劳寿命，仿真计算获得的结构动应力需要和实际线路测试过程的动应力结果进行相互验证，否则很难保证预测结构疲劳寿命的准确性，且其有限元计算结果需要在针对动应力测试相关结果进行修正。假定结构同样的动应力测试至少进行两次，有可能会得到两种不同的结果。另外一种经验说法是，从动应力测试或有限元应力分析中获得的应力结果，若是试验中的 1~2 倍，有可能会得到相同的寿命预测结果 [12,18−21]。

在进行结构疲劳寿命计算时，必须对结构模型的尺寸效应有个正确认识。另外，车辆结构部件施加的载荷边界条件对疲劳寿命影响较大，而且取决于外部载荷的不同类型，是周期性载荷还是随机载荷。载荷的类型可以是力、位移、速度、加速度等。假设加载的载荷幅值变为 2 倍，线性关系存在且强调双倍应力，疲劳寿命会发生什么？这就十分有必要理解材料疲劳的 S-N 曲线。例如，一个典型的铝材结构部件的疲劳材料斜率，假定系数 $b = 10$，在这种情况下，如果施加荷载增加了 1 倍，疲劳寿命将会发生极大变化，有可能导致结构突然破坏或寿命误差接近 1000 倍 (约 2^{10}=1024)。这说明，结构应力的细微变化都会极大地影响着疲劳寿命预测的准确性。

就车辆结构的疲劳寿命预测的准确性问题，结构疲劳寿命的计算依然会受到前面提到的寿命预测 3 种关键因素 (材料特性、载荷时间历程和结构几何特征设计) 的影响。首先，有限元建模和划分单元网格尺度微小变化均可能会对疲劳寿命的预测精度产生很大的影响；其次，载荷工况的合理选择和加载方式的很小改变，也可能会导致疲劳寿命的大变化；最后，在台架结构部件的疲劳测试中，即使部件受到相同载荷谱的作用，也可能会出现不同的结构部件疲劳寿命，也就是说，现实中影响车辆结构疲劳寿命的因素很多，要完全准确获得结构疲劳寿命几乎不可能的。其实，目前结构疲劳寿命预测，只能采用一个相对公认的结构疲劳设计标准进行寿命预测结果分析，和动应力实验结果进行相互比较，且可以通过结果的可靠性和鲁棒性分析实现寿命预测结果的稳定性。同样，还可以根据不同的加载方式进行比较和优化。

4.6.1 建模细节与注意

根据不同的结构设计目标，有限元分析意图不同的时候，有限元建模与分析的具体过程也是完全不同的。对于车辆结构疲劳分析而言，显然，寿命预测结果对仿真计算得到的动应力和动应变的计算精度是十分敏感的。比如，有限元模型与实际结构物理模型相比，容易忽略现实工程结构中在表面局部塑性变形区和不连续的表面半径处的集中应力。这是因为有限元模型的建模细节的简化，也许会忽略有可能存在的应力集中因素。经过简化的有限元模型的几何特征也会因为模型简化措施的不同而出现不同的应力计算结果。有限元建模中需要关注很多技术细节，需要注意如下几点 [12−18]。

(1) 有限元模型必须要能准确描述结构部件的物理特性和材料特性。结构疲劳强度和寿命预测分析，有时需要通过子结构模型或更细化的有限元模型描述，比如，通过高阶单元，可以更准确地描述结构部件的复杂的几何外形。

(2) 根据典型的载荷工况，准确施加外部载荷和约束等边界条件，且准确地表达这些外部载荷和约束。显然，边界条件中施加载荷和约束的不准确性或者细微变化均可能会对结构有限元模型的应力和变形的计算结果产生较大的影响。

(3) 结构有限元建模中，板壳单元的选择必须谨慎。只有符合板壳处理的结构才需要使用板壳单元处理 (板的厚度尺寸与长宽尺寸的几何特征相比很小)。另外，根据有限元模型中对各种特定单元的不同假设，即使是著名的有限元软件包，如 ANSYS，Nastran，ABAQUS 等，其求解器也不可能求解所有的力学分析问题，而是各有优势和局限性。壳单元有其适应的局限性，比如并不适合非平面的应力应变计算 (包括 Von Mises 应力和最大主应力等)。

(4) 单元的选择是非常重要的，直接决定产生精确的网格节点的应力和应变。疲劳裂纹的分析通常始于单元的自由表面和边缘。一般来讲，使用高阶单元比低阶单元可能会取得更好的计算结果。这是因为高阶单元可以更好地描述细微的结构几何特征。但是也会导致计算规模变大。

(5) 在理想情况下，应该将网格精细化。但是即使模型的网格再进一步细化，其实对结果的影响不是很大。划分网格的标准只要满足可以分析结构的局部应力和应变就可以了，而不必要求满足全局的刚度。在一些不重要的区域，其实并不需要对网格过度细化。在这些区域，只要保证网格的质量满足力的传递就可以。

(6) 网格划分过程中应尽量减少三角形和楔形单元，应考虑合适的比率。不同类型的单元和不同厚度的壳单元之间联接的影响需要认真加以考虑，因为这些地方有可能导致结构应力不连续的产生。

(7) 在尽可能的情况下，将有限元分析的应力结果通过实际测量结果进行比较验证，或者通过静态变形与实测值进行比较。

(8) 建模过程中，如果出现间歇单元 (Gap Elements)，一定要及时处理，否则会导致错误的计算结果，特别是进行瞬态动力学分析时更要谨慎使用。瞬态动力学分析可以看成是一个载荷步分析。尽管在瞬态分析时，不可以直接使用准静态应力的方法，但是在非线性的载荷步分析过程中，有时需要利用间隙单元的模拟接触问题 (主要用于定义两个节点之间的接触，节点可以处于接触状态，或在特定方向上满足分离条件时处于分离状态)。因此，所有的外载荷需要同时施加到相同的结构疲劳分析过程中，这样产生的应力时间历程才可以反映真实的结构动应力情况，以便进行结构疲劳寿命预测。

(9) 关于结构几何特征建模时，应该注意对圆角、倒角和过渡圆弧的处理。尤其是这些结构表面几何特征的建模网格在光滑过渡处理时，应该尽可能避免应力集中和发生不可接受的突变。现实过程中，结构部件的局部塑性区域，以及结构表面的过渡圆弧的不连续处容易产生应力集中。应力流线由于几何形状突变导致结构应力集中区域发生，需要进行圆角等光滑处理措施，应力集中区域和圆弧过渡区域的应力流如图 4.8 所示。

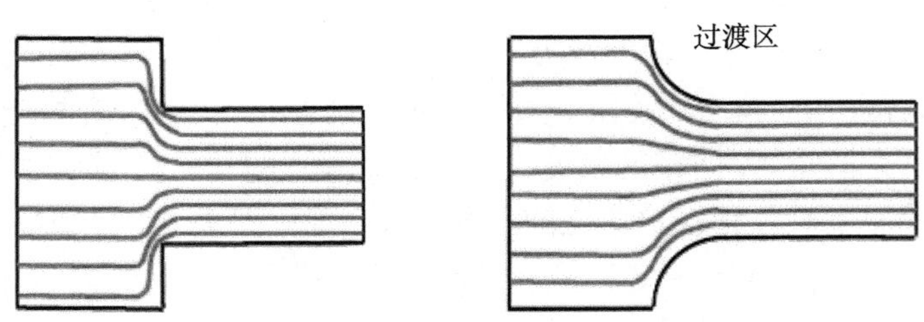

图 4.8　应力流在结构应力集中区域容易发生突变 [12−18]

(10) 在建立三维模型时，如何处理模型的一些边缘细节。为了准确进行疲劳寿命分析，需要准确处理结构的有限元三维建模的边缘细节。通常是人们在建模时需要采用常规的工程经验判断。根据经验考虑删除一些对结构影响不大的三维建模的边缘细节，同时又必须要保持那些关键的建模细节。至于建模时采取哪些措施，和需要保留的结构部件功能相关。这些措施可能包括结构内部细节，如内圆角、缺口和小孔的处理等。如果一些细节处理起来不可行，比如一些大型的结构有限元模型，且它们又必须要考虑如何简化细节处理，包括疲劳分析中的网格离散更正，就必须考虑结构疲劳分析中的应力集中的影响，将局部网格进一步细分，以便更好地理解结构局部应力集中因素的影响。

4.6.2 节点应力与单元应力

在车辆结构疲劳寿命预测过程中，人们会遇到一个很重要的技术问题，即选择结构部件的何种应力值比较合适，是选择节点应力还是单元应力，二者之间的区别是什么？一般来说，利用有限元法求解结构应力值时，初始解是节点变形量，然后根据节点变形量利用形函数方程求出单元应力。在结构有限元模型中，同一个节点周围一般存在若干个单元。这些单元应力的均值就是该节点的应力值。简单总结之，结构有限元数值计算的初始解通常都是节点变形量，然后通过形函数方程求出单元应力值，最后求解节点应力值 [18]。

人们在进行结构疲劳强度设计和寿命预测时，需要考虑模型的应力值，但是会考虑在结构有限元模型中相邻位置的节点应力或单元应力，是否应该取其均值的问题。实际情况中，结构疲劳破坏通常是由节点的峰谷值应力变化引起的，应该采取措施避免简单使用节点或单元的平均应力处理方式，否则容易降低应力峰值对实际结构疲劳寿命预测的影响 [18]。

根据文献 [18]，目前处理疲劳寿命中应力的一些方法有

(1) 采用节点位置相邻的节点的应力平均值，如图 4.9(a) 所示；

(2) 采用如图 4.9(b) 显示的内部单元的高斯应力值 (采用数值积分中的高斯积分公式可以提高单元应力计算精度)；

(3) 采用非均值化节点应力值 (有时被称为单元节点)，在这些位置，直接使用每个节点或单元的应力值。

一般情况下，为了保留节点的峰谷值的应力值，非均值化的节点应力或单元应力经常用节点或单元的平均应力或者应力高斯值代替。单元高斯应力值通常是偏离单元应力峰值的，也经常被低估 (有限元分析中，数值计算时，选择的积分点一般是高斯积分点，主要是由于这些点的收敛性好，精度高)。假设，存在一个 3D 单元的情形如图 4.9(b) 所示，在峰值应力表面形成了一个表面单元应力。在几乎所有的实际情况中，峰值应力将是局部位置的一个最大值，而在结构疲劳寿命评估时单元的高斯应力值将始终提供相对较低的应力值。如果是节点应力平均值，那么这些节点 (即使在应力峰值位置) 将永远不会显示。出于这个原因，在疲劳寿命评估过程中，一般尽量避免直接采用单元高斯应力值或直接采用节点或单元的平均应力，尽可能采用非均值化的节点应力分析结果。

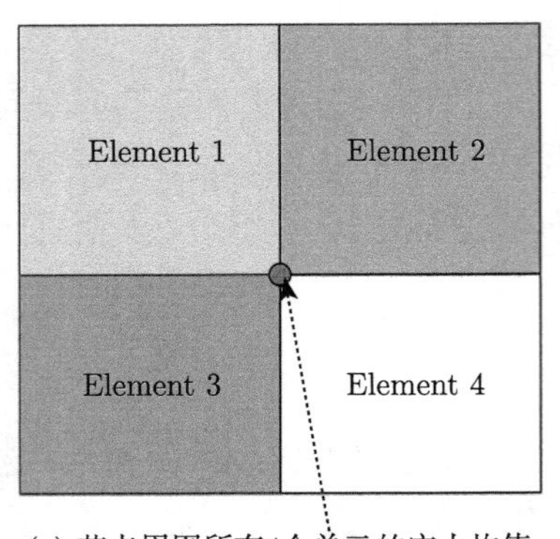

(a) 节点周围所有4个单元的应力均值

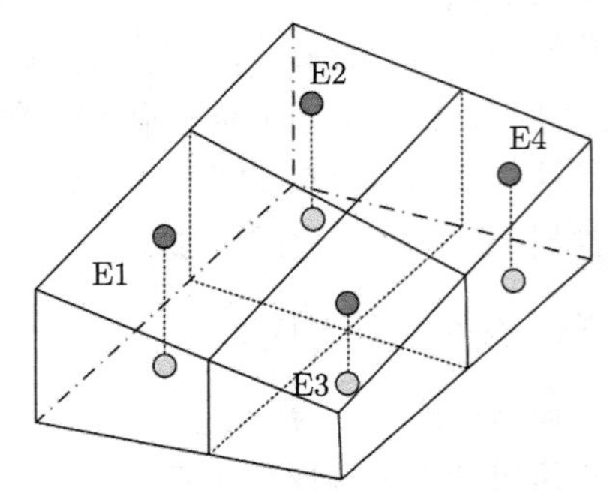

(b) 单元应力值(一般在单元内部且低估应力峰值)

图 4.9　节点应力与单元应力均值比较 [18]

然而，有时不能获取全局所有非均值的节点或单元应力值，有一种办法是使用节点或单元的平均值，比如人们常在有限元分析中采用的 Von Mises 应力值。在这种情况下，应注意这几点：

(1) 某个节点周围的单元，网格划分应该合理，保证单元应力结果是合理的，这时一些峰值应力些微的差别可以忽略；

(2) 尽量避免节点处出现材料或单元类型的变化；

(3) 尽可能采用一致的坐标系统。

一般来说，只要遵循这三点，采用节点或单元的平均应力估算结构疲劳寿命获得的结果均是可以接受 [18]。

4.6.3　绝对最大主应力和 Von Mises 应力

如果在单元的某个微平面上只有正应力，没有剪应力，则假定这个微平面称为主平面。相应的正应力称为叫主应力，相应的方向就叫主方向。最大主应力一般是某个单元中最大的主应力，即，第一主应力。这个概念很重要，因为进行结构疲劳强度设计时，经常以主应力为主要设计指标之一。通常来说，疲劳裂纹 (非常小的裂纹以外) 萌生的主要原因通常是由于垂直于裂纹方向的主应力导致的结果。绝对最大主应力对裂纹的萌生和裂纹扩展产生至关重要的作用。最大的主应力 (或绝对最大主应力) 也是有限元分析很重要的关键参数，其中包括裂纹扩展时的应力范围值，即绝对最低应力和绝对最大应力之间的应力差值。在实际工程结构疲劳寿命评估过程中，至少需要评估两个应力组合参数中的寿命。最适合的参数可以通过局部动应力的计算和应力方向来确定 [18]。

最大主应力、最小主应力和 “绝对最大主应力” 的含义可以通过表 4.3 进行简单表示。

从表 4.3 可以发现，“绝对最大主应力值” 的应力范围值最大。要说明的是，这

里阐述的 “绝对” 和传统代数意义的 “绝对值” 的概念是不同的，不是意味着去掉符号 (比如负号)，而是表示数值的相对最大。

表 4.3 主应力和应力范围值的含义 [18]

时间步	TS1	TS2	TS3	TS4	TS5	应力范围值	备注
最大主应力/MPa	100	−100	200	−200	500	700	从 −200 到 500
最小主应力/MPa	50	−150	−500	−250	−10	550	从 −500 到 50
绝对最大主应力/MPa	100	−150	−500	−250	500	1000	从 −500 到 500

采用 Von Mises 应力或剪切应力这样的应力概念时，应该注意一些细节上的差别。有些应力值经常偏离均值，甚至是实际应力范围值的一半。绝对最大主应力值和 Von Mises 或 Tresca 应力值是有本质区别的。只有在计算结构疲劳时，发现绝对最大主应力值计算的结果不是很满意或者没有效果，才可以采用 von Mises 应力值代替。Von Mises 应力和 Tresca 应力在应力分析中比较流行，二者主要是描述三维应力状态的屈服条件。当材料的某一节点的应力值达到规定的应力水平时，该节点进入塑性变形，那么这个应力值就是 Von Mises 等效应力值。Von Mises 应力是基于剪切应变能的一种等效应力值，主要遵循材料力学第四强度理论。Tresca 应力是考虑 Tresca 屈服准则条件下的一种等效应力值，法国人 Tresca 在 1864 年根据一系列金属挤压试验研究材料的屈服性能时，做了一些假设，即当最大剪应力达到某一个极限值时，材料开始发生屈服现象，这个条件称之为最大剪应力条件，也是 Tresca 屈服准则。在主应力已知的条件下，该准则比较适合，但是在主应力未知的条件下，其不适用，且该准则忽略了材料中间主应力的影响，使用条件受到限制。

有些文献中提出，不建议利用 Von Mises 应力结果进行疲劳分析，原因是由于 Von Mises 应力值是无方向的，而疲劳裂纹是有方向性的 [9]。但是根据实际工程应用的结果来看，对于结构的疲劳寿命预测，Von Mises 应力值也是可以使用的，只是需要注意单元的 Top 面和 Bottom 面的应力值，和实际应力测试结果比较，预测误差并不大，尤其对于线弹性结构而言，Von Mises 应力值的应用范围比较广泛。对于结构疲劳寿命预测时，裂纹通常在网格质量比较差或者自由表面的位置开始萌生和扩展。如何准确获得结构表面的 Von Mises 应力也就显得至关重要 [18]。

对于板壳结构模型，由于多数采用板壳单元描述，还需要考虑结构中心层面的提取方法。现在很多三维建模软件都有自动提取中心层的功能，比如 Hypermesh 软件。如何提取结构中心层，虽然方法很简单但也十分重要，尤其是那些板厚度出现不同，需要过渡的连接区域。板壳单元的表面应力 (也分为上表面，Top 面和底面，Bottom 面) 将会应用于结构疲劳分析。

对于节点应力结果，需要计算节点应力平均值。这是因为一般情况下，每个节点与许多单元联系起来，这无疑增加了应力计算的复杂性。节点的平均的应力结果需要保持和全局坐标系统的一致性。板壳单元的应力值是在每个单元的局部系统中，需要考虑如何协调网格质量以及确定板壳应力的平均值。

此外，应力平均值和实际应力值相比一般偏小，也就是说单元应力的改变可能会极大影响板壳结构疲劳寿命的预测。单元应力平均值只可以近似处理一些形状比较差的单元应力。对于一些结构网格过渡形状比较差的单元应力，在处理时应该格外小心一点。对于实体单元，一般不考虑单元的质心，结构疲劳失效问题和最大应力往往也发生在单元表面上。处理节点应力平均值的另一种方法是采用非常薄的壳单元，或者这些板壳单元上恢复一些单元的实际应力值。壳体单元主要表示表面应力，然后在疲劳分析中使用这个应力。

4.6.4 单元类型的选择及网格划分

在有限元建模时，单元类型的选择也至关重要。其中，单元类型在选择前，首先需要明确 H 型单元和 P 型单元的区别。H 型单元和 P 型单元均是有限元分析中的两个基本术语。采用这两种类型的单元，也就说明了根据单元形函数的阶不同而获得不同的有限元分析精度，比如 P 阶多项式就是通过提高单元形函数的阶提高有限元的分析精度。如果关心的是实际几何体的局部详细的应力，那么应该优先选用 P 型单元和 P 方法；如果觉得载荷以及整个几何体的精度已经足够，可以选择 H 型单元和 H 方法；如果在几何体的局部区域有高应力应变梯度，那么可以使用混合的 H-P 方法。也就是说，关心局部区域的应力可以选择 P 型单元；关心全局集合的其他部分可以使用 H 型单元 [1-7,18]。

H 型单元的有限元分析的应力精度高度依赖于网格尺寸精度，当然更精细的网格划分可以提高有限元模型的精度。网格尺寸的选择会随着经验的增长而放大，除非几个同一型号的迭代分析，究竟什么单元尺寸的网格密度合适是很难界定的。这需要根据模型大小、计算机资源等合理选择网格质量，以保证计算结果收敛。由于计算规模的控制，经常需要限制网格细化的程度 [18]。

P 型单元的选择方法。有人曾建议，选择 P 型单元至少有两点好过 H 型单元。第一，P 型单元可以更容易遵循基本的几何形状，而不像 H 型单元经常会遇到曲面建模问题；第二，应力精度不依赖于网格密度，尽管每个 P 型单元的多项式随着阶数的增加，迭代求解的难度增大，但是最后结果还是会收敛，满足预先定义的计算误差范围。当然，单元的形状控制，也有一些解决方案的路径。毕竟单元的形状效果和网格精度对于计算结果仍然是非常重要的。同样重要的是，要小心点载荷和网格中出现的奇点位置。这可能需要深刻了解关于 P 型单元的方法。

由于结构疲劳寿命是对应力水平高度敏感的，应力精度在疲劳应用中比其它类型的分析更加至关重要。对于某些类型的模型，P 型分析方法可能比传统方法具有更多的优点。但是，P 型单元的实际问题是，多项式的顺序是任意的，在各个方向积分的顺序可能会有所不同。一些有限元软件的标准后处理器中，可能会没有能够处理任意多项式的命令，往往在计算应力场时，又将单元网格考虑成标准 H 型网格离散化。简单的示意图如图 4.10 所示。

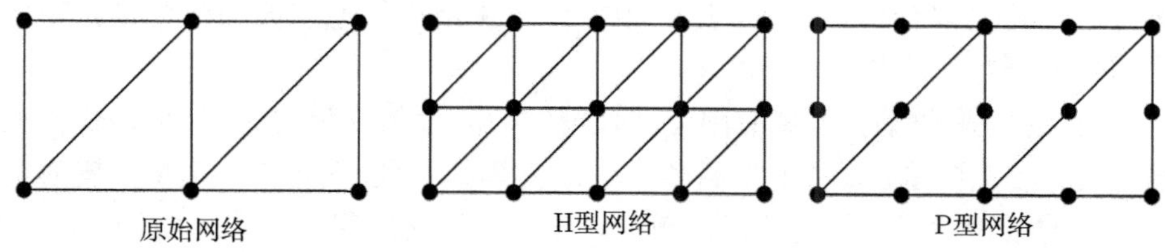

图 4.10 选择原始、H 型和 P 型划分的网格示意图

在建模中的网格划分和单元类型的选择密切相关，但是选择哪些单元类型和网格划分精度，需要根据实际建模情况进行确定，只要遵循前面的有限元分析的建模基本原则即可。有时，人们认为 4 节点的四面体单元在有限元分析中大量应用没有好处。主要原因是这种单元的应力值基本恒定而且对几何形状敏感。但是，只要有限元模型中的 4 节点四面体形状良好，其实依然可以获得很好的计算结果。由于结构疲劳分析的前提需要很好的应力分析方法和获取高精度的应力值，多选择一些二次元 (Quadratics Element) 的单元可能是最好的选择方式。由于梁结构单元并不能有效地对导致结构疲劳的细节进行建模 (比如在某一个节点位置处的应力实际并不匹配)，在计算疲劳中应尽量少采用梁单元模型的网格划分方式。板壳结构作为一个有效的建模技术，但在网格划分和后处理时需要注意 Top 面和 Bottom 面的应力差异性，它们计算的疲劳结果也存在着较大的差异性。一般来说，为了反映准确的单元表面应力，在真正应力集中和材料不连续性的区域，需要进行足够的网格细化 [1−7,18]。

在应力集中区的网格质量要求更高，这意味着网格划分时，应该多选择诸如四边形单元和其他具备良好形函数的六面体单元等规则的单元类型进行网格划分。对于其他不是应力集中区域和材料连续的区域，可以采用四面体单元等进行相对粗糙的网格划分。当然，在有限元的初步分析中，人们喜欢通过采用粗网格划分寻找危险应力的初始位置，对于后面的网格精细划分也有着重要的借鉴作用。高阶的四面体和棱体单元也可以广泛采用，初始的计算结果也可以令人满意。

4.6.5 边界条件的加载及数据处理

在物理样机制造之前的很长一段时间内，人们需要进行大量相关的数值仿真分析，动力学和有限元的建模与分析就是其中的关键设计阶段。尤其是人们逐渐意识到，在产品的设计早期阶段，就应该进行车辆结构的疲劳强度设计和寿命预测分析，以便于极大地提高产品的抗疲劳性能和耐久性。当然，在车辆产品的早期设计阶段，有时人们很难确定一些关键的设计参数，比如一些车辆真实的服役荷载问题。在疲劳分析计算时，可以通过相关疲劳设计标准或者经验，使用类似的典型载荷谱数据，这些载荷数据有时需要经过适当的数据处理。如果依赖于多体动力学和有限元法结合的混合模拟技术，则能很好地解决结构早期阶段的疲劳设计和寿命评估的技术难题 [1−7,18]。

目前，通过多体动力学和有限元法获得结构的输入载荷，成为疲劳寿命预测载荷输入的一项重要途径。利用车辆多体动力学模型，可以很轻松地模拟关键的结构部件受到的载荷状况，无论是惯性载荷，还是各种支反载荷的载荷时间历程 (力、速度、加速度等) 均可以通过车辆多体动力学仿真方法获取。在前面的章节中，也简单地介绍了如何利用一些相关的多体动力学计算软件，如 ADAMS、SIMPACK 等计算载荷时间历程。对于轨道车辆而言，只需要根据车辆多体动力学建模的相关参数，比如关键部件的质量、转动惯量、一系和二系悬挂参数、轮轨几何踏面的匹配关系、轨道不平顺激励谱等。只是在计算这些载荷时，需要考虑载荷工况和准确加载的载荷时间历程。载荷谱的获取，详见第 6 章。

对于有限元模型中边界条件的设定，比如约束的施加、不同类型载荷的加载，有时需要分析和考虑整个有限元模型的特点，比如约束条件是否合理、节点载荷或者其他载荷的施加特点是否准确等。如果一些节点载荷是作用在一些可能导致结构高应力的区域，可以考虑对这些区域的网格进行精细化划分，且进行高阶的有限元建模和分析。当然，疲劳载荷的施加需要遵循一定的车辆结构疲劳设计标准。工程设计中，有时人们期望在结构疲劳分析中尽可能地获得详细和准确的载荷数据。但是应该认识到，完全依照疲劳设计标准，并不一定就能获得实际服役结构的真实载荷。

这里还需要考虑载荷谱的概念，在第 6 章将进行详细的介绍。在疲劳分析过程中，经常需要使用许多典型载荷的时间历程，也可以说是典型载荷谱。这些载荷谱可以从仿真也可以从实际载荷测试中获取。一般来讲，仿真的载荷谱必须要通过实际测量获得的数据进行验证。在疲劳寿命仿真过程中确定载荷谱，尤其是采用仿真的数值算法获取载荷谱必须谨慎。确定载荷谱的主要目的是为了提高疲劳测试的准确性和可靠性。

为了避免疲劳寿命预测过程中，有限元分析数据库中的结果文件会发生混乱，需要以合适的方式存储有限元的应力分析结果。存储在数据库中的结果文件可以选择与节点或单元应力相关。考虑拉伸结果时，与节点相关节点应力有 6 个分量。与单元相关应力结果需要考虑单元的位置。这也意味着根据有限元系统输出结果选项的不同，每个单元可能会有多个有限元分析结果。这些位置的单元可以是节点、高斯点或中心层单元。如果单元的位置存在，意味着这些是单元中心层存在着应力应变结果。在这种情况下，每个单元将有 6 应力或应变分量。除了中心层的应力结果文件存在意外，其他的层 (比如 Top 或者 Bottom 面) 也将存在 6 个不同分量的单元应力结果文件。这种有限元分析的结果文件通常用于多层复合材料的有限元疲劳分析中。

4.6.6 疲劳分析中有限元分析及前后处理

车辆结构疲劳寿命预测过程中需要什么样的有限元分析结果，更多原因是取决于人们采用什么样的结构疲劳分析方式。无论是采用常规的结构应力/应变疲劳分析，还是选择单轴疲劳或多轴疲劳分析，焊接疲劳或振动疲劳分析，在结构疲劳寿命预测的分析过程中对有限元分析及前后处理的要求都是有一些区别的。根据相关文献，车辆结构疲劳寿命分析的前处理主要包括一些结构、载荷和材料的信息。比如载荷的信息就包括两种主要的类型：时间信号和功率谱密度信号。正是因为这两种类型的载荷信号中均包括重要的频率成分，在进行结构疲劳寿命预测时，必须要确保其结果中频率成分的重要性，包括对时间历程信号进行滤波处理的时候也需要注意不要将有效的频率成分信号给过滤掉。寿命预测后处理的一些输出数据可以分为 2 种主要的类型：从车辆结构全局疲劳寿命预测的角度看，多点位置的结构疲劳结果数据可以通过相关图表表示 (具体包括疲劳寿命、疲劳损伤和二轴率等)；从车辆结构的局部位置看，可以通过雨流循环矩阵或损伤分布图进行描述 [18−20]。

一般来说，目前一些著名的疲劳分析软件，比如 DesignLife(FE-Fatigue)，FE-Safe 等均可以执行很多结构与材料的疲劳强度分析和寿命预测任务。这些软件的疲劳分析模块具有丰富的功能，可以用于进行有限元疲劳的计算和结果分析，采用的疲劳分析方法，包括应力–寿命方法、应变–寿命方法和断裂力学方法。目前代表性的疲劳分析软件基本都可以执行前二者的分析，裂纹扩展的分析则需要一些专业的裂纹扩展分析模块。应力–寿命方法主要涉及总寿命，应变–寿命方法主要涉及裂纹萌生，断裂力学方法主要涉及裂纹扩展等，其一般是从已知的裂纹尺寸的假设缺陷开始，并通过分析确定裂纹的扩展速率，因此，这个阶段有时也称为“裂纹寿命”

常见的结构疲劳分析时，需要确定疲劳分析类型、加载的类型，以及考虑平均应力的修正 (包括 Goodman，Soderberg，Gerber 等修正方法)、表面修正、多轴应力修正和其他疲劳分析修正因子 (包括无限寿命值、疲劳强度因子和载荷放大因子的修正系数，以及选择数据插值的类型等)。加载时，振动疲劳分析和静态的疲劳分析方法不同，需要考虑载荷时间历程的变化影响。一般来说，载荷时间历程的类型包括常幅的比例和非比例载荷及变幅的比例和非比例载荷等。比例载荷和非比例载荷的区别在于根据变化的载荷时间历程是否影响了主应力轴的变化。如果不变，选择比例载荷；如果改变，选择非比例载荷加载。如果载荷是常幅成比例的，根据有限元结果很容易识别结构关键位置的疲劳损伤位置。

结构疲劳分析结果的内容主要包括疲劳寿命 (应力应变循环数)、疲劳损伤，以及二轴率等其他主要预测结果。图 4.11 和图 4.12 为一些铁路关键结构部件的有限元结果和疲劳寿命分布的轮廓图。

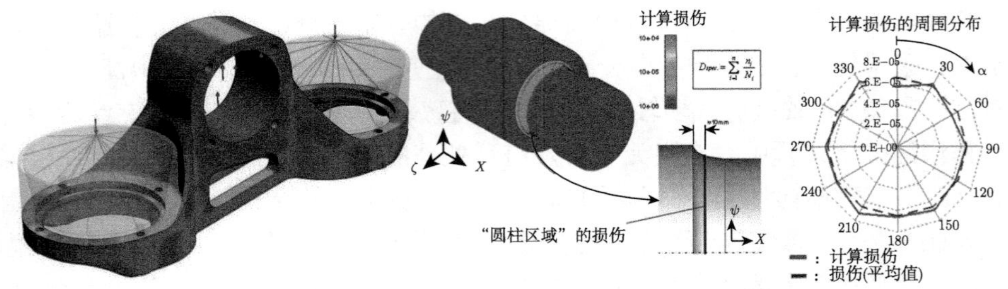

图 4.11　疲劳寿命等高线图

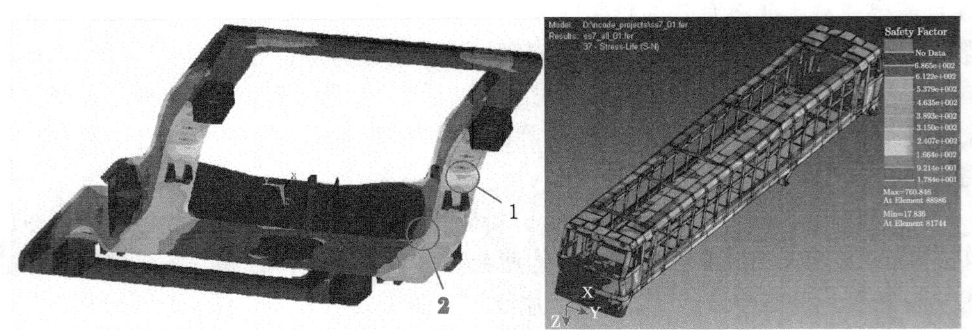

图 4.12　某型机车构架和车体结构的疲劳寿命分析结果图 [21,22]

局部位置的部件疲劳分析数据，可以通过雨流矩阵的形式描述结构的载荷分布状况。图 4.13 所示为采集的车体结构加速度的载荷时间历程的雨流循环矩阵。基于某型动车组车体结构，采用雨流计数程序对所提取载荷时间历程数据进行统计。图 4.13(a)~(c) 分别为车体 X、Y、Z 方向加速度雨流矩阵，由图可见，车体各向加速度循环均值主要集中于零值附近，X、Z 向加速度集中于 0~0.2m/s^2 范围。

在根据有限元应力结果进行耐久性设计与疲劳寿命预测时，使用连续色调的等高线描绘应力应变的结果，应该注意其梯度的影响。这种应力结果的显示方式容易掩盖结构危险位置附近应力集中地区的应力梯度。另外在结构疲劳分析时，应该多借助于应力矢量图，这样有助于人们了解结构疲劳应力的主要发生方向。在利用图表描述结构的疲劳损伤或寿命时，应该通过评估应力循环的变化率以便了解结构损伤的分布。在利用不同尺度描述结构动应力时，也应该注意线性和非线性尺度下的寿命预测结果的变化。有时使用线性的尺度，对于描述疲劳寿命的结果可能更好。在进行结构疲劳设计时，应该检查主应力的方向，包括主应力矢量的方向是否和发现的裂纹扩展方向上保持一致。最好可以同时检查结构的最大主应力和最小主应力。尤其是在描述多轴疲劳问题，需要注意疲劳载荷作用下，这些是随着时间进行改变的载荷变化。

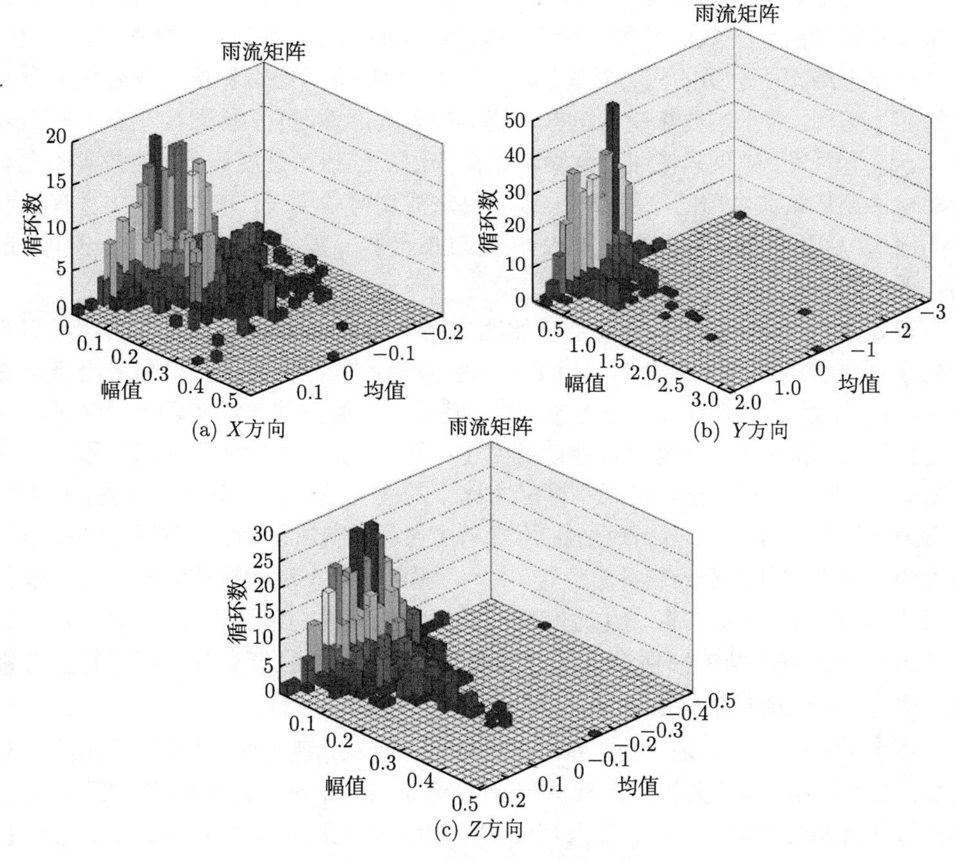

图 4.13 车体加速度雨流矩阵

利用有限元疲劳方法分析疲劳载荷时，典型载荷工况的组合对于车辆结构应力寿命评估精度十分重要，需要人们考虑不同载荷工况组合下的结构疲劳寿命。比如，对于车辆结构的关键部件而言，需要考虑其线路运行的所有典型的载荷工况。另外，检查第三主应力在结构的自由表面 (或附近) 是否为零值，始终是一个判定应力分析结果是否有效的办法。如何划分合适而且简单的结构单元网格，始终是进行车辆结构疲劳分析时应该十分注意的事情。绘制没有经过平均应力处理的节点应力，也是判定结构疲劳寿命预测结果质量的一种有效方法。

4.7　简 单 算 例

目前，国内外相关文献中针对轨道车辆装备关键部件的结构设计和疲劳强度校核方法，已经从传统的静态疲劳强度分析方法，向循环载荷作用下的结构振动疲劳强度和寿命预测方向转变。车辆结构疲劳失效问题主要是循环应力作用的结果，更是属于振动疲劳失效的问题，不仅依赖于结构的几何特征设计、材料特性，更多的是决定于结构所承受的应力时间历程。当然，如果只考虑对称循环载荷作用下的结构应力历程，对于主要承受随机振动疲劳的车辆部件而言，显然存在着一些不合理性。这是因为，如果只按照对称循环载荷作用下的疲劳强度设计，那些实际上承受非对称循环载荷作用的结构部件，很容易造成疲劳强度设计余量过大，且有过设计的问题；如果按照材料的静强度设计原则进行设计，又有可能造成强度设计不足的问题 [23]。

正是由于 S-N 曲线不能完全有效地预测不同应力比条件下的寿命，人们才考虑在预测结构部件的寿命时，为了提高疲劳寿命的评估精度，研究采用修正的 Goodman 图进行疲劳设计和分析的方法。基于各种修正的方法实际上限制了试件的几何外形、表面条件和材料特性以及使用环境，使其在工程实际应用过程中应用起来更加便利，关键是能够考虑不同应力比下的疲劳设计和寿命预测问题。在进行车辆结构耐久性分析和寿命预测时，不管考虑何种载荷时间历程，有限元法在结构应力的计算中均具有十分重要的位置。如今，多数轨道车辆制造企业已经可以根据材料的 Goodman 疲劳极限图进行车辆的关键结构部件的疲劳设计，保证了在不同循环载荷作用下的结构部件满足疲劳强度的设计需求，且能充分发挥材料疲劳极限的潜力，减轻结构部件的重量 [24−26]。

在这里还要简单阐述一下，如何在疲劳设计阶段，结合有限元的分析结果，利用修正的 Goodman 疲劳极限图 (Modified Goodman Diagram) 进行结构疲劳强度设计校核和寿命评估的问题。目前人们经常采用经过修正的 Goodman-Smith 疲劳极限图进行寿命评估和强度校核。该方法主要以材料屈服强度为限界，根据 Goodman 提出的线性经验公式为基础，利用直线代替实际的疲劳极限图，为了体现最大应力不超过材料屈服极限的原则，利用屈服强度作为应力限界对实际疲劳极限图进行修正，这种修正的 Goodman 图一般绘制成 Haigh 图或 Smith 图 [22]。Goodman 图的绘制方法在很多文献和教材中已经阐述 [23,24]，其绘制起来也是比较简单的，主要是根据材料的强度极限、屈服极限和对称循环载荷作用下的疲劳极限进行绘制。修正的 Goodman 疲劳极限线图实际上是一种疲劳失效的应力包络线。根据相关疲劳设计标准计算的车辆结构部件的有限元模型的任何节点的指定应力值，如果处于封闭折线之外，表示在指定循环 N 次疲劳之后或经过 N 次疲劳，材料都将发生失效。修正的 Goodman 图给出了经 N 次循环材料不发生疲劳失效的应力限界，只有位于封闭折线内的点才是安全的。当然，利用有限元静强度结果计算疲劳强度和预测寿命时，必须要考虑 Goodman 疲劳极限线图的实用条件和材料不同存活率和置信度下的疲劳极限数据下的安全因子修正、拉压和剪切的系数修正和焊接修正等。某型动车构架 Goodman-Smith 疲劳极限图修正图如图 4.13 所示。

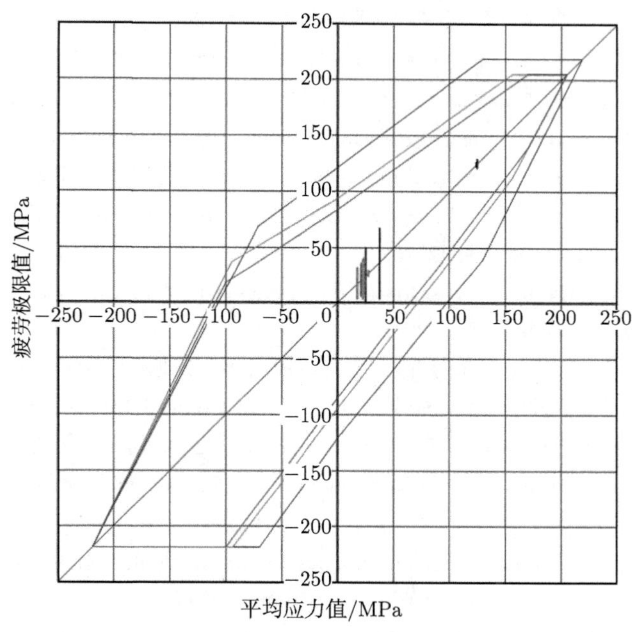

图 4.14 某型构架的 Goodman-Smith 修正图

4.8 小 结

本章主要是针对车辆结构疲劳寿命预测中的有限元分析的作用做了较为详细的介绍，对于有限元法的基本分析原则，包括建模原则、简化方法、质量模拟等，一一进行说明。对有限元分析在车辆结构疲劳分析中的主要作用，特别是对结构进行动应力计算进行了说明 (详细的动应力计算在第 5 章介绍)。结构动应力计算是获得结构疲劳寿命预测结果的主要途径，而有限元模型的建立与分析是计算车辆结构动应力历程极为重要的前提条件之一。利用有限元分析技术进行结构模态分析、子结构分析也分别进行了说明。尤其是，本章对有限元建模中的细节，通过借鉴大量文献进行了详细的解释。比如，以车体结构作为有限元建模的对象，介绍了模型采用的单元差异性不同单元混合建模需要注意的问题，以及如何妥善处理结构应力集中区域或材料不连续位置处的网格划分，包括考虑一些模型中的几何小倒角、小半径等一些小特征因素，且注意控制网格单元划分的扭曲角度。最后对结构疲劳分析结果的处理，结合相关软件也进行了简单介绍。

参 考 文 献

[1] 曾攀, 有限元基础教程 [M]. 北京: 高等教育出版社，2009.

[2] Logan D L. A First Course in the Finite Element Method [M]. Cengage Learning, 2011.

[3] Oñate E. Structural Analysis with the Finite Element Method. Linear Statics: Volume 2: Beams, Plates and Shells [M]. Springer Science & Business Media, 2013.

[4] Alawadhi E M. Finite element simulations using ANSYS [M]. CRC Press, 2015.

[5] Madenci E, Guven I. The Finite Element Method and Applications in Engineering Using ANSYS [M]. Springer, 2015.

[6] Stolarski T, Nakasone Y, Yoshimoto S. Engineering Analysis with ANSYS Software [M]. Butterworth-Heinemann, 2011.

[7] Felippa C A. Introduction to Finite Element Methods [M]. Course Notes, Department of Aerospace Engineering Sciences, University of Colorado at Boulder, 2004.

[8] Haiba M, Barton D C, Brooks P C, et al. Review of life assessment techniques applied to dynamically loaded automotive components [J]. Computers & Structures, 2002, 80(5): 481-494.

[9] Bishop N W M. Vibration fatigue analysis in the finite element environment [J]. XVI encuentro del grupo español de fractura, Spain, 1999.

[10] Luke M, Varfolomeev I, Lütkepohl K, et al. Fatigue crack growth in railway axles: assessment concept and validation tests [J]. Engineering Fracture Mechanics, 2011, 78(5): 714-730.

[11] Makino T, Kato T, Hirakawa K. Review of the fatigue damage tolerance of high-speed railway axles in Japan [J]. Engineering Fracture Mechanics, 2011, 78(5): 810-825.

[12] 高速检测列车车体及其固结结构的强度研究 [D]. 北京：北京交通大学，2010.

[13] 周京, 徐滨士, 王海斗，等. 有限元法在疲劳分析中的应用及发展 [J]. 理化检验–物理分册, 2013, 49(10): 674-676, 682.

[14] 黄民锋, 江迎春. 基于有限元法的汽车构件疲劳寿命分析 [J]. 机械研究与应用, 2008, 4: 57-60.

[15] 高速试验列车动车构架静强度及疲劳强度有限元分析报告 [D]. 成都: 西南交通大学，2011.

[16] 张力，林建龙，项辉宇. 模态分析与实验 [M]. 北京：清华大学出版社, 2011.

[17] Browell R, Hancq A. Calculating and displaying fatigue results [J]. ANSYS® on-line white papers, March, 2006, 29.

[18] Bishop N W M, Sherratt F. Finite Element Based Fatigue Calculations [M]. NAFEMS, 2000.

[19] 王国军，胡仁喜，陈欣等.nSoft 疲劳分析理论与应用实例指导教程 [M]. 北京：机械工业出版社, 2007.

[20] nCode 9.0 Design life worked examples [D]. HBM United Kingdom Limited(HBM)2013.

[21] 缪炳荣. 基于多体动力学和有限元法的机车车体结构疲劳仿真研究 [D]. 成都：西南交通大学, 2006.

[22] Dietz S, Netter H, Sachau. Fatigue life prediction of a railway bogie under dynamic loads through simulation [J]. Vehicle System Dynamics, 1998(29): 385-402.

[23] 项彬, 史建平, 郭灵彦, 等. 铁路常用材料 Goodman 疲劳极限线图的绘制与应用 [J]. 中国铁道科学, 2002, 23(4): 72-76.

[24] Cera A, Mancini G, Leonardi V, et al. Analysis of methodologies for fatigue calculation for railway bogie frames[C]//8th World Congress on Railway Research, 2008, 1: 3.2.

[25] Tang W, Wang W, Wang Y, et al. Fatigue Strength and Modal Analysis of Bogie Frame for DMUs Exported to Tunisia [J]. Journal of Applied Mathematics and Physics, 2014, 2(06): 342.

[26] Stone R. Fatigue life estimates using Goodman diagrams [J]. Retrieved August, 2012, 17: 2012.

[27] Ayyub B M, Assakkaf I A, Kihl D P, et al. Reliability-based design guidelines for fatigue of ship structures [J]. Naval Engineers Journal, 2002, 114(2): 113-138.

[28] Halfpenny A. A frequency domain approach for fatigue life estimation from finite element analysis [C]. Key Engineering Materials. Trans Tech Publications, 1999, 167: 401-410.

[29] EL-Hage H. Multiaxial fatigue analyses and life predictions using finite element method [D]. Windsor: University of Windsor, Canada, 2000.

第 5 章　结构动应力的计算分析与试验验证

在实际线路运行工况作用下，车辆结构经常承受较为复杂的随机激励载荷，且结构动应力随着运营速度的不断提高而增大。车辆结构动态特性的好坏很大程度上影响着车辆结构的疲劳特性。恶劣的车辆动态特性，经常是车辆关键结构部件疲劳设计的薄弱位置 (如应力集中、超偏载、刚度失衡等) 出现裂纹萌生、裂纹扩展甚至断裂等结构失效的根本原因。相关文献研究表明，动应力过大是造成结构部件局部开裂的重要原因之一。要准确预测车辆结构疲劳寿命，首先必须要精确而高效地预测结构部件危险部位的动应力，理解车辆结构的动态特性。本章会根据国内外的文献研究介绍结构动应力的各种计算方法，同时说明如何依据现代车辆结构的疲劳设计理论和新的有限元疲劳分析技术，考虑复杂的车辆载荷环境，且根据典型载荷工况下，不同载荷通道的载荷激励计算结构应力响应和进行相关的动应力试验[1]。这是因为通过整车线路动应力试验获得的结构动应力，最能够准确反映车辆结构危险点的应力分布状况。但现实是，由于实际轨道车辆结构的线路动应力试验不仅需要实际物理样机，而且试验费用十分昂贵、试验周期长且严重受限于实际线路的测试条件，因此只能在有限长线路和有限时段内进行车辆结构某些关键结构部件的动应力试验。这些综合的因素严重限制了车辆结构部件的动应力试验的有效进行。这也使得实际的轨道车辆结构的动应力试验存在着一定的局限性，有时还需要对试验测试获得的载荷数据需要进行载荷谱外推分析研究[1,2]。

相关文献已经表明，人们可以在产品的早期设计阶段，利用虚拟样机进行产品结构的动应力计算。比如，利用多体动力学仿真方法模拟车辆在实际线路上的服役载荷情况，与有限元分析技术相结合，通过结构疲劳寿命分析过程中的动应力计算方法获取结构动应力，就是一种有效的途径。这种混合模拟技术可以很好地理解车辆结构的动态特性对结构动应力的影响。通过车辆结构动力学参数的优化设计，也可以合理性提供车辆关键结构部件频率和刚度的设计准则，避开与轨道随机不平顺等激励外载荷的共振频率区域。这样可以有效改善车辆结构动态特性，最终提高车辆抗疲劳特性，从根本上解决车辆结构关键部件的疲劳寿命预测问题，减少结构疲劳缺陷和降低维修费用等成本[4]。

5.1　结构疲劳分析过程中的动应力计算

在车辆系统的结构疲劳设计过程中，根据结构部件失效的方式不同需要选择合适的结构疲劳设计标准。如果结构部件需要承受几百万次载荷循环，在进行疲劳设计和寿命评估时必须要采用相应的结构疲劳设计标准。目前国内外学者对轨道车辆关键结构部件的疲劳强度问题进行了大量的理论与实验研究，在此基础上制定了轨道车辆结构关键部件的疲劳设计和计算的相关标准，比如，UIC 系列强度标准；日本的构架强度试验标准 (JIS E4208–2004) 和铁路车辆车体结构的载荷试验标准 (JIS E7105–2006)；欧洲铁路车辆车体结构强度设计标准 (EN 12663–2010) 和转向架构架的结构强度标准 (EN 13749–2011–06)；北美 AAR 系列强度标准；以及国内《200km/h 及以上速度级铁道车辆强度设计及试验鉴定暂行规定》等。随机动载荷产生的车辆结构部件的疲劳失效，很大程度上是因为一定的载荷循环次数累积和特定频率区域发生的结构动应力影响的结果。如何准确预测结构部件的疲劳失效和寿命，动应力的评估成为首要条件之一[5]。

考虑有限元分析进行结构疲劳寿命预测时，最重要的作用就是计算结构动应力或动应变 (应力时间历程)。传统的结构疲劳强度设计方法，主要是通过有限元静强度疲劳分析，根据静强度的分析和试验结果计算等效的名义应力，按照应力、变形、稳定性和疲劳四项强度指标评价。对于复杂的结构应力部位采用当量应力 (即等效应力) 进行评估。对于疲劳强度按照疲劳的循环次数和疲劳极限图 (比如材料的 Goodman 图) 进行结构疲劳强度评价。这里需要说明一种用于焊接结构的等效结构应力法，是由董平沙等提出的一种焊接接头的疲劳寿命预测方法，目前在构架的寿命预测上有所运用。该方法以断裂力学方法与大量焊接疲劳试验为基础，采用网格不敏感结构应力计算方法和主 S-N 曲线方法进行焊接结构的应力计算[5]。

由于有限元分析能够针对结构部件的细节进行详细建模，可以有效地分析结构局部应力集中对疲劳强度的影响，在结构应力计算上有限元法得到广泛的应用。实际上，由于车辆结构在实际线路上承受的几乎都是随机动载荷，通过有限元静强度分析的结果并不能完全准确地表征结构部件的应力分布特征。这就需要根据线路动应力试验结果获得结构部件局部位置的载荷历程数据，处理关键结构部件的应力集中系数的影响等。近年来，相关文献早已经说明，结构疲劳寿命评估对于结构的应力具有高度的敏感性，仅仅利用有限元的静强度分析结果进行车辆结构疲劳强度分析和寿命预测，很可能导致不准确的计算结果[6]。

也就是说，进行车辆结构疲劳寿命评估时，车辆结构的随机载荷和振动特性必须要考虑，尤其是外载荷作用下的结构动应力，必须进行相关的计算分析和试验验证。通过数据处理分析，了解其动应力的相关参数，包括在特定载荷工况下的振动频率成分的内容。

5.1.1 载荷时间历程

载荷时间历程可以简单地定义为根据疲劳分析目标和类型不同而形成的载荷

时间序列，也就是载荷随着时间变化的时间历程。这里的载荷是广义的载荷，可以是随着时间变化的位移、速度、加速度和力等。在热疲劳分析中也将随着时间变化的温度看作载荷时间历程的一种。实际上，在车辆结构中很多载荷时间历程都是一种广义的时间序列概念。由于载荷时间历程和载荷谱之间有着密切的关系，通过对载荷时间历程的时域或者频域方法的处理，可以形成典型的载荷谱，应用于结构的疲劳寿命预测过程中。载荷时间历程的时域处理方法，主要是雨流计数法；频域处理方法主要是窄带和宽带的应力功率谱密度处理方法等。详见第 6 章载荷谱的描述。根据载荷时间历程，人们可以很好地根据结构疲劳分析的任务，进行随机变幅载荷作用下的结构疲劳寿命预测[7]。

根据载荷时间序列和计数处理方法，人们很好地利用结构动应力的分析方法获取关键结构部件的应力应变历程。在这些应力应变历程中，也可以考虑温度的影响。结合典型的载荷工况，可以将载荷服役环境中几种典型的载荷时间历程组合和叠加在一起，通过一定的计数处理，形成标准的或者是典型的疲劳载荷谱，比如应力谱或者加速度谱等。

目前，对于航空航天、船舶、汽车、轨道车辆等很多研究领域的结构疲劳设计，均提出了需要采用标准的疲劳寿命预测方法的研究思路。载荷时间历程 (载荷谱) 也是进行结构疲劳寿命评估的必要条件之一。在结构疲劳寿命预测过程中，载荷时间历程、载荷序列和载荷谱有时在定义上有很多相近的地方。载荷时间历程体现更多的是载荷的时间信息；载荷序列的时间信息体现得不是很明显；载荷谱是载荷在频域的一种具体表现，或者说是载荷和循环频次之间的一种对应关系。现实中，存在很多种方法来描述车辆随机振动过程中的载荷时间历程信号。比如傅里叶分析方法可以使用一系列的正弦波函数表示。这些正弦波函数，均含有特定的幅值、频率成分和相位信息。通过傅里叶分析方法可以表征任何有限长的随机载荷时间历程。这种表示方法是一种确定性信号的通用表征方法，可以在任何给定的时间点确定正弦波信号。但是这种方法本质上依然还是一种时域分析方法。另外，根据扩展傅里叶分析方法和傅里叶逆变换法，人们还可以通过功率谱密度函数的方式表示随机信号，即所谓的频域分析方法。对于绝大多数的机械工程问题，很容易定义载荷时间历程的随机特征。但是这些变换方法有一个假设前提条件，即这些可以表征随机性的载荷时间历程信号需要是稳态的、随机的和高斯形式的。

载荷时间历程或者其他响应信号存在很多种分析方法。关键问题是，如何选择结构疲劳分析时所需要的载荷时间历程类型，是选择时域方法还是频域方法？举例来说，高速列车车辆结构需要经历不同的载荷环境，尤其是高速列车在曲线轨道上运行时的横风影响，人们既可以使用一个稳态的载荷分析方法考虑横风影响，也可以采用风谱分析方法 (非稳态) 表征湍流对高速列车载荷的影响。无论采用何种分析方法，一般来说，对于随机特征比较明显的随机载荷，可以在频域中采用功率谱密度函数和传递函数进行结构疲劳寿命分析，即采用载荷时间历程的频域处理方法。

这里简单介绍一些载荷时间历程信号分析过程中的一些基本概念，比如正弦信号、宽带、窄带过程以及白噪声信号等。一段正弦信号，通常它的功率谱密度表示的是一个单尖峰。尖峰在正弦波频率的中心，以及尖峰的面积代表正弦波的均方根幅值。在理论上，这尖峰应该是无穷高和无穷窄的纯正的正弦波。然而，使用任何正弦波，顾名思义，正弦波的长度是有限的，尖峰总是有有限的高度和宽度的。功率谱密度图中，它是该区域的面积，而不是图形的高度。白噪声信号是一个特殊的时间历程，是建立在整体频率范围的正弦波信号。

图 5.1 为一段窄带和宽带的载荷时间历程信号以及循环计数后的比较图。窄带信号表明其覆盖较窄频率的正弦波。宽带信号表明时间历程信号由较宽的频率范围信号构成。在功率谱密度中显示为单独的响应峰或涵盖多个频率的信号。从时间历程上，这种类型的过程通常是难以确定的，经常包含正负的峰谷值[8]。

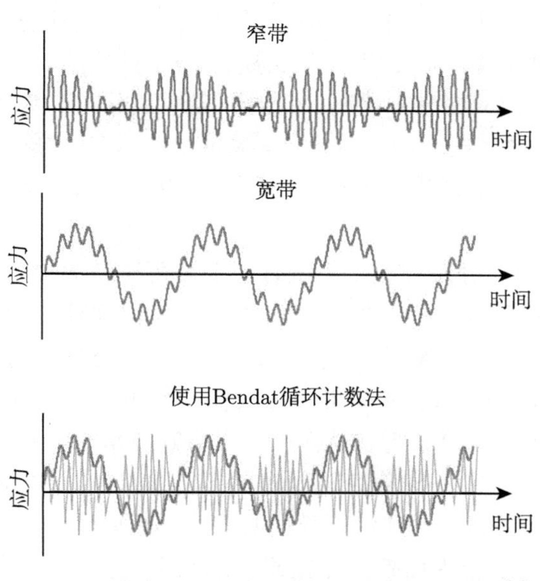

图 5.1 窄带和宽带信号的时间历程信号对比[8]

5.1.2 结构寿命评估中的应力分析

结构疲劳寿命的估算主要可以分为两部分：裂纹萌生阶段寿命估算和裂纹扩展阶段寿命估算。要获得准确的结构疲劳寿命首先需要准确的载荷历程，即对结构进行应力/应变的分析计算，了解随机动应力作用下结构危险部位的疲劳损伤状况，它可以分别在时域和频域进行。当然，与线路试验获得结构动载荷时间历程的方法相比，实际测量的动载荷时间历程要比利用常规载荷谱编制载荷历程的方法获得的动载时间历程准确得多。但是实际测量结构随机动载的前提是必须要有物理样机，利用虚拟物理样机技术，即根据多体系统动力学–有限元法混合仿真方法获得结构载荷时间历程，成为当前一种有效的动应力仿真方法，特别是在产品初始设计阶段。

下面对结构有限元疲劳分析和寿命评估中的主要应力分析方法进行简单介绍。一般说来，使用下面的任何一种结构应力分析方法，均可以得到动态载荷作用下车辆结构部件的应力应变分析结果[9]：

(1) 标准的时域法，包括准静态应力分析法；

(2) 复杂的时域法，包括瞬态动力学分析法；

(3) 一般的频域法，包括谐响应应力分析法；

(4) 复杂的频域法，包括随机振动应力分析法，主要采用谱分析方法。

1. *准静态应力分析法*[9−11]

在计算机辅助工程的分析上，利用有限元法对结构进行应力/应变分析已得到广泛应用。一般只要知道载荷工况和边界条件，应用结构的有限元模型就可以了解整体结构部件的应力/应变分布状况。但由于实际工况的载荷时间历程信号很长，应力/应变历程的计算就需要做一些简化。最常用的标准时域应力分析法就是准静态应力叠加法。这一方法适用于载荷频率远离分析结构部件自然 (固有) 频率的工程结构。

根据有限元模型的静态分析结果进行多个载荷通道的加载输入，即将车辆多体动力学计算获得的广义载荷 (力、速度、加速度、位移等) 等外界输入载荷历程，与有限元静态分析中 (不同载荷步) 单位载荷作用的静态应力分析结果相乘叠加求和计算获得结构动应力。载荷步中的单位载荷及作用点的实际加载位置和载荷作用方向，与车辆动力学计算获得载荷作用位置与方向相同。

准静态应力法是一种在外载荷历程作用下的线弹性结构的应力分析方法，一般不考虑结构本身的弹性振动和结构部件的质量、惯量等特性，即忽略惯性力和阻尼力的作用。结构刚度很大而外界激励载荷的频率很低，以致不能激励其产生共振，且结构部件作为刚体运动，加速度不太大，或者结构所受外载荷基本处于平衡状态的情况下，均可以使用该方法。这种方法的主要思想是计算特定载荷工况下，在任一时刻的相同结构位置和相同方向作用的单位静态载荷所引起的弹性应力应变状态，然后将其与对应的实测或动力学仿真获得的载荷谱按时间叠加即可。也就是说，分别进行单位载荷作用下的应力分析，通过载荷历程和单位载荷产生的静态应力影响因子 (Stress Influence Coefficient, SIC) 相乘叠加原则计算结构上应力历程。这种方法适用于大多数的线弹性机械结构，是计算车辆结构动应力的相对比较简单的时域分析方法。

这种方法主要是基于多体动力学建模和有限元分析方法。其具体研究步骤主要包括，从车辆多体动力学仿真中，获得结构部件在其关键位置 (如牵引座、二系悬挂、垂向减振器、抗蛇行减振器、止挡、横向减振器等) 的动载荷历程 (包括结构部件力、位移、加速度和角加速度等)；同时，在有限元模型中，根据典型的载荷工况，分别设置边界约束条件，且利用单位载荷取代结构外载荷 (包括惯性载荷和支反载荷等)，在同一方向、同一位置施加于结构部件对应位置的有限元模型节点上，分析后获得结构部件危险节点位置对应的各载荷分量的结构应力影响因子；然后将该节点处的应力影响因子和动载荷历程相乘叠加求和，就可以获得结构危险位置的动应力历程。

文献研究结果表明，该方法对大多数线弹性结构部件而言简单高效，且对大型复杂结构部件的动应力计算比较有利，缺点是不能很好解释塑性变形区域的应力/应变分布状况。准静态应力法对于大多数刚度较大的机械结构系统而言，是获得结构应力/应变历程的有效手段。准静态法有时并不能完全有效地识别全局和局部振动影响的区域，因此有可能低估结构在受力作用区域的应力状况，不能有效解释在塑性变形区域发生的塑性应力/应变现象。对于多数工作在固有频率之下的线弹性工程结构，准静态应力分析方法是一种常规有效的应力分析方法，但是对那些受动力学影响较大的柔性结构部件，或者是结构局部塑性变形的区域，这种方法可能会对结构的疲劳寿命评估带来不真实的结果。比如，某型机车车体从总体上看是刚性较大的结构，但其局部有许多柔性较大的结构部件，这时就需要对准静态应力方法进行部分的修正，即采用柔性车体多体结构的仿真动载历程修正准静态应力方法，解决需要考虑弹性影响的结构动应力的计算问题[9−11]。

式 (5-1) 为在假定平面应力条件下，某节点准静态应力计算的数学公式[9−11]：

$$\begin{bmatrix} \sigma_x(t) \\ \sigma_y(t) \\ \tau_{xy}(t) \end{bmatrix} = \begin{bmatrix} \sigma_{x1}(t) & \sigma_{x2}(t) & \cdots & \sigma_{xn}(t) \\ \sigma_{y1}(t) & \sigma_{y2}(t) & \cdots & \sigma_{yn}(t) \\ \tau_{xy1}(t) & \tau_{xy2}(t) & \cdots & \tau_{xyn}(t) \end{bmatrix} \begin{bmatrix} F_1(t) \\ F_2(t) \\ \vdots \\ F_n(t) \end{bmatrix} \tag{5-1}$$

其中，n 是应用载荷历程的数量；σ_{xi}, σ_{yi}, τ_{xyi} 是应力影响系数，$i \in [1, n]$。应力影响系数是由在结构部件相同位置和方向与载荷历程 $F_i(t)$ 相当的单位载荷决定的。

2. 瞬态动力学分析法[9−11]

瞬态动力学分析 (亦称时间历程分析) 的应力计算方法，主要是用于确定结构承受任意的随时间变化载荷下的动力学响应的一种方法，是获得结构动应力的复杂时域方法。可以用瞬态动力学分析确定结构在稳态载荷、瞬态载荷和简谐载荷的随意组合作用下的随时间变化的位移、应变、应力及力。载荷和时间的相关性使得惯性力和阻尼作用比较重要。如果惯性力和阻尼作用不重要，就可以用静力学分析代替瞬态分析。瞬态动力学分析方法也是获得结构每个节点动应力的有效途径，属于相对比较复杂的计算应力的时域方法。这些应力的历程也通过叠加求和以便获得所需载荷步组合作用下的结构动应力历程。

瞬态动力学分析法是一种时域的复杂应力计算方法，也称载荷时间历程分析。它通常是确定承受任意随时间变化动载荷历程的结构部件动力学响应的一种应力分析方法，也可以说，是计算动载作用下结构部件的应力历程的一种有效分析技术。如果结构动力学特性对结构的疲劳寿命影响较大，就需要利用这种方法。因为对于质量较大，刚度较低的结构，作用的外载荷很可能部分经过结构的固有频率区域。

瞬态动力学分析的求解的节点运动方程是[10−11]

$$[\boldsymbol{M}]\{\ddot{\boldsymbol{u}}\}+[\boldsymbol{C}]\{\dot{\boldsymbol{u}}\}+[\boldsymbol{K}]\{\boldsymbol{u}\}=\{\boldsymbol{F}(t)\} \tag{5-2}$$

其中，$[\boldsymbol{M}]$ 是质量矩阵；$[\boldsymbol{C}]$ 是阻尼矩阵；$[\boldsymbol{K}]$ 是刚度矩阵；$\{\ddot{\boldsymbol{u}}\}$ 是节点加速度；$\{\dot{\boldsymbol{u}}\}$ 是节点速度向量；$\{\boldsymbol{u}\}$ 是节点位移向量；$\{\boldsymbol{F}(t)\}$ 是随时间变化的载荷。

3. 谐响应应力分析法[9−11]

谐响应应力分析方法是一种频响应力分析方法，也是在频域获得结构动应力相对比较简单的计算方法。谐响应应力分析法是用于确定线性结构按正弦规律变化的时间载荷历程稳态响应的一种技术。目的是计算结构在集中频率下的响应，得到一些频率下的应力/应变响应曲线。从这些曲线上找到应力/应变峰谷值响应，并进一步观察频率对应的应力峰值。而动应力函数幅值的增加会导致结构应力成比例的增加。

这种应力分析方法，最重要的前提条件就是通过有限元分析指定的求解器准确获得结构的传递函数。用它表示在特定频率范围变化的应用载荷和相同范围变化的响应应力之间的关系，其作用就是传递函数的平方乘上载荷幅值求解应力的幅值。传递函数首先是基于主应力，然后，使用标准的随机过程分析技术可以获得多个随机载荷输入引起的频率响应，相关载荷输入之间的相互影响可以通过功率谱密度函数进行处理。

谐响应应力分析方法主要应用在频域，用来表示载荷的功率谱密度和应力谱密度之间的关系。它们之间的关系为

$$S_{\mathrm{Sr}}(\omega)=|H(\omega)|^2\,S_F(\omega) \tag{5-3}$$

其中，$S_{\mathrm{Sr}}(\omega)$ 是应力在频率 ω 处的功率谱密度 (单位:$(\mathrm{MPa})^2\cdot\mathrm{Hz}^{-1}$)；$S_F(\omega)$ 是载荷在圆频率 ω 力的功率谱密度 (单位:$\mathrm{N}^2\cdot\mathrm{Hz}^{-1}$)，$H(\omega)$ 是在频率 ω 处的传递函数 (单位:$\mathrm{MPa}\cdot\mathrm{N}^{-1}$)。

具体步骤为在有限元模型里，应用谐响应分析法获得每个自由度结构的传递函数；使用快速傅里叶变换获得外载荷历程作用下结构部件的功率谱密度；求得部件加速度、角速度和角加速度的历程等；对于感兴趣的频域范围，使用应力的功率谱密度的计算。图 5.2 为谐应力分析的基本示意图。

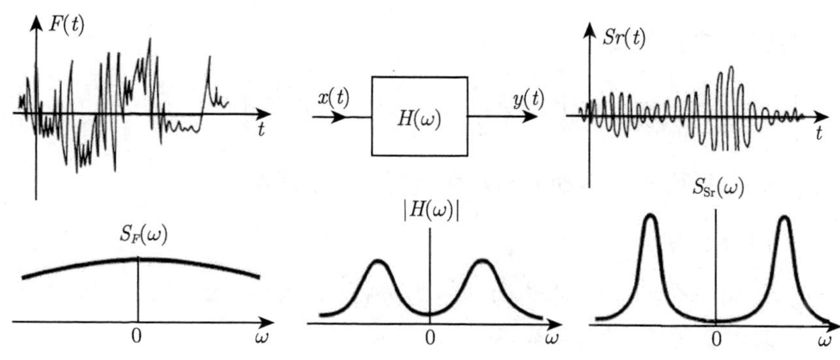

图 5.2 谐应力分析基本示意图[8,9–11]

4. 随机振动应力 (PSD) 分析法[9–11]

随机振动应力分析法，即功率谱密度分析方法，也可以说是一种谱分析方法，是频域内计算动应力的一种相对比较复杂的应力分析方法。这里，首先简单地阐述一下结构随机振动疲劳分析技术。这项技术的一个重要特点，就是可以通过频域分析方法处理那些超长的载荷时间历程样本，以及表征其结构随机响应特征下的疲劳分析问题。随机振动分析也称为功率谱密度分析，在这种方法中确定的响应功率谱密度函数是从有限元求解器中获取的，是复杂的频域应力计算方法。由于需要在载荷步中组合多个载荷通道输入，而且利用瞬态动力学分析方法求解结构动应力必须要考虑动力学特性的影响，其一般只能处理单个部件，对于复杂的结构模型来说，就存在着局限性。详细介绍见后续章节中的振动疲劳分析。

在频域估计结构疲劳寿命时，首先有必要理解振动疲劳这个术语。这时就需要采用 “功率谱密度函数” 的形式描述各种随机激励信号。振动疲劳分析过程中，从结构部件中获得的动应力 (超长载荷时间历程) 具有随机特征。为了更好地描述这一类随机信号，结构振动疲劳分析问题可以归结为 “谱疲劳分析 (Spectral Fatigue Analysis)” 问题或者频域疲劳分析问题[8–11]。对于大多数工程设计师，在进行车辆结构疲劳分析时，均要求指定多个载荷通道的随机输入载荷或响应输出。对于车辆结构体系来说，也有必要考虑载荷时间历程的随机性。多数时间序列信号均可描述为随机过程，直观来说，它只能通过统计方法确定其随机性。

谱分析是一种将模态分析结果与一个已知谱联系起来，计算模型位移和应力的分析技术。它借助于应力概率密度函数和各阶谱矩函数，特别是利用相关函数在幅值域、时域、频域内描述随机振动。由于频域内的主要优点是能够描述振动频率，了解振动中的有效频率分量，因此对随机振动的应力分析，主要使用频域的谱分析法。在频域中，功率谱密度是一个最基本的量，通过谱分析可以了解随机振动的频率成分。

功率谱密度的表示式为

$$S_{xx}(\omega)=\frac{1}{2\pi}\int_{-\infty}^{\infty}R_{xx}(\tau)\mathrm{e}^{-\mathrm{i}\omega t}\mathrm{d}\tau \tag{5-4}$$

其中，$R_{xx}(\tau)$ 为平稳随机振动的自相关函数，ω 是圆频率。

5. *其他动应力分析方法*[12]

前面已经简单介绍了评估结构动应力分析的几种基本方法，下面再讨论一下其他的动应力分析方法及一些基本概念。

(1) 模态叠加应力分析方法

模态叠加应力分析方法，又称为模态叠加的混合应力计算方法。与直接瞬态响应相比，模态叠加的优势是需要保留较少的数据以重现时间信号。这当然依赖于保留模态的数量。有时在动应力的计算中，为了考虑结构弹性或柔性影响，需要在准静态应力法基础上采取另外一种方法预测结构部件的动应力，即在整车系统的多体动力学分析中，将考虑弹性影响的刚性体替换为柔性体，包括替换它和其他刚体相连接的全部标志点。同时可以根据结构部件的大量主模态表示，在多体动力学仿真中准确考虑柔性车体结构的影响。

具体实施方法如下：

通过有限元模态分析计算获取研究对象的单位模态应力影响因子，以及模态坐标的时间历程，使其相互线性叠加最终获得应力历程；模态应力影响因子可以通过有限元模态分析方法获得，模态坐标的载荷时间历程是通过柔性多体动力学仿真获得，柔性多体仿真主要也是一种基于模态的综合分析方法；为提高计算效率，利用一些结构振动的主模态表示结构的变形场，同时为了提高精度，该方法还可以考虑结构弹性变形和整车运动的耦合作用和影响。

当模态应力叠加方法被用来计算结构动应力时，其精度主要取决于柔性多体动力学计算和结构模态分析。这种方法如果选择主模态不合适，结构的动应力可能会不精确，因此，为了提高运算的精度，需要准确考虑结构主模态的选择。

(2) 模态加速度法

该方法由 Ryu 在 1997 年提出的，主要是通过每个积分时间步的准静态应力和模态加速度应力计算，计算出结构部件的应力时间历程。从静态分析获得的准静态应力以及多体动力学分析获得的结构部件的动载以及模态加速度应力，然后通过相乘后线性叠加计算。这种方法可以大大降低高频模态截断误差，且可以通过静态修正，比前面提出的动应力计算方法更加精确。但计算费用昂贵以及占用硬件存储空间非常大，适用于提高结构动应力计算精度。

(3) 混合叠加法

该方法主要是为了改善动应力计算精度和速度，是 Yim、Haug 和 Dopker 等利用对动应力计算的研究成果提出的一种计算结构动应力的混合叠加方法，即将模态应力叠加法、多体系统仿真和准静态有限元法结合起来。它主要通过多体系统仿真，求得惯性载荷和支反载荷历程，然后对于每一个支反载荷和惯性载荷分量作用的节点处依次施加单位载荷，通过准静态有限元分析获得危险节点处的各载荷分量的应力影响因子。将惯性载荷与支反载荷历程分别与各自对应的应力影响因子相乘之后叠加计算，得到应力历程。缺点是随着大型复杂结构节点数量的庞大，将导致有限元分析方程次数的显著增加，而且叠加仿真的时间也会增加很多。

其他的动应力研究方法还包括 Ryu 等提出的惯性载荷的时间变量因子方法等。这些方法在计算动应力的精度上是不断改善的，可以极大地减少有限元分析的次数从而缩短仿真时间。图 5.3 是 Kim 等针对小型客车系统提出的混合叠加方法。

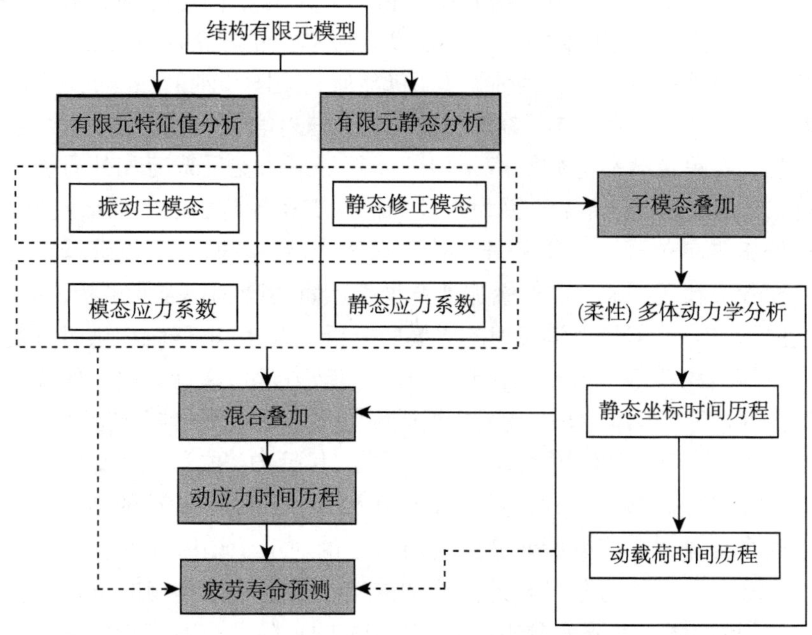

图 5.3 混合叠加应力分析方法的计算流程图 [12]

5.1.3 基于多体–有限元法的动应力计算

基于国内外计算车辆结构动应力历程方法的研究文献[7,12]，结合实际轨道车辆的特点，针对具体的车辆结构动应力的计算与分析问题，本书整理出一种简单的利用刚柔耦合多体动力学与有限元法获得结构动应力的基本流程，如图 5.4 所示。

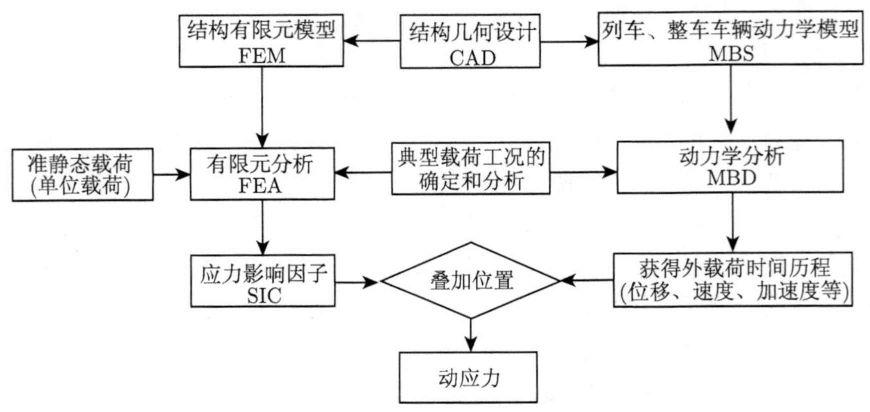

图 5.4 结构动应力的计算流程

以车体结构为例，计算结构动应力的具体步骤，可以简单地表述如下。

(1) 建立较为准确的车体结构有限元模型以及对结构进行静态分析和模态分析。前者主要是根据典型的载荷工况，通过施加单位载荷获得应力影响因子；后者主要是确定获得结构特征值和具体振型，包括质量矩阵和刚度矩阵的计算。如果模型有明显的局部变形，则通过各施加一单位载荷进行有限元准静态分析，获得准静态校正模态。各单位载荷分别对应于引起局部变形的支反载荷和外界施加的单位集中载荷。如二系悬挂连接处，因为惯性载荷和支反载荷引起的局部变形，可以通过在连接处施加单位载荷获得的静态校正模态表示。有时也可以选择重要的自由振动模态和静态校正模态，进行叠加计算模态质量矩阵和模态刚度矩阵。

(2) 进行列车/整车动力学模型的建模和分析。其中，根据轨道谱时频复现技术计算获得相应线路等级的标准轨道谱作为车辆动力学仿真计算时，外界轨道不平顺激励的输入，对 “车体–构架–轮对” 组成多刚体和刚柔混合多体系统分别进行动力学仿真，获得结构危险位置的载荷时间历程 (包括力、位移、速度和加速度等)。

(3) 通过准静态有限元分析法，将对应于惯性力和支反载荷的节点的单位载荷矢量通过耦合点施加，获得所研究的危险节点的对应于该时间变量的应力影响因子。分别于每个支反载荷分量和外界施加的集中载荷分量作用的节点处依次施加单位载荷，通过准静态有限元分析，求得所研究的危险节点对应于各载荷分量的应力影响因子。

(4) 通过准静态应力分析方法，获得车体结构的各惯性载荷的时间历程与其在危险节点对应的应力影响因子，然后将应力影响因子与动力学分析计算获得的各支反载荷分量和载荷时间历程等相乘，最后叠加求和得到危险节点的应力历程，并且根据雨流计数法进行编辑获得典型疲劳载荷谱。

5.1.4 结构动应力计算的算例[13]

这里以某型机车车体结构的动应力计算为例。通过前面章节介绍的动应力计算方法，可以发现，经过动应力的时域或频域计算方法，均可以很方便地获得结构部件危险位置的动应力。在本算例中主要采用基于准静态应力方法，即结合多体动力学计算获得的载荷时间历程和基于有限元单位载荷计算获得的准静态影响因子，在同一位置叠加相乘求和之后，可以得到结构有限元模型所有节点的动应力。

为便于和后面的动应力测试结果比较，下面主要列出对应牵引座部分测点的危险点的应力分布状况。表 5.1 列出了车体结构对应测点的应力计算的仿真结果。

表 5.1 车体结构对应测点的部分动应力仿真统计结果[13]

节点号	平均值/MPa	标准差	标准误差	最小值/MPa	最大值/MPa	应力范围/MPa
90594	0.2525	8.1994	0.2593	−27.2452	30.2350	57.4802
91033	−0.1804	7.1886	0.2273	−27.3827	22.4797	49.8624
91016	−0.1054	10.7933	0.1138	−30.8868	33.7479	64.6347
91079	−0.0733	7.8647	0.2487	−26.3885	36.1915	62.58
81195	0.2949	10.6086	0.3355	−37.5063	39.8507	77.3570

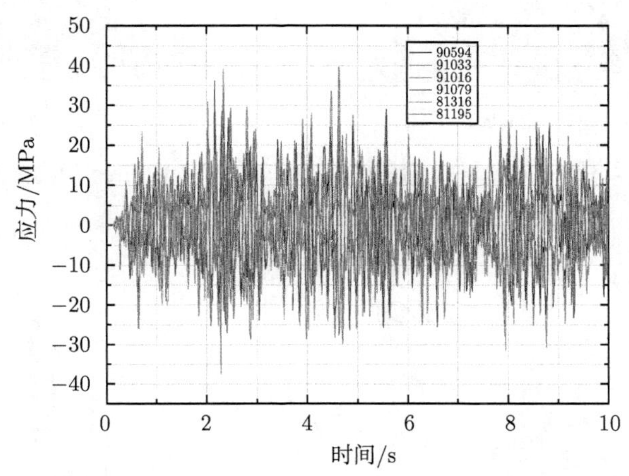

图 5.5 车体牵引座的对应测试通道节点 Von Mises 应力[13]

图 5.5 是某型机车车体牵引座危险节点的应力历程的比较。图 5.6~ 图 5.8 表示各个节点应力历程频率次数的统计。图 5.9~ 图 5.11 表示车体结构各个主要危险节点对应的动应力功率谱密度分布状况图。

从动应力的计算结果可以看出，牵引座的危险节点的应力范围主要在 ±50MPa 内，其发生的频率主要在 15Hz 的范围，属于低频小幅应力。

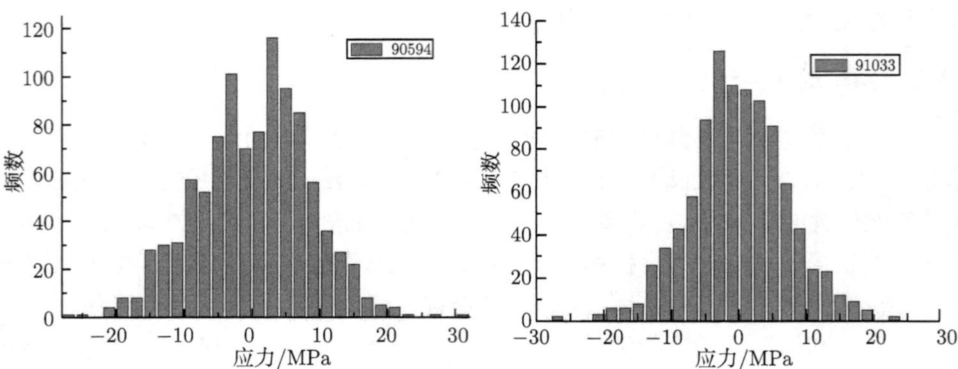

图 5.6 车体牵引座的危险节点 90594 和的 91033 的 Von Mises 应力频数统计分布[13]

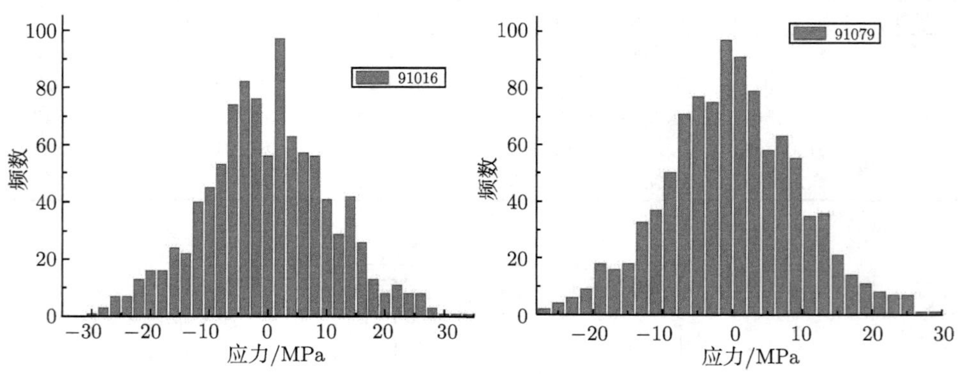

图 5.7 车体牵引座的危险节点 91016 和 91079 的 Von Mises 应力频数统计分布[13]

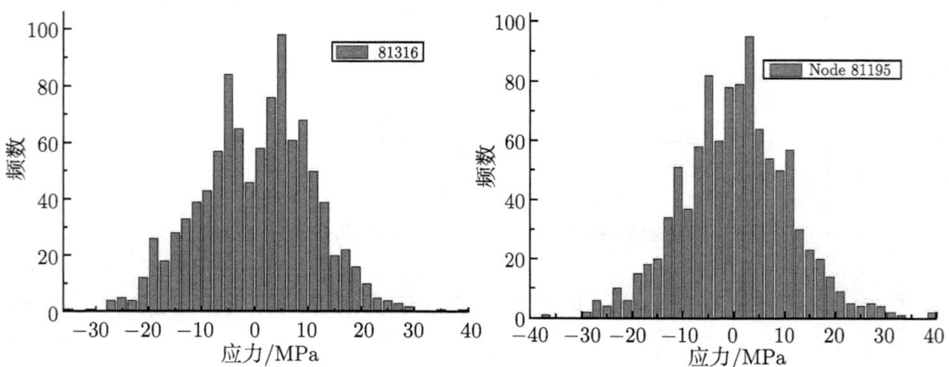

图 5.8 车体牵引座的危险节点 81316 和 81195 的 Von Mises 应力频数统计分布[13]

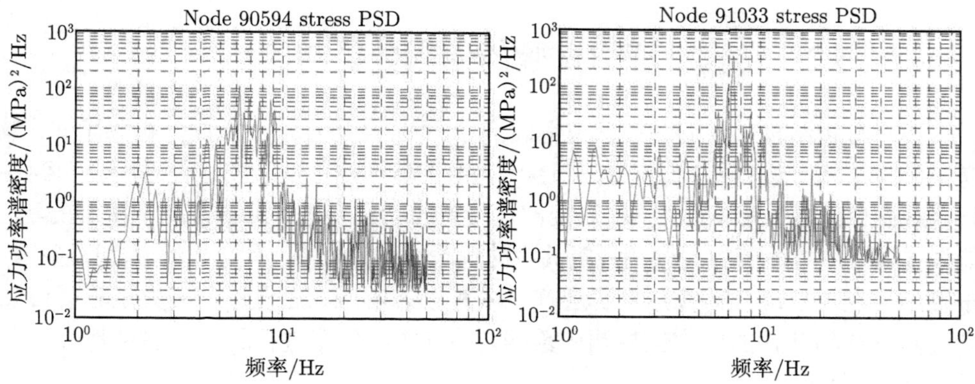

图 5.9 节点 90594 和节点 91033 的 Von Mises 应力功率谱密度[13]

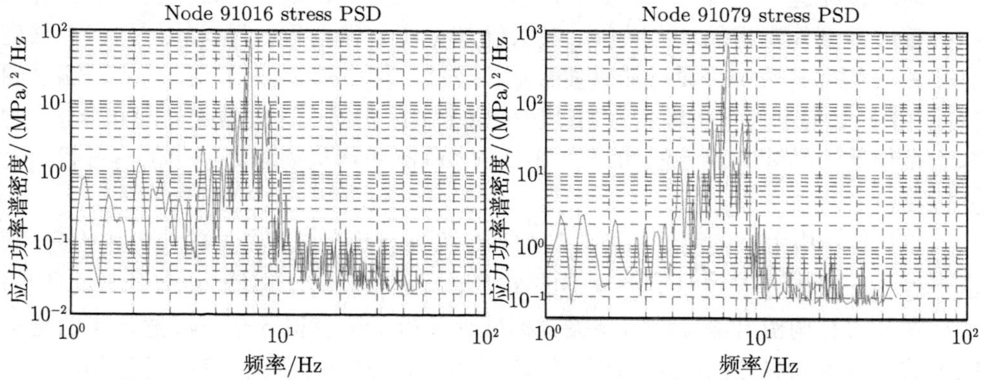

图 5.10 节点 91016 和节点 91079 的 Von Mises 应力功率谱密度[13]

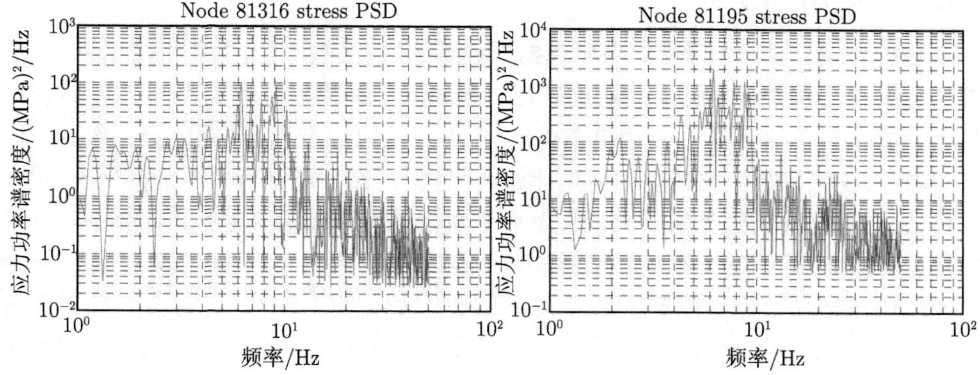

图 5.11 节点 81316 和节点 81195 的 Von Mises 应力功率谱密度[13]

5.2　结构动应力试验的结果分析与验证[13−18]

要对车辆结构部件的关键部位危险点应力/应变历程进行全面分析和了解，最有效的方法就是进行结构动应力试验[14]。由于车辆线路试验和运行时间会受到各种客观条件因素的影响和限制，对全部危险点的动应力进行测试是非常困难的。只能根据具体结构疲劳的问题和希望关注的危险点位置，进行有选择的应力试验[15]。车辆结构在随机动载荷作用下都会产生各种动态响应，而通过动应力试验就可以准确获得结构部件的应力应变响应数据，并以此为依据进行结构动态性能优劣分析和判断[16−18]。

这里以某型机车车体结构动应力测试为例，实际线路的车体动应力测试主要是考虑车辆在运行过程中车体是否具备良好的动力学性能，是否能保证运行过程中关键结构部件良好的动态特性。其关键部位应力谱也是进行车体结构疲劳强度有效评估和可靠性寿命设计的重要数据。通过实例中的车体结构的动应力测试的情况，探讨如何利用在实际线路的动应力试验中结构动应力的数据处理和分析，对基于多体动力学和有限元法的混合模拟技术预测的结构动应力结果的有效性进行分析和验证。

车体结构应力谱的测试需要对结构动应力分布状态进行全面的分析和研究。其基本过程是首先通过线路实测获得的结构不同危险点的动态应力/应变时间历程，然后对其进行雨流计数，利用相关数据处理分析手段获得各个对应危险点的测点应力的直方图和失效图，并以此为根据，了解车体结构危险 (关键) 部位的动应力分布特征，最终获得车体结构的动应力分布规律。

5.2.1　动应力测试方案

结构动应力试验与验证，主要包括试验基本过程以及试验数据的提取和处理；仿真结果和动应力测试结果的对比验证。测试信号通过各种应变片、应变补偿片，将应变的微电压信号通过传输电缆传输到动态应变仪和动态数据采集系统上，最后利用 USB 接口将数据转存到便携计算机硬盘上，然后通过有效的数据处理方法，进行动应力/应变的数据统计处理。由于车辆长时间和远距离运行，周围环境及工况复杂等因素都可能会导致结构应力应变测试过程中受到多种干扰，干扰信号会由上述的测试环节进入数据采集系统，对应力信号产生干扰，有时会掩盖真实信号，因此在对实验数据的数据处理中必须要进行抗干扰技术处理，测试系统和数据处理流程如图 5.12 所示[18]。

采用应变片、应变补偿片、动态应变仪和动态数据采集系统组成实际线路车体结构动应力测试系统。测试前首先进行动态应变仪的微调平衡处理，使动态应变

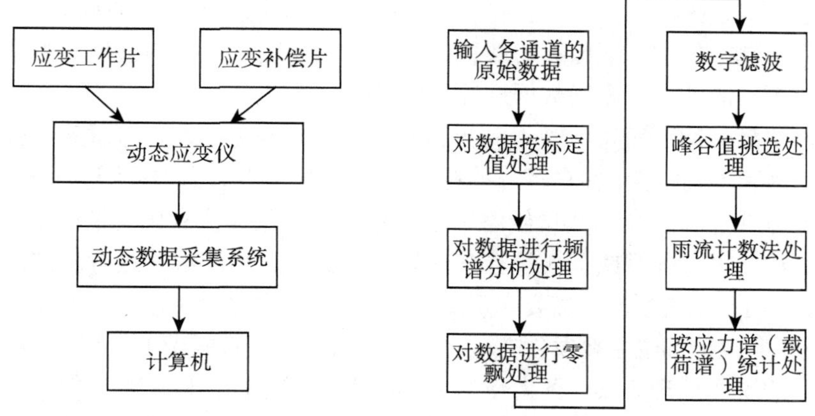

图 5.12 测试系统基本组成及数据处理流程图[18]

仪的输出为 0。实际上，由于机车运行过程中，电子设备的振动和发热等各种外界因素的影响，在无信号输入时，动态应变仪的输出常常也不为 0，这就是所谓的“零点漂移”现象。采用分段线性零漂处理方法，主要是假设较短时间内信号零漂是线性变化的，将较长的时间历程分成若干段，认为各段内的零漂是线性的，则整个应力时间历程的零漂连起来是一条折线，然后用实测信号逐点减去这条折线便可得到真实的信号。对于折线的确定，首先根据实测信号求各段的信号均值，假设数据采集开始是没有零漂的，因此折线的起点为 0；后续各段则考虑折线的连续性，各段交界处的折线端点取两段均值的平均值；对于最后一段折线，其左端点可由连续性来确定，其右端点可以根据线段所围成的梯形面积与最后一段均值线所围成的矩形面积相等来确定[17,18]。

线路动应力实测的采样过程中，必须要保证采出信号的离散点构成的波形与原始波形一样，同时采样中要避免信号混叠现象，一般要求采样频率要大于 2 倍信号中的最高频率，即必须要满足[18]

$$f_{\mathrm{s}} = \frac{1}{\Delta t} \geqslant 2f_{\mathrm{d}} \tag{5-5}$$

其中，f_{s} 是采样频率；f_{d} 是产生混叠的奈奎斯特频率，Δt 是时间间隔。

采样的另一个要求就是减少混入频率的虚假成分，在测试过程中需要采用不同的窗口函数进行数据的滤波处理。

5.2.2 某型机车车体结构动应力实测[13,18]

通过机车线路试验可以获得较为精确的车体应力历程，但试验中也存在很多的局限性和不确定性，比如：只能按照机务段或车辆段的行车计划确定的机车运行线路，进行指定时段的车辆动应力测试；只能在有限定长线路和有限时段上进行动应力试验；只能根据生产方或运营方要求测试线路车辆可能出现的危险位置，确定结构部件的测点布置。下面针对解决某机车车辆制造厂生产的某型机车牵引座疲劳裂纹问题时的动应力测试数据进行分析说明。

通过实际线路试验可以获得较为精确的结构动应力历程，但试验中也存在很多的局限性和不确定性，如车辆只能在有限定长线路和有限时段上进行试验；只能根据生产方或运营方要求测试线路车辆可能出现的危险位置确定结构部件的测点布置；以及按照机务段或车辆段行车计划确定机车运行的线路进行指定时段的动应力测试。由于同类型的车需要先后测试三次，在使用过程中牵引座产生严重裂纹萌生现象，且危险部位主要发生在车体牵引座与底架连接根部的焊缝处。结合当时结构裂纹的现场处理方案，西南交通大学和生产厂方以及机车配属使用的机务段一起研究确定了线路的试验方案。为了确保测试数据有足够的数据和代表性，试验线路选用了大量使用该型电力机车的实际线路“昆明－威舍”区段。这条试验线路具有各种测试所需要的线路形式和各种类型的道岔。由于该试验的主要目的是针对当时该型机车车体发生疲劳裂纹的危险点位置，因此车体结构的测点位置，主要集中在六个牵引座的不同危险部位。限于以上阐述的原因，本书也只能结合这些位置，对多体有限元仿真的动应力结果和结构动应力测试结果进行相互对比验证，因此数据的对比存在一定的局限性。

1. *试验工况的确定*

根据该型机车在昆明机务段使用情况和出现的疲劳问题，确定动应力试验的主要内容，包括试验机车及运行线路的选择，以及如何对机车车体牵引座动强度进行试验鉴定，测试其危险点部位的动应力分布状况。最后经过专家研究确定，试验机车类型为正在使用的已经出现裂纹萌生等问题的该型同类机车。试验线路选定在昆明－威舍区间 300km 的线路上，进行往返动应力测试。昆明－威舍区间 300km 的线路如图 5.13 所示。

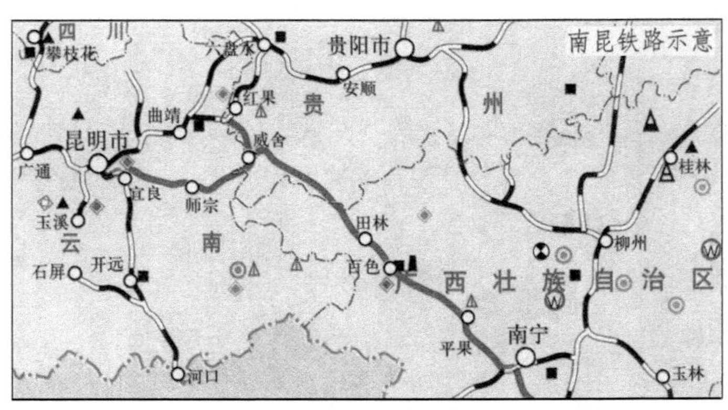

图 5.13　昆明–威舍区间 300km 的线路[13,18]

该线段可以确保测试数据有足够的数据量和代表性，且包括各种典型线路形式和各种类型的道岔。试验侧重于 5 号牵引座改造前后的动应力对比试验。测试试验分为两次，第一次试验在 2002 年 12 月 16 日和 17 日进行，单机牵引，要求牵引吨位为 2050±80t。第二次试验主要在同月的 20 日到 21 日，通过试验测试该车的牵引座的应力分布状况，最终为确定牵引座修改方案提供科学依据。

参照铁路运输行业标准《铁道机车动力学性能试验鉴定方法和评定标准规范》(TB/T 2360—1993) 以及其他相关标准，可以确定动应力实测试验部分运行工况。试验分别在直线、曲线和道岔区段进行。试验车辆通过的曲线地段的曲线半径应在 300~800m。试验车通过车站的侧线道岔的最小号为 12 号单开道岔。试验车辆在试验时的最高速度应较该车辆的设计构造速度高 10km/h。试验车辆在曲线上进行试验时，按该曲线的最高允许速度通过 (取决于曲线半径和外轨超高度)，试验时如没有曲线允许通过的最高速度资料，采用下面公式[13,18]：

$$V_{\max} = \sqrt{\frac{(h - h_0)R}{11.8}} \tag{5-6}$$

其中：$V_{\max}$ 为曲线允许通过的最高速度，km/h；h 为外轨超高度，mm；h_0 为允许最大未被平衡的超高度 (取 75mm)；R 为曲线半径，m。

试验车辆在直线上运行时，一般每一速度级别的随机采样段数为 8~10。每段的采样时间为 18~20s。过曲线时不分速度级。不规定采样时间，其通过曲线的速度按照曲线允许通过的最高速度确定。采样段应自试验车曲线的第一缓和曲线前开始，到驶出曲线的第二段缓和曲线结束。对于长曲线区段可在曲线的两端间断取样，在试验线路的全程内，采样段数为 5~10。

2. *动应力采样频率及测点布置*[13,18]

采样的另一个要求就是减少混入频率的虚假成分，本次试验采用的是 Hanning 窗，其窗口函数旁瓣小，带入虚假频率成分相对较少，因此防止信号渗漏效果比较好。根据车体振动频率的特点和参考相关动应力试验，选择采样频率为 500Hz，这样就不会漏掉采样信号的主要频率，由此可以求得如下采样信号的分析间隔：

分析间隔为

$$\Delta t = \frac{1}{2f_{\mathrm{d}}} = \frac{1}{500} = 0.002(\mathrm{s}) \tag{5-7}$$

分析频率间隔为

$$\Delta f = \frac{1}{\Delta t \cdot N} = \frac{1}{0.002 \times 2048} = 0.2441(\mathrm{Hz}) \tag{5-8}$$

根据车体牵引座实际使用情况以及对其结构工艺的特点、载荷传递方式的具体分析，确定本次试验的动应力测点布置。测试对象为前 5 个牵引座 (即 1~5 号牵引座), 1 号牵引座布置 1 个测点, 2、3、4 号牵引座各布置 10 个测点, 改造前后的 5 号牵引座各布置 5 个测点。测点布置现场如图 5.14～ 图 5.16 所示。

图 5.14　线路试验的部分测试点布置图[13,18]

限于试验条件, 本次的线路试验主要是车体牵引座的动应力试验。且根据线路试验获得的牵引座疲劳危险点的应变信号获得应力时间历程。试验方案测点布置主要是根据产生裂纹萌生的牵引座位置确定。根据动应力试验方案, 选用昆明机务段 0045 号电力机车在昆明–威舍区间 300km 线路上进行往返动应力测试。牵引座的 2、3、4 各动应力测点的对应测点号如图 5.17 所示。

图 5.15　牵引座 2、3 的测点布置图[13,18]

机车运行在昆明–威舍段区域, 主要包括起动和制动工况, 并且采用 21 个数据通道、4 个测试过程 (代表 16、17 日和 20、21 日的测试过程)。其中牵引座 2、3、4 各布置了 10 个测点, 1 号 (6 号) 牵引座只布置一个测点, 其位置和 2 号牵引座的 3 号测点相同。改造前后的 5 号牵引座分别布置了 5 个测点。根据这些对应的测点, 然后布置对应的应变片和数据线, 采集的数据频率设定为 500Hz, 同时采用低

通抗干扰过滤器 (Low Pass Anti-aliasing Filters)。过滤器的截止频率由使用在通道的不同类型的传感器确定。数据存储为 21 个通道，通道 1～20 分别对应各测点信号，第 21 通道对应速度信号。牵引座测点对应的部分数据通道设置如表 5.2 所示，这里列出前 19 个测试通道对应的测点布置。

图 5.16　线路试验的部分信号线[13,18]

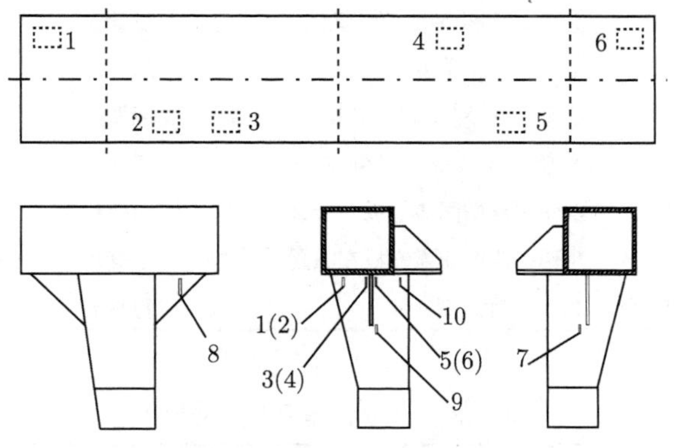

图 5.17　部分牵引座的测点布置[13,18]

3. 试验设备及数据采集系统[13,18]

试验设备主要包括动态应变仪、数据采集系统、计算机、应变片以及数据线。利用它们组成的数据测试系统可以完成多通道的车体结构动应力时间历程的连续采样。动态数据采集系统选用美国 Iotech 公司生产 Wavebook/512。动态应变仪型包括两台江苏联能电子技术有限公司生产的 YE3818 动态应变仪，一台日本的动态应变仪 SAN-EI6M92。应变片选用原陕西汉中中原电测仪器厂 (现中航电测仪器股份有限公司) 型号为 BE120-4AA 应变片，应变片的粘接按照 GB 5599—1985 标准进行，用应变仪对信号进行放大。试验装备及数据采集系统参见表 5.3。

表 5.2 牵引座测点布置及标定 [13,18]

测试通道	测点号	描述		正标定	负标定
Ch1	2-1	2 牵引座 X 正向外侧左	应变片	0.397	−0.400
Ch2	2-8	2 牵引座筋板处	应变片	0.401	−0.398
Ch3	2-3	2 牵引座中间靠筋板左布置	应变片	0.400	−0.397
Ch4	2-9	2 牵引座靠筋板右下内侧布置	应变片	0.393	−0.405
Ch5	2-5	2 牵引座中间靠筋板右布置	应变片	0.400	−0.400
Ch6	3-2	3 牵引座靠 X 正向外侧左	应变片	0.397	−0.402
Ch7	3-4	3 牵引座 X 正向内侧和 3-3 对称	应变片	0.397	−0.400
Ch8	3-3	3 牵引座中间靠筋板左布置	应变片	0.395	−0.404
Ch9	3-8	3 牵引座筋板处	应变片	0.399	−0.402
Ch10	3-5	3 牵引座中间靠筋板右布置	应变片	0.400	−0.402
Ch11	5-1	5 牵引座 X 正向外侧右	应变片	0.402	−.400
Ch12	5-3	5 牵引座中间靠筋板左布置	应变片	0.400	−0.401
Ch13	5-8	5 牵引座筋板处	应变片	0.397	−0.406
Ch14	5-5	5 牵引座中间靠筋板右布置	应变片	0.400	−0.402
Ch15	5-2	5 牵引座和 5-1 对称布置	应变片	0.400	−0.404
Ch16	4-2	4 牵引座中下方布置	应变片	0.400	−0.402
Ch17	4-4	4 牵引座 X 正向内侧和 4-3 对称	应变片	4.826	−4.534
Ch18	4-1	4 牵引座 X 正向外侧左	应变片	1.239	−1.376
Ch19	4-3	4 牵引座中间靠筋板左布置	应变片	1.606	−1.989
Ch20	6-1	6 牵引座中间靠筋板左布置	应变片	2.709	−2.505
Ch21	速度	机车运行速度	传感器	—	—

表 5.3 试验设备及型号 [13,18]

仪器设备	型号
动态数据采集系统	美国的 Iotech 生产的 Wavebook512A 一套
动态应变仪	江苏联能电子 YE3818 应变仪；日本的 SAN-EI6M92 一台
计算机	IBM 笔记本电脑一台
应变片	陕西汉中中原电测仪器厂型号：BE120-4AA

4. *数据处理方法* [13,18]

对采集的各种数据需要进行数据的整理换算、统计分析和归纳演绎，以得到表示结构动应力性能的各种图表。数学模型和数值结果等数据处理基本包括四个步骤：数据的整理换算，数据的统计分析，数据的误差分析和数据的表达。数据的修正方法以及应变换算应力的计算公式可以按照应力/应变关系公式进行应变/应力换算。计算公式主要根据测点的布置状况进行选取，如单向应力、平面应力(主应力方向已知成未知) 以及三向应力 (主应力方向已知) 等布置，对应选取公式[13,18]。

本书首先对测得的数据通过 Wavebook 软件的 Waveview 工具进行数据转化，然后再利用 MATLAB 和 ORIGIN 等数据处理和分析工具进行统计处理。由于实际测试的结构动应力数据结果主要是对应于 200 微应变 (με) 的电压信号，且测点布置的应变片基本是单向应力状况的位置，根据文献相关理论，采用下列公式进行继续转化，转换成应力的数据结果[13,18]。

$$\sigma = E\varepsilon = E \times \frac{\text{电压信号值} \times 200}{\text{标定值}} \tag{5-9}$$

由于获得的测试动应力数据十分庞大，数据的过滤和剔除是十分必要的，但这还远远不够，还需要对其进行正确的数据统计分析和循环分布计算。本书主要利用 Waveview 工具将测试的数据信号转化为应力数据结果文件，然后进行数据分析处理。测得的原始应力信号可以利用三种基本的平滑方法：相邻平均法、Savitzky-Golay 法、FFT 滤波法，对其平滑处理。相邻平均法 (Adjacent Averaging Method，AA 法)，是对指定的数据进行求平均；Savitzky-Golay 法 (SG 法)，是对每个数据点应用局部多元回归算法，计算出平滑后的值；FFT 滤波法，主要对数据进行傅里叶变换 (FFT)，去除频率高于 $1/(n\Delta t)$ 的高频成分，达到平滑的目的。还可以利用 ORIGIN 提供的 5 种傅里叶 (Fourier) 转换滤波器，包括低通 (Low Pass)、高通 (High Pass)、带宽 (Band Pass)、带阻 (Band Block) 和阀值 (Threshold) 滤波器，对数据进行过滤处理。图 5.18 表示根据测试通道 1 获得的应力三种平滑方法处理的效果。

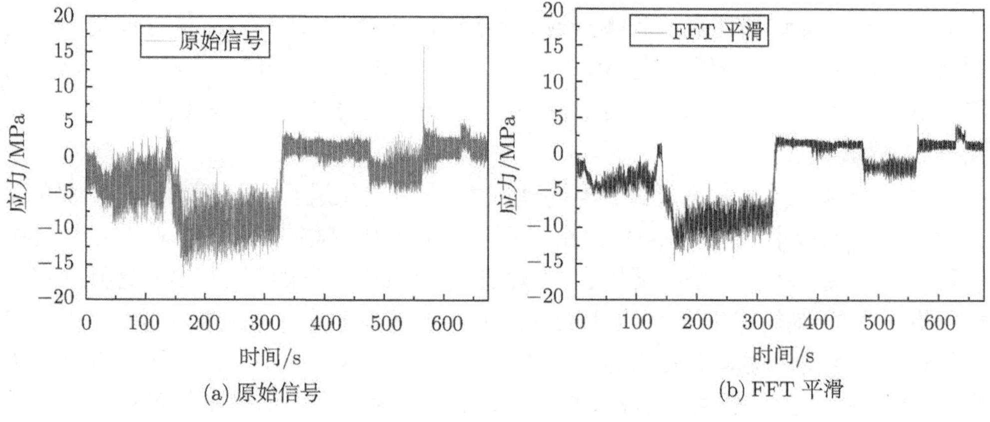

(a) 原始信号 (b) FFT 平滑

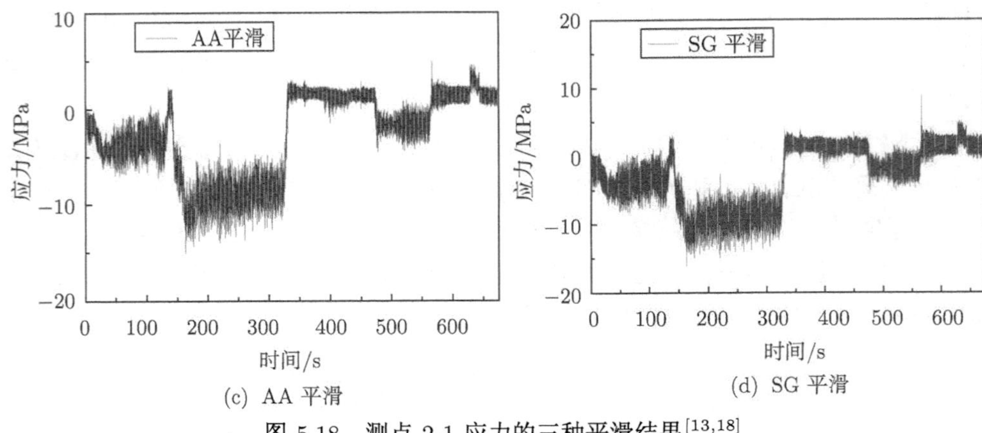

(c) AA 平滑　　(d) SG 平滑

图 5.18　测点 2-1 应力的三种平滑结果[13,18]

根据误差统计规律，绝对值越大的误差，出现的概率越小。因此随机误差的绝对值不会超过某一范围。本书对采集的数据，特别是对异常数据结果，主要根据 3σ 方法进行剔除，即当某个数据的误差大于 3σ 值时就进行删除。通过对不合理的数据进行合理的过滤和剔除，就可以确保试验结果的准确性。表中列出是平均值的标准误差 SE。

$$\mathrm{SE}=\frac{\mathrm{SD}}{\sqrt{n}}=\sqrt{\frac{1}{n(n-1)}\sum_{i=1}^{n}(X_i-\overline{X})^2} \tag{5-10}$$

数据的统计计算主要包括采集数据的平均值 (Mean)、标准差 (Standard Deviation，SD)、最大值、最小值、以及不同的置信度平均值 (分别考虑置信度为 90%、95%、97%、99%)。并且根据上述的数据误差判定原则，剔除了一些不合理异常数据 (包括剔除一些小于应力范围值 5%的小循环)。17 个测试通道的基本统计数据列在表 5.4 中。

下面根据测试通道对应的测点应力数据 ⩾40MPa 的几个测点信号分别列出进行比较。具体选择了测试通道 10、11、13、14、15 和 16 对应的各个测点进行比较。测点应力结果比较如图 5.19~ 图 5.21 所示。测点应力的雨流矩阵比较如图 5.22~图 5.24 所示。

对各个测试通道线路测试获得的动应力/应变结果进行雨流循环分布计算，且比较雨流计数最小–最大值 (Min-Max) 雨流分布和雨流幅值 (Rainflow amplitude)-循环分布状况。从图 5.22~ 图 5.24 中雨流分布的统计结果可以看出，我国目前使用的机车车体结构，在既有线路上的动应力特点是小载荷占据主要的成分，测点应力历程的雨流分布循环次数随着应力幅值的增加而逐步减少。且当结构应力在达到 30MPa 后，应力的雨流循环分布的次数显著下降，说明牵引座的多数的应力幅值的循环分布主要是发生于 30MPa 以下，属于典型的小应力分布状况。

表 5.4 测试通道 1~17 的部分统计结果[13,18]

测试通道	平均值	标准差 SD	最大值/MPa	最小值/MPa	置信度 90%	置信度 95%	置信度 97%	置信度 99%	标准误差 SE
1	−2.74995	4.37994	15.84243	−16.59639	2.01189	2.51464	2.76607	3.26901	0.00755
2	−9.17171	1.61142	5.02928	−21.62588	−7.2925	−6.78955	−6.28661	−5.78366	0.00278
3	1.14928	4.08589	24.39246	−11.81925	5.53223	5.78366	6.03518	6.53813	0.00704
4	−2.91868	5.04087	14.33348	−22.63219	2.51464	3.01759	3.01759	3.52054	0.00869
5	−0.87767	5.04163	27.913	−21.8772	5.02928	6.03518	6.53813	7.54393	0.00869
6	0.04918	2.05389	24.39246	−8.54982	2.51464	3.01759	3.26901	4.02349	0.00354
7	−0.99253	1.90973	11.5669	−14.83612	1.25732	2.01169	2.76607	4.27491	0.00329
8	0.10038	3.22489	17.10006	−10.56162	4.52633	5.53223	6.03518	7.79545	0.00556
9	5.82045	7.06775	27.15801	−9.55562	16.09375	17.6027	18.60798	20.6206	0.01218
10	10.10721	10.02904	40.98885	−11.06426	25.14642	27.37456	28.91828	31.68486	0.01728
11	9.44271	7.37372	53.56206	−20.36825	19.36297	21.37456	23.13483	26.65537	0.01271
12	−0.38347	4.96596	35.2054	−29.42092	5.53223	8.2983	9.55562	12.82453	0.00856
13	14.92969	7.8428	47.27494	−4.52633	25.90038	27.913	29.1696	31.43354	0.01352
14	8.01356	7.80581	39.22858	−10.81294	18.86003	20.6206	21.8772	24.14114	0.01345
15	−0.07499	7.25498	39.98254	−41.24017	9.55562	12.57321	14.33348	17.85402	0.0125
16	8.94704	7.18044	40.98885	−9.05277	19.11165	23.13483	26.15273	31.43354	0.01237
17	4.09141	3.52724	17.28093	−6.69904	9.27412	10.09894	10.54143	11.34648	0.00608

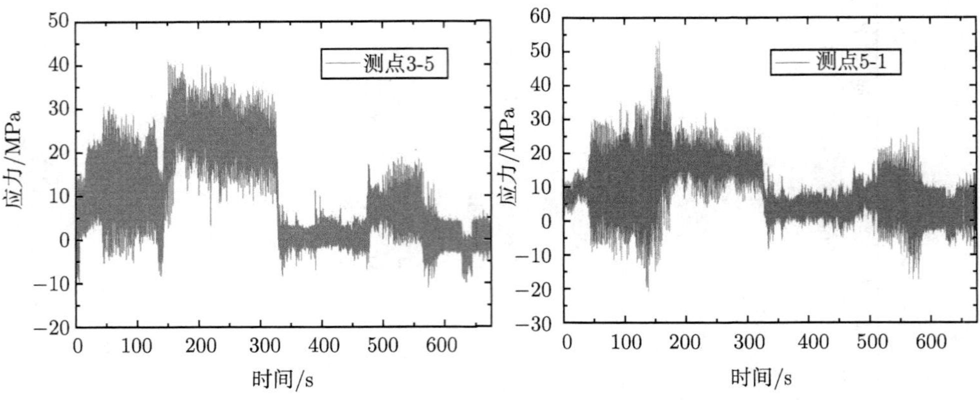

图 5.19　测点 3-5 和测点 5-1 应力结果[13,18]

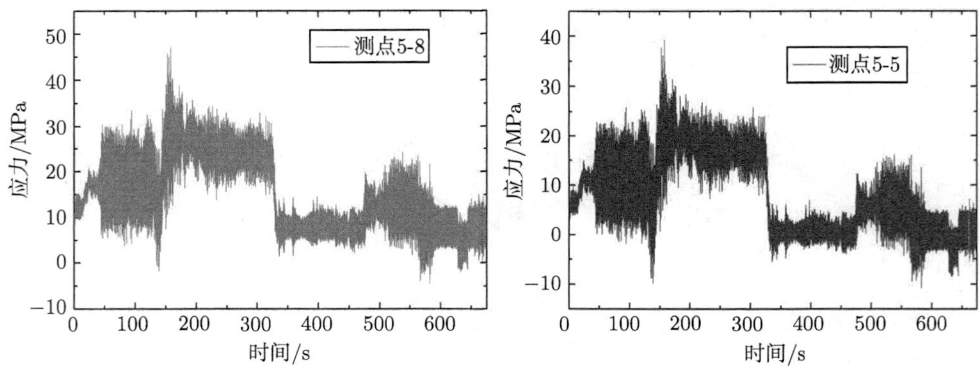

图 5.20　测点 5-8 和测点 5-5 应力结果[13,18]

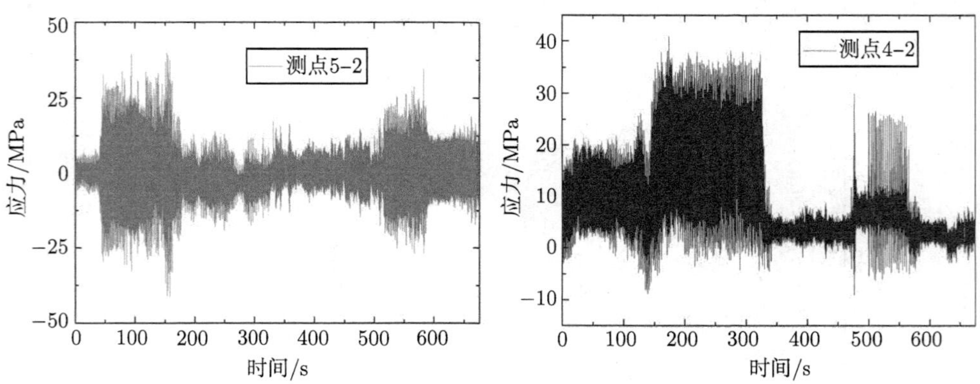

图 5.21　测点 5-2 和测点 4-2 应力结果[13,18]

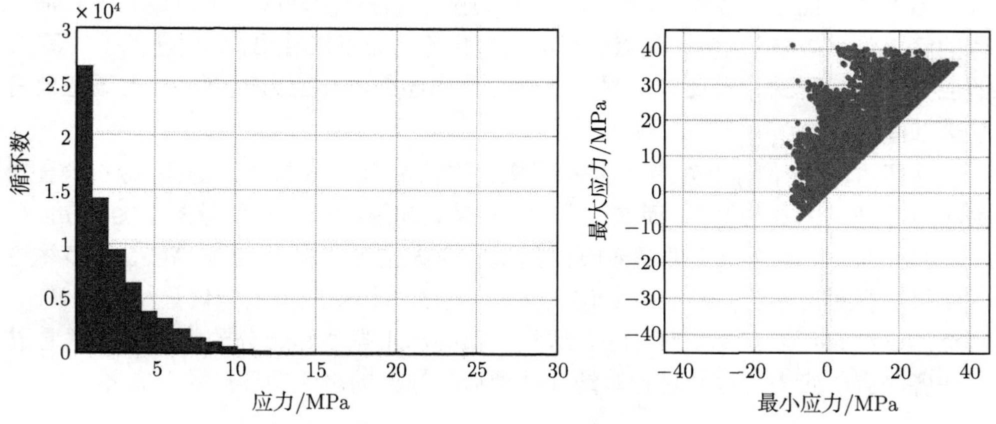

图 5.22 测点 3-5 的应力雨流幅值和计数分布[13,18]

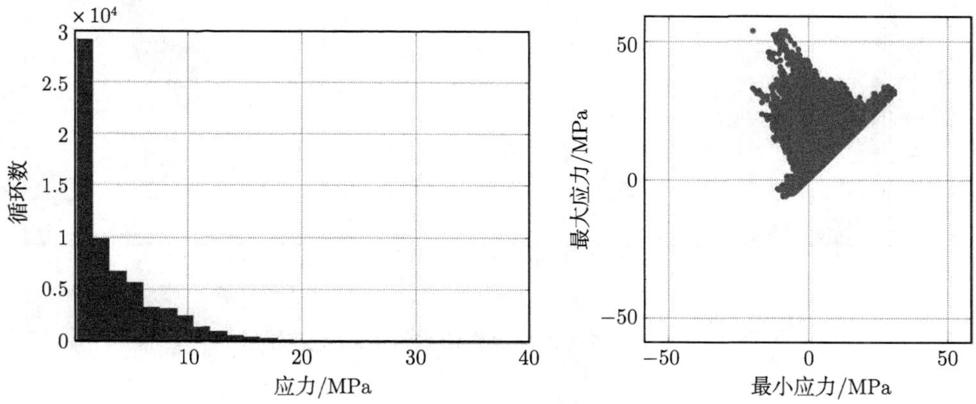

图 5.23 测点 5-1 的应力雨流幅值和计数分布[13,18]

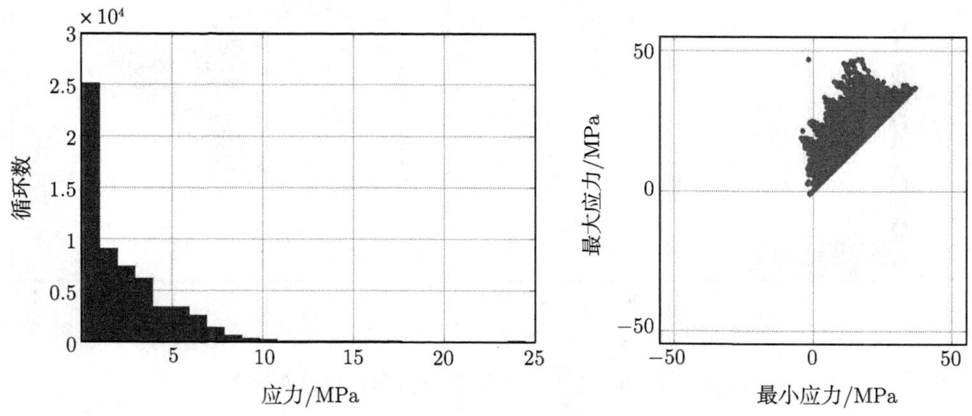

图 5.24 测点 5-8 的应力雨流幅值和计数分布[13,18]

图 5.25～ 图 5.27 分别列出了各个牵引座不同测点的动应力幅值最大值和最小值的简单分布结果。从各个测点的雨流循环幅值分布可以看出，牵引座的不同测点的应力随机过程的特性比较明显。且 5 号牵引座的测点应力改造后要比改造前有显著的降低。

从图 5.30 中，可以知道 5 号牵引座改造前测点 1 的最大应力是 53.562MPa，最小应力是 −20.368MPa。而在改造后，其最大和最小应力分别降为 17.93MPa 和 −12.03MPa。由于本章主要是对线路测试的应力结果和利用 SIMPACK 的多体仿真结果进行对比验证，因此对改造前后牵引座的结构动应力的极值只是简单对比，具体测试结果可以参见文献 [18]。这里仅仅列出根据线路部分测点对应测试通道 1～9 各测点的应力历程经过计数统计处理后的幅值的雨流循环计数分布图。

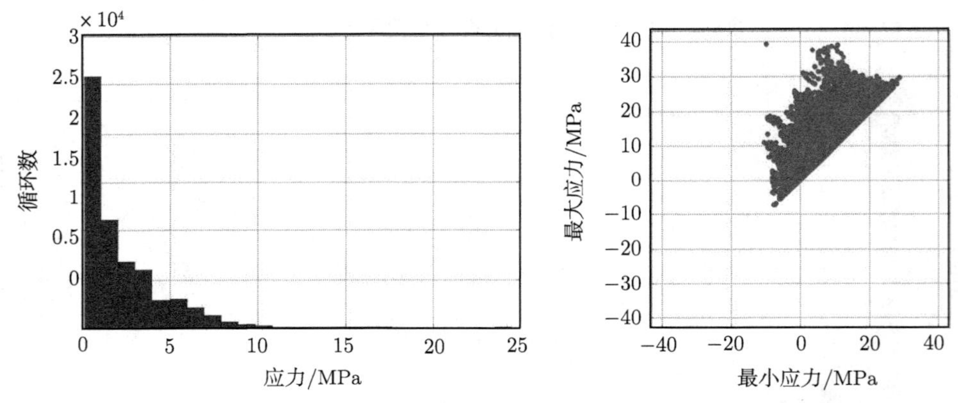

图 5.25　测点 5-5 的应力雨流幅值和计数分布[13,18]

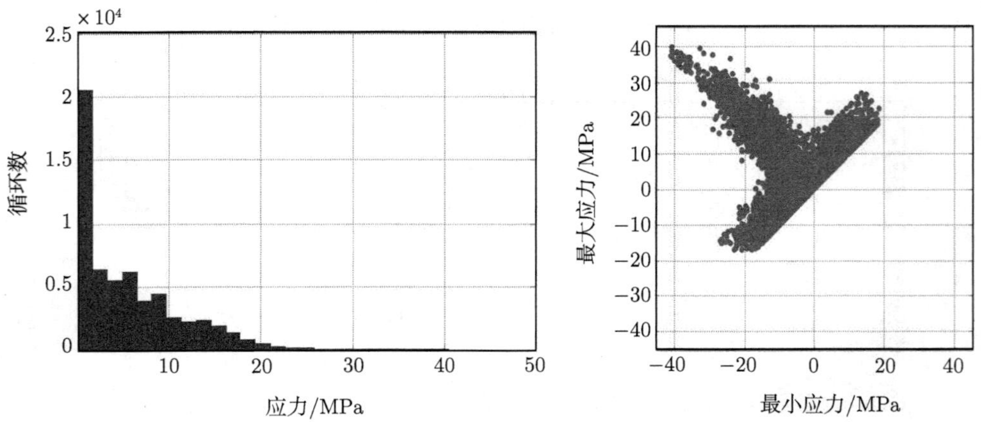

图 5.26　测点 5-2 的应力雨流幅值和计数分布[13,18]

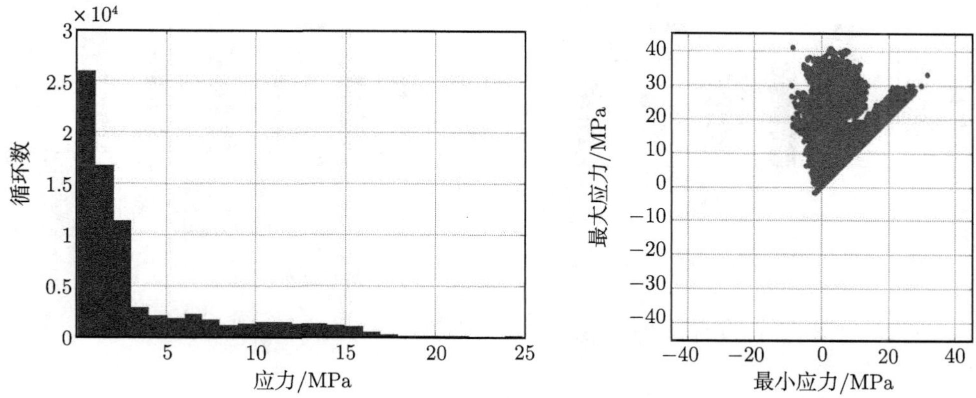

图 5.27 测点 4-2 的应力雨流幅值和计数分布[13,18]

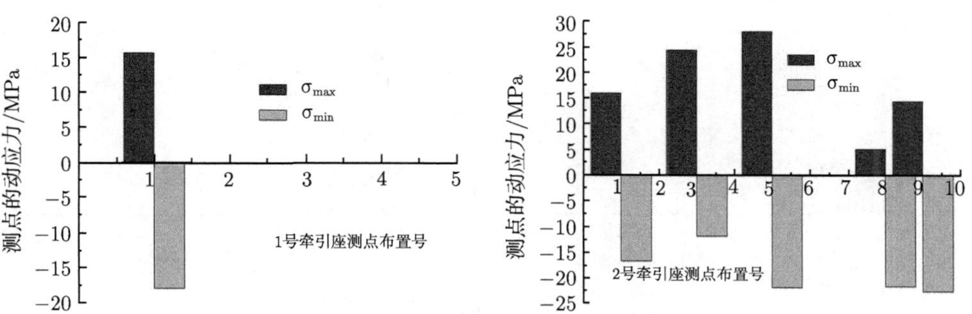

图 5.28 1 号和 2 号牵引座各测点动应力极值分布[13,18]

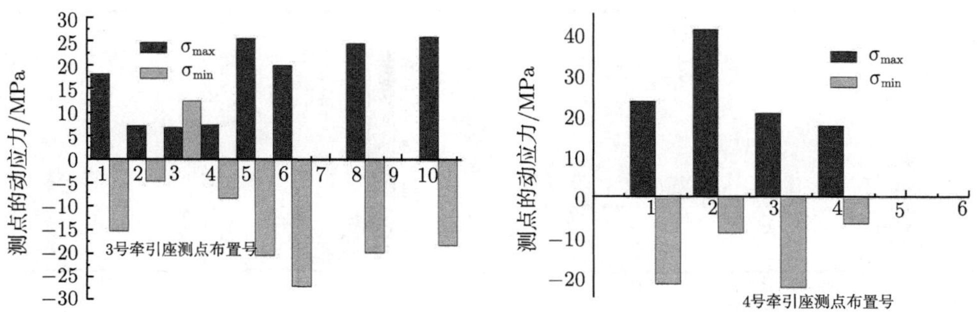

图 5.29 3 号和 4 号牵引座各测点动应力极值分布[13,18]

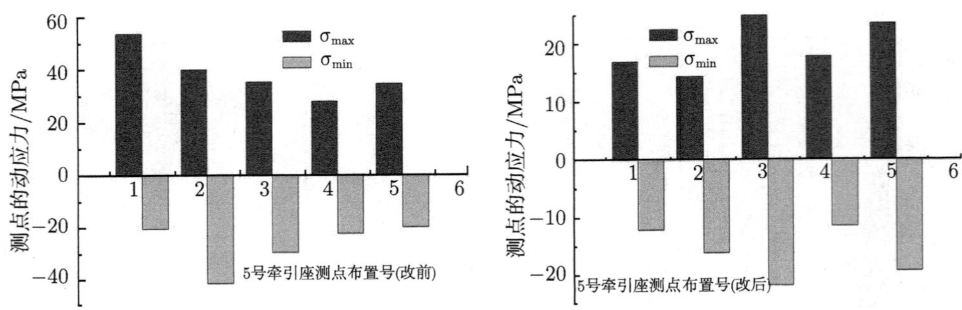

图 5.30　5 号牵引座改前和改造后各测点的动应力极值分布[13,18]

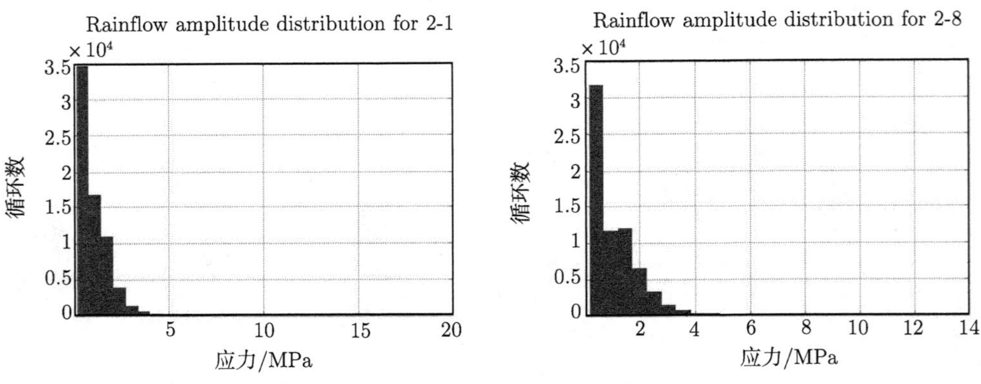

图 5.31　测点 2-1 和 2-8 的应力雨流幅值分布[13,18]

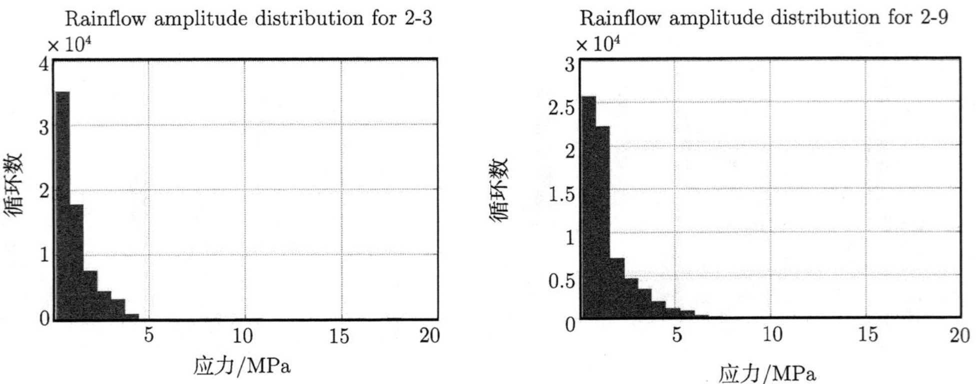

图 5.32　测点 2-3 和 2-9 的应力雨流幅值分布[13,18]

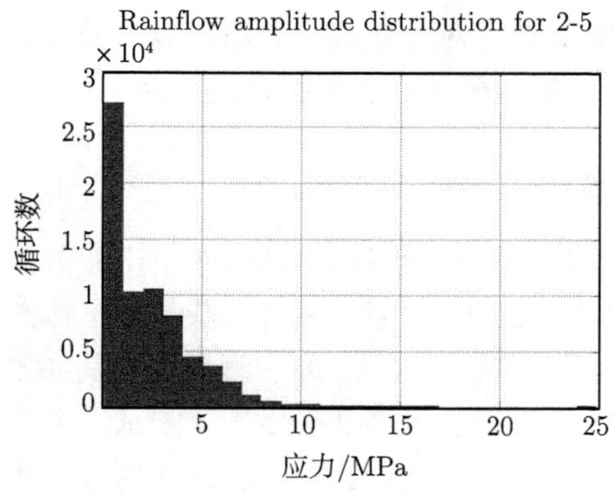

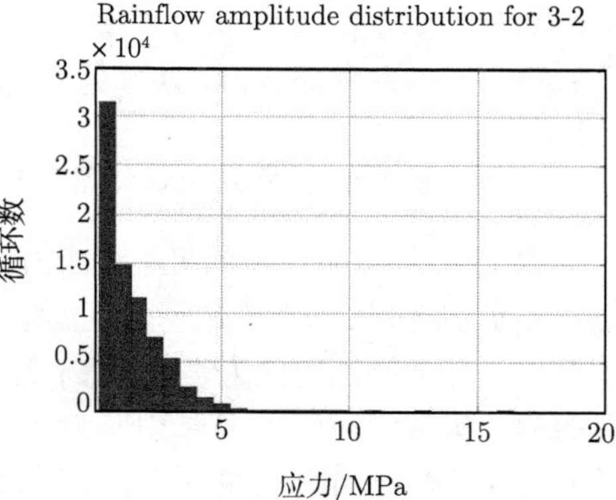

图 5.33 测点 2-5 和 3-2 的应力雨流幅值分布[13,18]

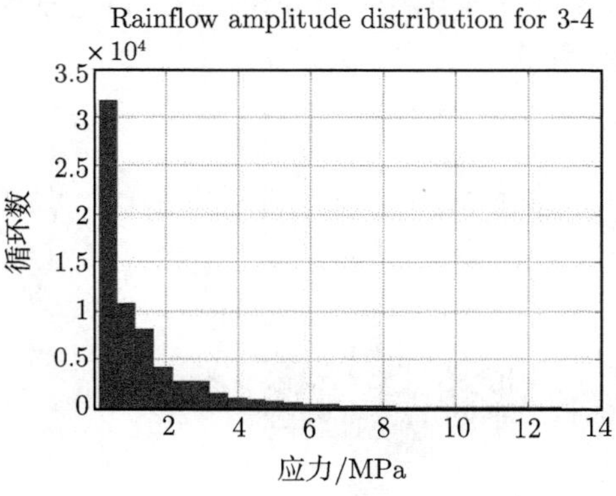

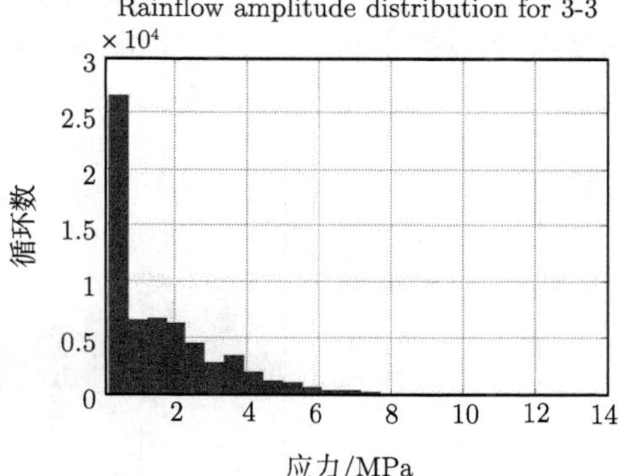

图 5.34 测点 3-4 和 3-3 的应力雨流幅值分布[13,18]

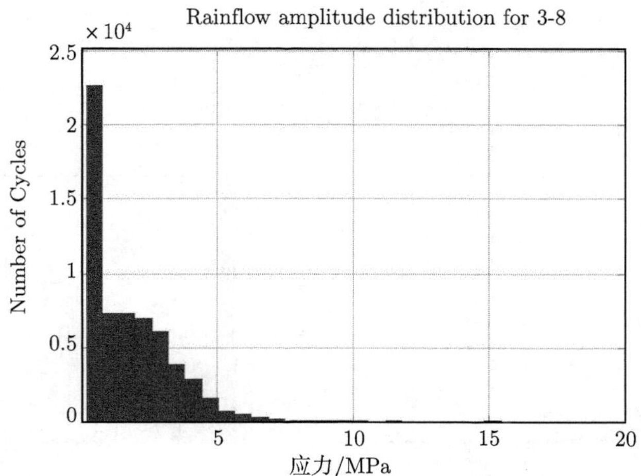

图 5.35 测点 3-8 的应力雨流幅值分布[13,18]

从图 5.35～ 图 5.39 可以看出，前 9 个测试通道对应各测点显示的应力循环计数幅值分布是非常的相似，基本处于同一个级数，都属于小幅应力循环分布。

5. 仿真结果和动应力测试结果比较

由于昆明–威舍线路的机车动应力测试主要目的是针对车体结构牵引座疲劳问题，获得的应变数据主要是牵引座危险点的动应变分布状况，只能对获得的车体结构牵引座部分测点的应力进行比较。这里仅列出测试通道 12 的实测数据和其在多体有限元模型中对应 5 号牵引座节点 91040 的动应力分布比较情况。测试通道的动应力原始数据如图 5.36 所示。实测数据的最小–最大值计数和雨流计数的幅值和极值分布如图 5.37～ 图 5.38 所示。为了验证多体有限元仿真方法的有效性，应考虑对应车体牵引座测试通道 12 的有限元模型同一节点的应力分布状况，包括刚性和柔性车体的影响，具体如图 5.39～ 图 5.43 所示。

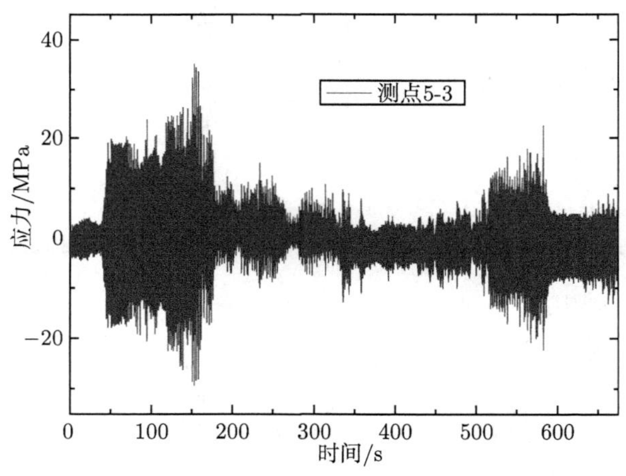

图 5.36　测点 5-3 应力结果[13,18]

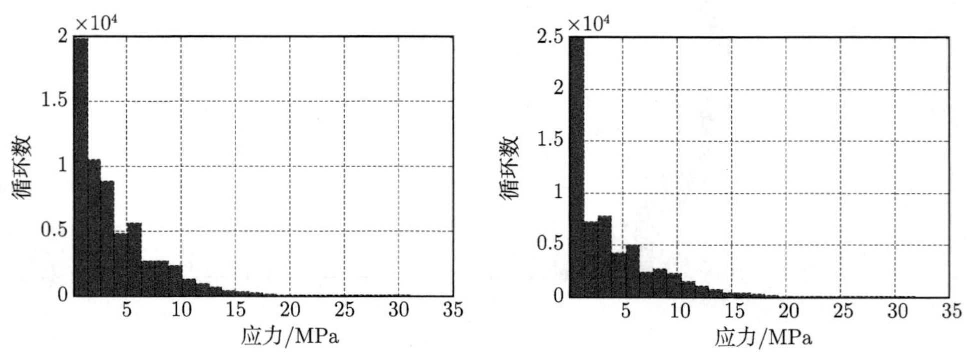

图 5.37　测点 5-3 的应力最小–最大值和雨流幅值分布[13,18]

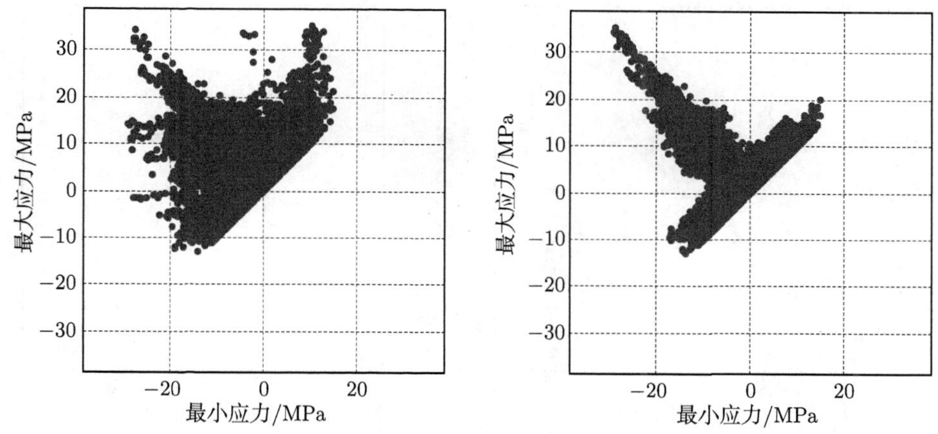

图 5.38 测点 5-3 的最小–最大值和雨流计数分布[13,18]

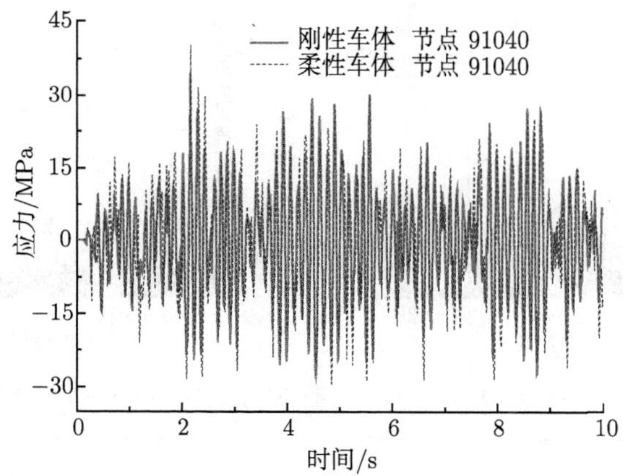

图 5.39 刚柔性车体上 5 号牵引座节点 91040 应力分布状况 (100km/h)[13,18]

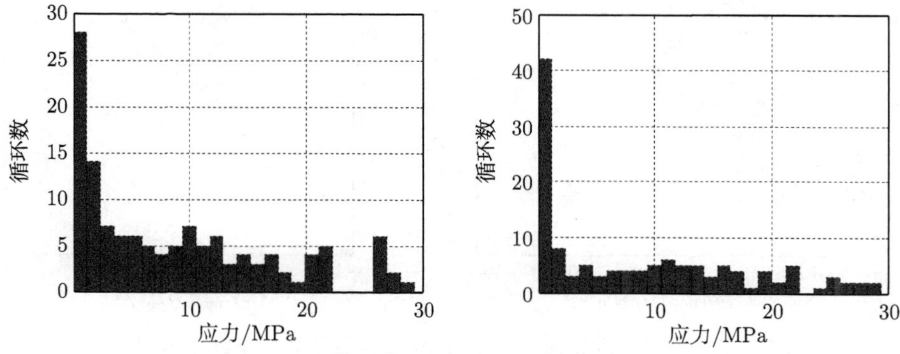

图 5.40 刚性车体节点 91040 最小–最大值和雨流幅值分布[13,18]

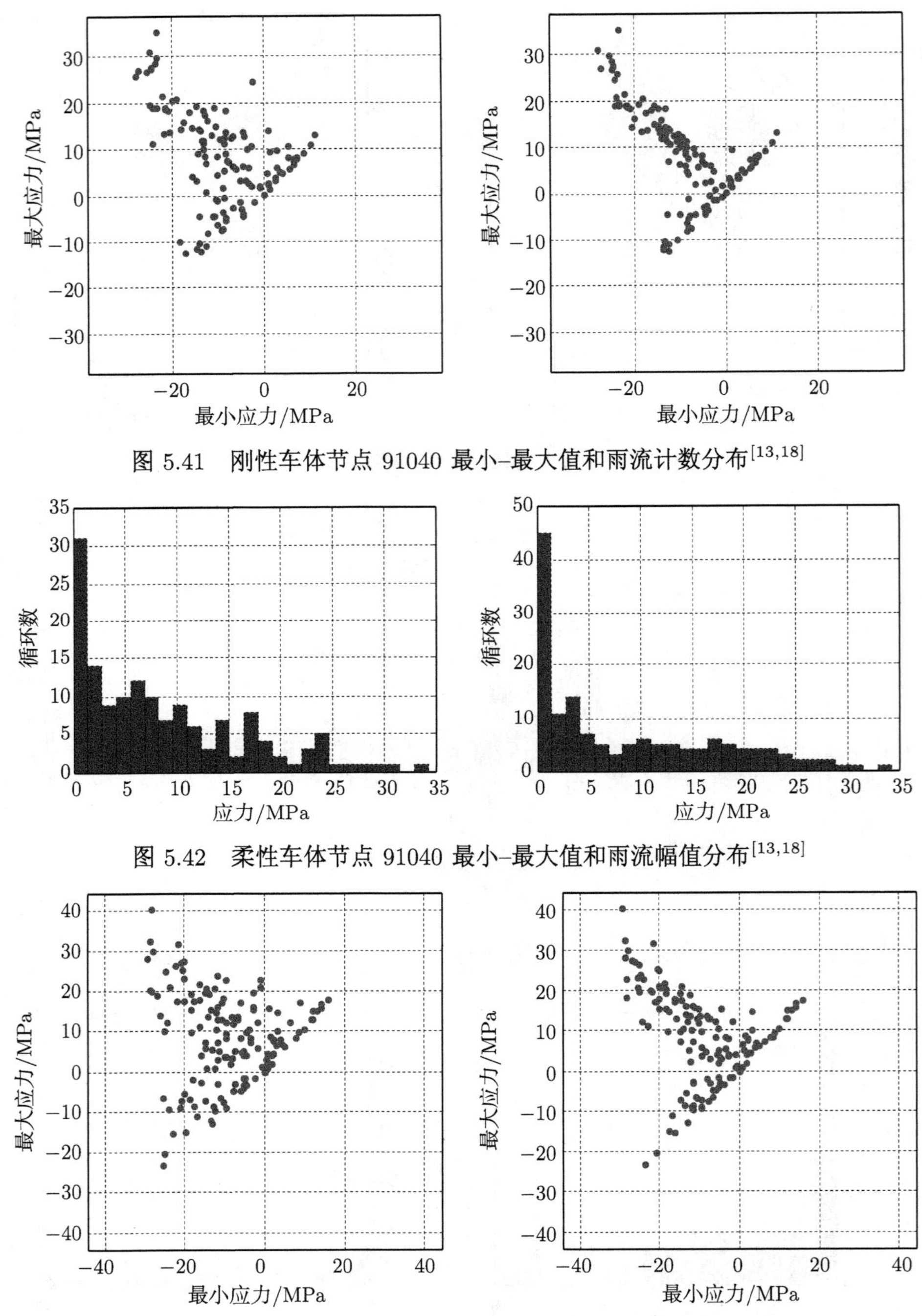

图 5.41　刚性车体节点 91040 最小–最大值和雨流计数分布[13,18]

图 5.42　柔性车体节点 91040 最小–最大值和雨流幅值分布[13,18]

图 5.43　柔性车体节点 91040 最小–最大值和雨流计数分布[13,18]

表 5.5 为某型机车刚体、柔性车体结构动应力仿真结果的比较。

表 5.5 刚体和柔性车体结构动应力仿真结果[13,18]

节点号	平均值/MPa	标准差	标准误差	最小值/MPa	最大值/MPa	应力范围/MPa
刚性车体 91040	−0.12066	11.33115	0.35832	−27.95928	35.11444	63.07373
柔性车体 91040	−0.11427	12.26052	0.38771	−29.38421	40.30018	69.68439

结合多体动力学和有限元仿真法，可以根据不同的载荷工况获得车体结构的应力历程，根据仿真结果对创建的多体模型和有限元模型相互对比修正。这种方法可以在车体结构动态设计和抗疲劳分析中广泛采用，并且为了减少有限元计算模型单元和实际结构模型之间的误差，本文对有限元的模型反复修改，确保单元网格划分的质量和车体设备质量分布的准确性[19−21]。

特别是对机车多体模型的各个刚体的质量，转动惯量以及悬挂参数的设置都按照文献和相关资料保持尽可能的一致，确保多体有限元仿真方法的准确性，从上述图表可以看出，刚性车体和柔性车体的动应力相差不大，柔性车体的动应力比刚性车体动应力稍大，但是也更接近于真实的情况。从实测数据的两种计数分布，极小–极大值分布和雨流计数的循环及幅值分布的结果比较看，基本处于同一数量级的应力应变的范围内，特别是二者的雨流计数形状分布非常接近，说明多体动力学和有限元预测车体结构动应力的仿真结果还是比较有效的。

5.2.3 某型动车在京津城际线路动应力测试[22,23]

根据该型车辆在京津城际线路中的使用情况，确定动应力试验的主要内容，包括测点的布置状况 (实测数据由国家 973 项目课题组北京交通大学动应力测试组提供)。京津城际线路如图 5.44 所示[22]。

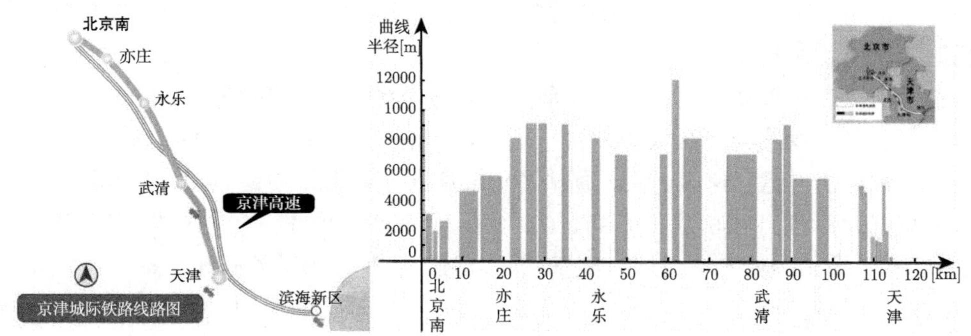

图 5.44 京津城际线路及其曲线半径分布[22,23]

高速列车在运行中承受与线路条件、司机操纵以及与列车悬挂参数相关且具有很强随机变动特性的动载荷的作用，通过线路实测和动力学模拟分析，建立我国运行条件下高速列车服役载荷谱，对评定关键结构和部件的疲劳可靠性有着极为重要的意义。973 项目课题组在北京交通大学谢基龙教授的组织下开展了适应强电磁干扰条件的结构动载荷实测技术研究，发展了多通道、大数据量、功能齐备的结构动载荷数据采集系统。针对我国高速列车车轴、构架和车体等关键承载结构的动载荷和动应力时间历程，在武广、京沪线上对其进行了历时 1 年多的长期线路跟踪测试，在京津、郑西等线路上对其进行了多次试验和运行测试，各种线路的累计测试里程超过 200 万 km，获得了海量的数据。通过测试数据分析和动力学模拟分析，摸清了既有线和高速线、运行速度、运行工况和服役阶段对动载荷和动应力的影响规律，确认了各关键部件工作应力均具超高周特点，建立了各关键结构的载荷和应力谱，为预测高速列车结构疲劳可靠性和构建疲劳设计试验规范奠定了坚实基础。测试线路包括京津、武广和京沪等重要线路，这里仅列出京津城际线路部分测试数据。

1. 车轴的动应力测试[22,23]

车轴是高速列车关键部件中承受随机动载影响最大的结构部件，其疲劳可靠性关乎高速列车安全运行。引进的各型动车组车轴是按照各自相关标准以恒幅载荷疲劳极限法进行设计，其设计载荷只与轴重有关。但是，考虑到我国高速列车年运行里程更长 (欧洲和日本等国家高速列车年运行不超过 40 万 km，而我国则达到每年 60 万 km 以上)，20 年的设计寿命期产生的应力循环数为 3×10^9 以上，其超高周累积疲劳损伤特点将更突出。采用线路动应力实测方法进行轮轴载荷的线路实测，包括 CRH 某型动车、拖车车轴的载荷时间历程的线路测试。测试结果表明，运行工况等对载荷时间历程有较大影响，高速专线上的满载时车轴载荷谱随运行速度略有变化，而空车时车轴载荷谱受运行速度影响较明显。由大量实测数据通过统计推断后发现，空车时车轴载荷特性符合三参数威布尔分布，既有线大载荷出现的概率高于高速专线。

国外高速车轴疲劳设计采用的是恒定动载荷系数的疲劳极限法。在 JIS E 4501–1995 标准中，动载荷系数大小取决于运行线路和速度，而 EN 13103–2001 标准中，动荷系数取值与运行速度无关。通过采用超高周疲劳累积损伤原理，由实测车轴载荷谱数据计算得出 600 万 km 和 1200 万 km 下的疲劳等效 (10^7 次循环) 动载荷系数，将该动载荷系数与国外设计载荷进行比较，从而阐明国外高速车轴设计载荷能否满足我国对高铁更长运行里程的要求。

EN 13103–2001 标准的动载荷系数设计值相当于 JIS E 4501–1995 标准设计值的最大值。如按 600 万 km 的运用寿命等效，得出的我国高速专线动荷系数比 EN 13103–2001 标准略低一点，而既有线的相当。如按 1200 万 km 的运用寿命等效，则得出的我国高速专线和既有线动载荷系数分别比 EN 13103–2001 标准高出 8%和 11%。显然，在当前 1200 万 km 设计寿命的要求下，这两个标准的设计载荷不能满足车轴疲劳设计需要。为适应我国高速列车车轴更长的设计寿命要求，应提高设计标准中的动荷系数，或依据载荷谱采用超高周疲劳理论进行寿命设计。图 5.45~图 5.48 表示测力轮对及车轴动应力测试时的相关数据。

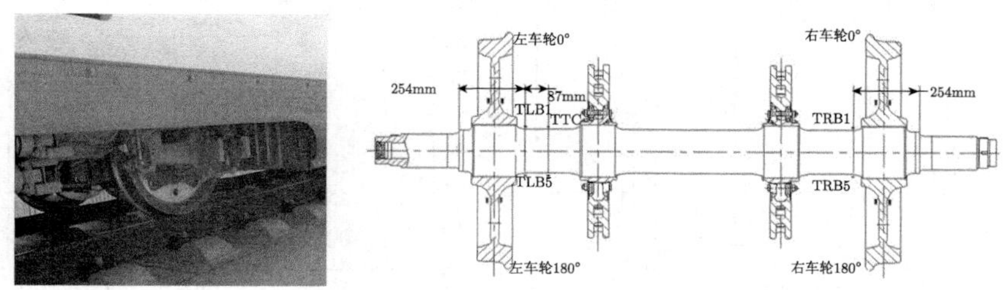

图 5.45 测力轮对[22,23]

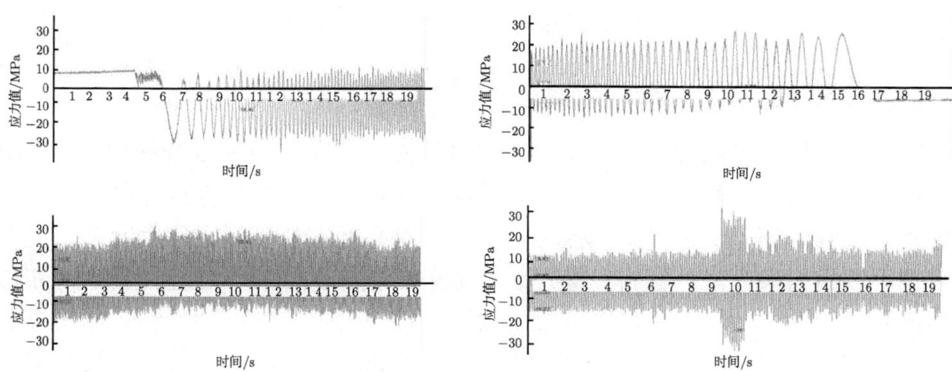

图 5.46 某型动车组车轴线路测试典型载荷时间历程[22,23]

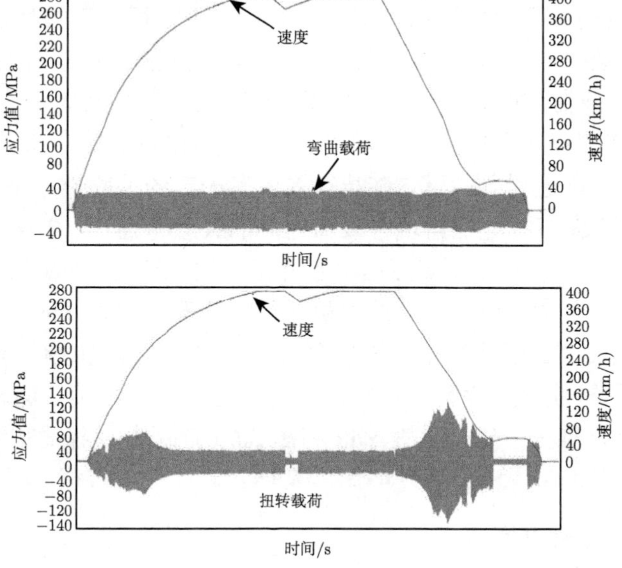

图 5.47 CRH 某型拖车车轴载荷时间历程[22,23]

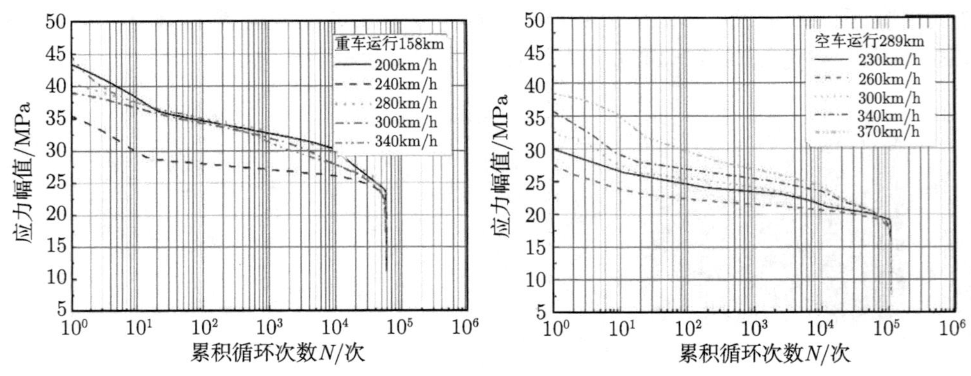

图 5.48　运行速度对车轴载荷的影响[22,23]

2. 焊接构架的动应力测试[22,23]

高速列车转向架的焊接构架是一个受多源随机载荷作用的复杂结构，焊接接头疲劳破坏是其最可能发生的失效模式。国内外对高速构架疲劳设计采用的均是恒定动荷系数 (浮沉和侧滚) 的疲劳极限法，动荷系数取值与运行速度无关。

采用测力构架方法测试持续高速运行条件下构架的载荷 (轴箱弹簧垂向和转臂横向载荷) 和应力历程，包括 CRH 某型的动车、拖车构架，由实测数据研究运行速度、运行工况、线路条件和车轮磨耗等对其的影响。典型的等效应力和载荷变化规律表明等效应力一般随速度而增大，进出站、段道容易诱发更大的动载荷。车轮磨耗到限对构架载荷有显著影响，与新车状态相比，磨耗到限状态下动、拖车转向架轴箱弹簧高载荷幅值高出约 10%～15%，小载荷幅值循环次数高于新车状态；磨耗到限状态下动、拖车转向架横向力高载荷幅值高出约 15%～20%，动、拖车转向架横向力载荷作用频次增加，尤其是动车构架影响最大。

确定构架疲劳设计和试验载荷需要解决两方面的问题：一是构架载荷包含多个基本载荷系，实际运用条件下这些载荷系既有一定的关联性又不具有同步性，当各自编制成设计载荷后，无法再现各载荷之间的关联特性，这会导致试验载荷与结构实际损伤失去对应性；二是实际运用条件下构架载荷与结构应力 (损伤) 之间的传递关系具有动态特征，而从方便结构可靠性试验评定和设计的角度出发，只能将载荷作为准静态处理，因此需依据损伤等效原则将构架动态载荷转换为静态载荷。由实测数据得到的准静态疲劳等效载荷小于现行设计标准值，这表明就疲劳载荷而言，现行设计标准偏于安全。图 5.49 和图 5.50 分别表示测试布置图和测试应力与速度的关系图。

3. 铝合金车体动应力测试[24]

气动载荷对高速列车车体的疲劳影响最为突出，特别是高速列车的会车、进出隧道等对车体结构的疲劳损伤起关键作用。通过线路动应力测试方法测试持续高速运行条件下车体的应力响应，包括 CRH 某型的动、拖车车体，测试线路包括京津、武广和京沪等重要线路。这里仅列出高速列车在明线会车的部分数据。图 5.51 和图 5.52 是线路试验的部分测点的布置图。图 5.53 表示不同速度下车体典型测点的应力变化规律，图 5.54 表示明线会车时典型测点的响应历程。结果表明：随速度的提高，气动载荷引起的车体应力增大，特别是运行速度超过 300km/h 后，应力响应加剧。另外，列车交会期间气动应力明显升高，响应频率较大，约为 12~15Hz，激振衰减时间约 1s 左右，在会车开始和会车结束时，应力响应尤为强烈。显然，列车高速交会时气动载荷对车体应力影响最为显著，应特别考虑高速列车服役期的会车速度和次数，构建用于车体疲劳设计的气动载荷规范[24]。

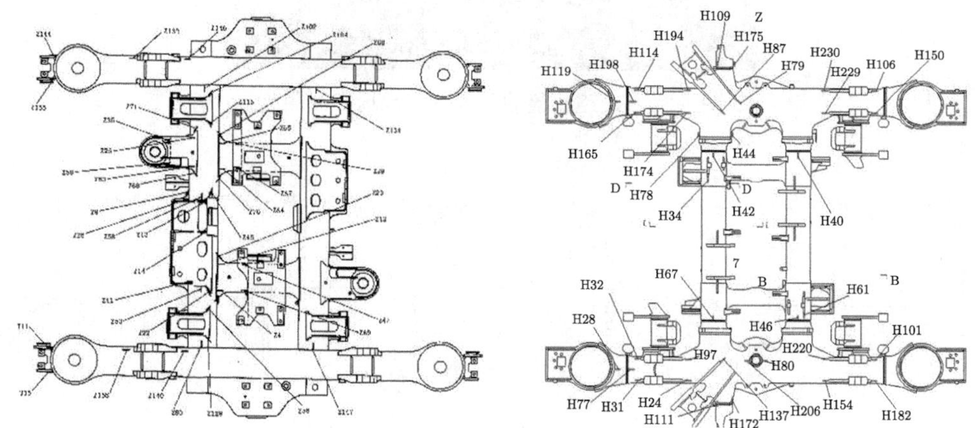

图 5.49　某型动车构架动应力测试测点布置图[22,23]

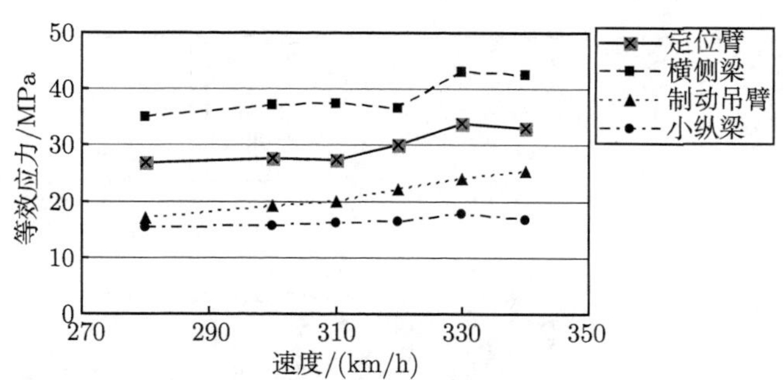

图 5.50　CRH 某型构架等效应力与运行速度的关系[22,23]

本次的线路试验主要是 CRH 某型车体结构局部位置的动应力试验。且根据线路试验获得的关键位置和疲劳危险点的应变信号获得应力时间历程。这里还将列出线路车体结构动应力测点 C52 的测试结果 (由北京交通大学提供测试数据) 和对应动应力仿真计算的车体节点 70770 的测试结果及其雨流矩阵的仿真结果图对比，如表 5.6 和图 5.55～ 图 5.57 所示。

图 5.51　线路试验的部分测点现场布置图[24]

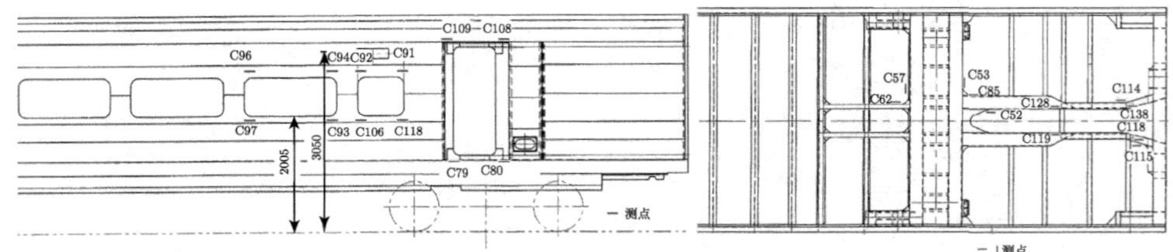

图 5.52　CRH 某型车体侧墙及底架部分测点布置[24]

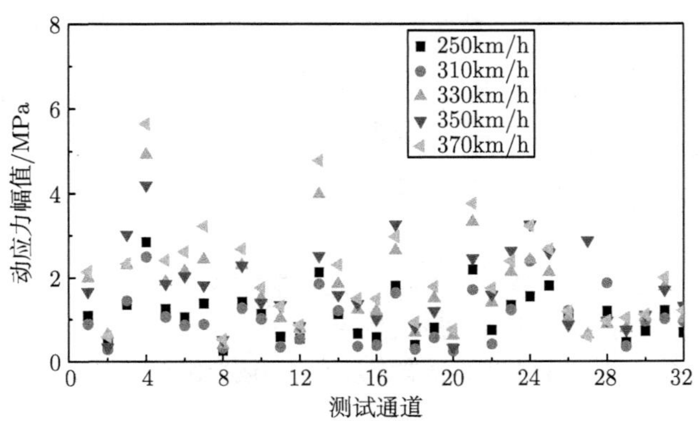

图 5.53　运行速度对 CRH 某型车体动应力的影响[24]

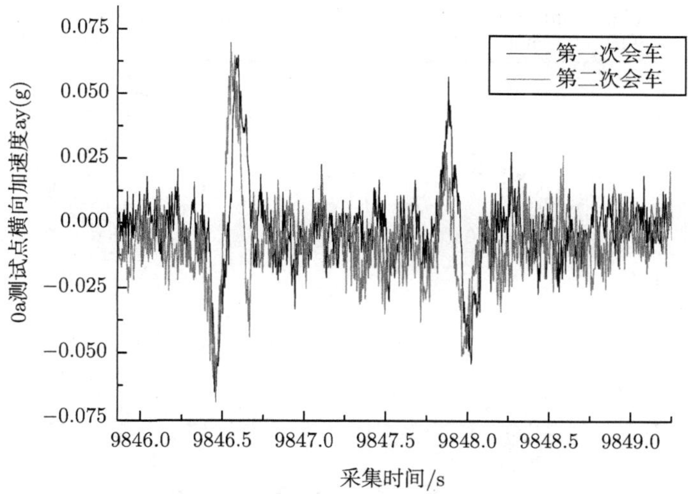

图 5.54 CRH 某型车体明线会车时的横向加速度响应 (约 4s)[24]

表 5.6 动应力实测和仿真节点的动应力结果比较[24]

名称	平均值/MPa	标准差 SD	标准误差 SE	最小值/MPa	最大值/MPa	应力范围
测点 c52	1.43608	2.50417	0.03542	−5.814	9.522	15.336
节点 70774	−7.90339E4	2.56692	0.35832	−9.25322	7.0452	16.298

从上述图表的比较结果可以看出，测点和仿真节点的动应力比较结果相差不大，误差约 5.9%。根据极小–极大值分布和雨流计数的循环与幅值分布的结果比较看，基本处于同一数量级的应力应变的范围内，特别是二者的雨流计数形状分布非常接近，说明多体动力学和有限元法混合模拟技术仿真预测获得的车体结构动应力计算结果还是比较有效的。

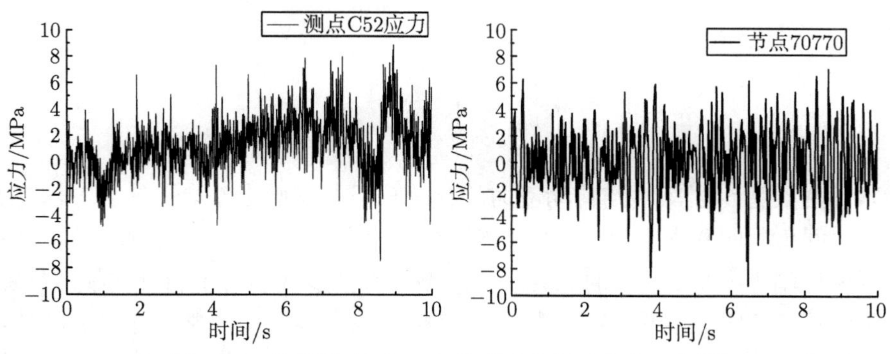

图 5.55 车体测点 C52 和仿真节点的动应力历程[24]

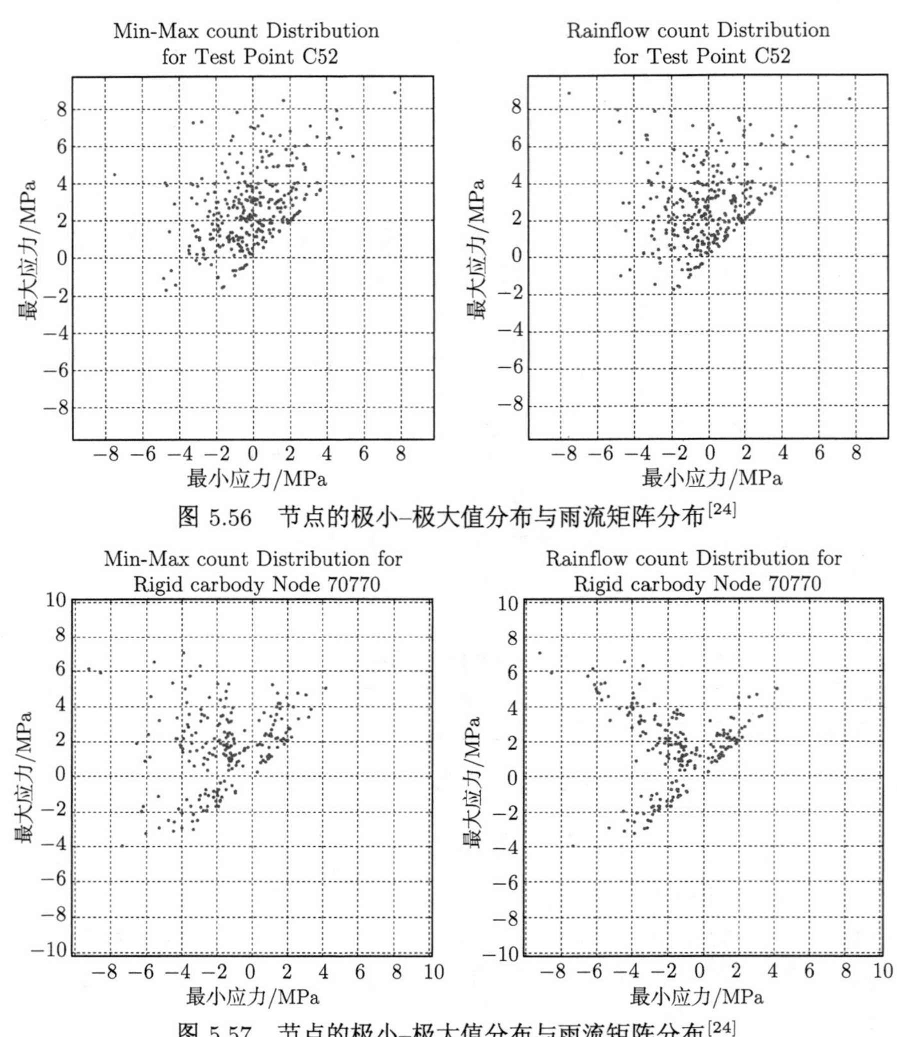

图 5.56　节点的极小–极大值分布与雨流矩阵分布[24]

图 5.57　节点的极小–极大值分布与雨流矩阵分布[24]

5.3 小　　结

本章主要讨论了车辆结构动应力的计算分析与试验方法。在计算方法中介绍了载荷时间历程的基本概念。详细介绍了结构动应力计算的时域和频域方法，包括结合多刚体动力学仿真的准静态应力法、结合柔性多体动力学仿真的模态叠加法、模态加速度法以及混合叠加法。特别是介绍了基于多体动力学与有限元法的结构动应力的求解详细过程，并且以某型机车和动车的车体结构动应力计算实例进行分析计算。同时就结构动应力的试验结果的分析与验证，详细介绍了动应力的测试方案，包括介绍了两种车辆的结构动应力详细的测试算例。

参 考 文 献

[1] Yim H J, Lee S B. An integrated CAE system for dynamic stress and fatigue life prediction of mechanical systems [J]. Journal of Mechanical Science and Technology, 1996, 10(2): 158-168.

[2] Ryu J, Kim H S, Wang S. A method of improving dynamic stress computation for fatigue life prediction of vehicle structure [R]. SAE Technical Paper, 1997.

[3] Halfpenny A. A frequency domain approach for fatigue life estimation from finite element analysis [C]. Key Engineering Materials. Trans Tech Publications, 1999, 167: 401-410.

[4] Kim H S, Hwang Y S, Yoon H S. Dynamic stress analysis of a bus systems [C]. Proceedings of 2nd MSC worldwide automotive conference, MSC. 2000.

[5] Dong P. A structural stress definition and numerical implementation for fatigue analysis of welded joints [J]. International Journal of Fatigue, 2001, 23(10): 865-876.

[6] Seo S I, Park C S, Kim K H, et al. Fatigue strength evaluation of the aluminum carbody of urban transit unit by large scale dynamic load test [J]. JSME International Journal Series A: Solid Mechanics and Material Engineering, 2005, 48(1): 27-34.

[7] Choi K K, Youn B D, Tang J, et al. Integrated Computer-Aided Engineering Methodology for Various Uncertainties and Multidisciplinary Applications [M]. Engineering Design Reliability Handbook. CRC Press, 2004.

[8] Prakash J, Powertrain P, Nandi S K, et al. Dynamic stress and durability analyses: time vs frequency domain approaches [C]. Americas Virtual Product Development Conference, MSC Software Corporation, Huntington Beach, California, EUA. 2006.

[9] Haiba M, Barton D C, Brooks P C, et al. Review of life assessment techniques applied to dynamically loaded automotive components [J]. Computers & Structures, 2002, 80(5): 481-494.

[10] Miao B R, Zhang W H. New Fatigue Life and Durability Evaluating Method of High Speed Train Carbody Structure [C]. ICF13, 2013.

[11] 缪炳荣, 张卫华, 肖守讷, 等. 机车车辆车体结构动应力计算方法 [J]. 交通运输工程学报, 2007, 7(6): 17-20.

[12] Kim H S, Yim H J. Computational durability prediction of body structures in prototype vehicles [J]. International Journal of Automotive Technology, 2002, 3(4): 129-135.

[13] 缪炳荣. 基于多体动力学和有限元法的机车车体结构疲劳仿真研究 [D]. 成都: 西南交通大学, 2006.

[14] 缪龙秀, 孙守光, 吕澎民, 刘志明, 李强. 提速客车转向架焊接构架应力谱的试验研究 [J]. 铁道车辆. 1998, 36(12): 30-33.

[15] 李忠献. 工程结构试验理论与技术 [M]. 天津: 天津大学出版社, 2004.
[16] 刘志明, 马跃峰. 基于应变模态的车轴动应力仿真计算 [J]. 北京交通大学学报. 2011, 35(4): 130-133.
[17] 王文静, 谢基龙, 刘志明, 等. 抗干扰技术在转向架构架动应力测试中的应用 [J]. 铁道学报, 2001, 23(6): 101-104.
[18] 西南交通大学机车车辆研究所. SS7 型电力机车牵引座动应力试验报告 [D]. 成都: 西南交通大学, 2003.
[19] 公江茂树, 张唯敏. 新干线车辆车体的强度和安全性评价 [J]. 国外铁道车辆,2003,(06):12-16.
[20] Jun H K, 赵子豪, 刘德刚. 客车车体底架疲劳裂纹评价 [J]. 国外铁道车辆, 2011, 6: 011.
[21] Lysikov N, Kovalev R, Mikheev G. Stress load and durability analysis of railway vehicles using multibody approach [J]. Transport Problems, 2007, 2(3): 49-56.
[22] 国家 973 项目疲劳及寿命预测研究课题组. 复杂载荷下金属材料的超高周 (Gigacycle) 疲劳损伤机理及寿命预测结题研究报告 [D]. 北京：北京交通大学，2011.
[23] 牵引动力国家重点实验室. 京津城际动车组会车试验数据处理 [D]. 成都: 西南交通大学, 2008.
[24] 缪炳荣. 高速列车动车组车体结构载荷谱与寿命预测研究 [D]. 成都: 西南交通大学, 2008.

第 6 章　疲劳载荷及载荷谱分析技术

随着多学科集成优化设计技术的发展，车辆结构设计变得越来越精细化和功能多样化，对结构轻量化、强度及耐久性设计都提出了更高的要求。为了最大限度地保证车辆结构的疲劳设计及寿命评估的准确性，设计人员需要理解车辆结构上的疲劳载荷和载荷谱的相关分析技术。这是因为多数车辆结构失效的根源在于循环变幅疲劳载荷的作用结果，而且车辆结构动应力过大经常是导致多数车辆结构关键部件产生疲劳断裂破坏的根本原因。车辆结构的疲劳载荷及载荷谱是进行车辆零部件疲劳寿命研究的重要前提条件。准确掌握车辆结构的载荷谱的变化规律也是进行疲劳分析、疲劳试验、寿命评估和抗疲劳设计的重要依据[1]。

疲劳载荷问题不仅与车辆服役的环境 (比如线路不平顺等因素) 有关，也与车辆结构的振动特性密切相关。各个车辆结构关键部件的应力集中的区域，也经常是结构疲劳失效容易发生的危险位置。这就需要人们通过相关的疲劳载荷分析和试验方法获取相关载荷数据的特征信息。车辆结构部件的载荷谱主要还是依赖于实际线路车辆结构动应力试验的数据测量和测试经验。很多设计师试图利用单一的疲劳载荷谱应用于所有相同类型车辆结构的疲劳设计，或者希望能够将平均载荷谱应用于大多数车辆结构。这些想法基本上是不可取和不可行的，主要原因是这样做可能会导致车辆结构部件疲劳寿命的预测产生较大的误差[2,3]。

车辆结构部件的疲劳失效与轨道不平顺、运营速度、进出隧道等外部载荷条件和环境因素密切相关。无论是良好还是糟糕的线路等级条件，比如高热 (高于 40°C) 和高寒 (低于 -40°C) 地区、风沙和暴雪地区、强风和弱风地区、山路地段和地震频发地区等，均需要采用相应等级的线路谱和根据不同牵引制动曲线的列车运行计划进行设置，且只适用于小部分的车辆[4]。然而，哪怕是概念上的小部分车辆仍然是对应着大量的轨道车辆。为了更加准确地预测轨道车辆结构的疲劳特性，大量的载荷谱研究文件已经表明，人们必须采用经过典型载荷工况的统计组合且相对严重的典型载荷谱来考虑车辆的疲劳性能，这样才可能获得比较准确的疲劳分析结果[3]。现代车辆结构的设计寿命也需要根据作用在车辆结构上的真实服役载荷和耐久性设计的一些假设要求，进行具体的结构抗疲劳设计，且应该在准确提出车辆结构的服役寿命之前完成相关的疲劳载荷及载荷谱分析工作。这就十分有必要理解疲劳载荷及载荷谱分析技术的一些基本概念。

6.1 疲劳载荷分析考虑的因素

在前面的章节中，已经讨论了载荷时间历程是预测车辆结构疲劳寿命的三要素之一。为了更详细地理解车辆结构疲劳载荷和载荷谱的作用，在进行车辆结构疲劳寿命及损伤预测之前，有必要讨论一下疲劳载荷分析时需要考虑的一些因素。众所周知，如何获取载荷时间历程，或者说如何利用结构动应力或应变幅值的变化是准确预测结构寿命的重要前提条件。针对承受随机变幅载荷作用的车辆结构部件而言，除了需要获取相关的载荷时间历程外，还需要采用一定的计数程序或者算法 (比如雨流计数法) 处理车辆结构在服役过程中承受的疲劳载荷及循环数。为了准确预测车辆结构的疲劳寿命，无论是少量还是巨量的疲劳载荷循环，均有必要通过特定计数方法或程序获得载荷时间历程的应力循环分布[4]。

对于轨道车辆的关键结构部件，比如车体、转向架构架、轮对、轴箱等，传统的结构强度的主要设计过程包括：结构的静态特性评估计算 (静强度和静刚度)；结构的疲劳评估；静态特性的测试；疲劳测试和线路测试。轨道车辆上关键结构部件的疲劳载荷是非常复杂的，主要是不同的车辆类型对应的载荷服役环境的特征相差很大，比如机车、常规客车、货车、地铁车辆、高速列车 (动车组) 等。

以车体结构的载荷为例，根据相关的疲劳设计标准 (比如欧洲标准 EN 12663-2010)，可以确定车体结构的相关疲劳载荷。在载荷分析过程中，除了考虑有效载荷外，还需要考虑如下几种载荷：①典型的牵引/制动工况下的和车辆运营速度密切相关的牵引制动载荷；②轨道不平顺 (直线、曲线、高速道岔等) 导致的各种载荷；③其他载荷激励因素 (设备激励、风致荷载、地震波等)。对实际高速列车整体结构而言，还取决于周围环境的风速脉动特性 (横风、稳态和非稳态等)。对于转向架构架而言，需要根据相关疲劳强度设计标准 (比如 EN 13749-2011-06，或者 UIC 标准等) 定义不同典型载荷工况作用下的载荷，包括垂直载荷、横向载荷、纵向载荷、扭曲载荷、制动载荷、电机载荷、齿轮箱载荷和可能存在的冲击载荷等[5−9]。图 6.1 表示转向架构架采用的约束及疲劳载荷的边界条件。

在车辆结构关键部件上，多数会同时承受随机载荷和确定性载荷。车辆结构部件的承受的惯性载荷和轨道不平顺导致的随机载荷等可以混合叠加在车辆结构的受力位置上。载荷分析的根本问题是如何准确评估这些疲劳载荷，毕竟各种复杂载荷工况因素导致的载荷最终会叠加成最后的疲劳载荷。一些特殊的载荷环境的变化也会增加车辆结构的振动程度 (比如一些非稳态的风致荷载等)。部分车辆结构的人员超载不仅会加剧车辆结构的疲劳载荷，车辆轨道之间的耦合振动也可能会使得车辆结构的振动特性发生根本的变化。如果车辆结构在服役期间频繁发生严重的疲劳载荷，结构疲劳失效发生的概率也会变大。

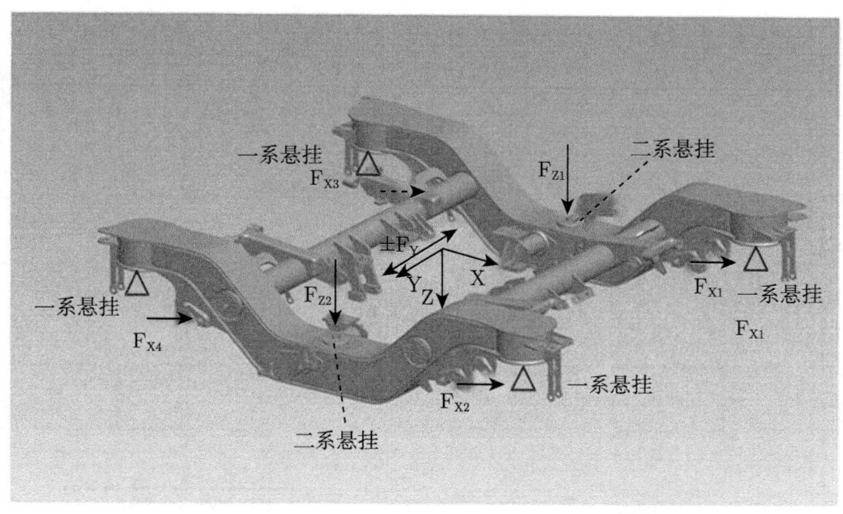

图 6.1 构架的约束及疲劳载荷的边界条件

根据车辆结构载荷的一般特性分析，载荷基本可以分为两大类型：确定性载荷和随机载荷。如果载荷可以被定义为一个特定的发生事件，根据它将要发生的量级，可以认为载荷是确定的。确定性载荷一般都遵循车辆结构服役的计划周期。随机载荷作用下的结构部件也有一个基本的统计性质，但是不能预测在下一个给定时刻出现的准确幅值。描述随机载荷只能以一种统计方式进行，即从概率统计的角度预测将发生的事件。

随机载荷，主要特征是载荷的幅值并不总是保持不变的值，而是对应着不同的频率成分有着不同的幅值和相位特征，统计特性显然也不定常。车辆结构的载荷，在一定的程度上也会对周围运营线路的环境有极大的依赖。为了更容易理解车辆随机载荷，以风致载荷为例进行说明。随着车辆运行速度的改变，风致载荷的大小也会发生改变，这时车辆结构就会产生不同幅值的随机载荷。这也就导致了载荷的二次分化：①稳态随机载荷历程；②非平稳随机载荷历程。第一种情况下，载荷统计特性不随时间变化。然而，在第二种情况下，这些特性在车辆结构的服役过程中会处于实时变化状态。稳态和非平稳随机载荷作用下的载荷历程与随机载荷通常是相关的，且适用于随机载荷，也会导致车辆结构响应的改变，所以非常有必要在结构疲劳载荷的确定时考虑结构载荷的统计特性。

一般来讲，人们可以通过实际车辆结构的线路试验测量获取有用的载荷数据(加速度、应力、应变等载荷时间历程)。有时，在评估结构疲劳寿命和耐久性分析的许多情况下，人们对一些车辆随机载荷的统计特性不是很关注，例如风致载荷等，但是这些因素也可能是导致车辆结构振动疲劳的主要原因之一。载荷谱在车辆结构振动疲劳分析不同阶段中的作用如图 6.2 所示。

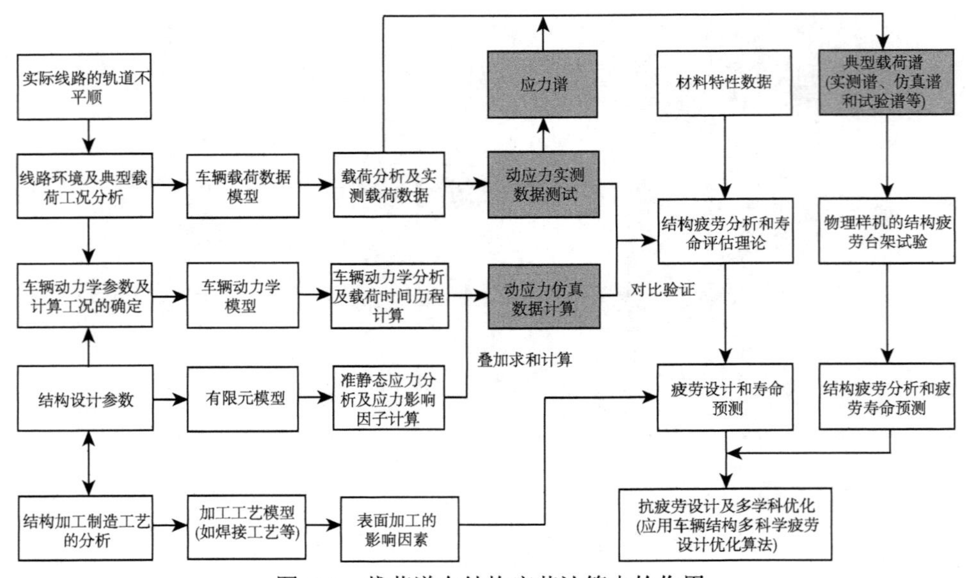

图 6.2　载荷谱在结构疲劳计算中的作用

为了准确评估车辆结构疲劳和寿命预测，在考虑车辆结构服役寿命期间的应力/应变历程时，需要考虑下面几点重要的因素。

(1) 载荷环境和典型的载荷工况 (Load Environment and Typical Load Cases)。在结构完整的疲劳设计阶段内，为了完成确定车辆结构的疲劳强度和寿命设计目标，有必要掌握真实的载荷环境和准确定义车辆结构服役的典型的载荷工况。人们需要获取轨道车辆运行的线路的各种轨道不平顺和车辆运营的特定的典型载荷工况，比如直线段、曲线段 (不同曲线半径的组合)、上坡下坡、牵引制动、风致载荷和设备振动等一系列复杂载荷因素的影响。考虑风致载荷情况时，还需要考虑列车在明线和隧道运行的差别，以及列车频繁进出隧道时产生的车辆结构的内外压差波动的影响，均需要针对实际情况进行车辆结构的载荷谱分析。对于多隧道地段，内外压差的频繁变化可能是导致车体结构产生疲劳破坏的主要原因之一。只有准确获取关键部件的载荷环境，才能在结构疲劳寿命评估过程中准确对疲劳载荷进行定义和描述，达到预定的服役周期。

(2) 载荷时间历程。通常本质上作用在车辆结构部件上的都是随机变幅的载荷时间历程，比如车辆结构由于轨道不平顺导致的各种惯性的时变载荷 (力、位移、速度、加速度、角速度、角加速度等广义载荷)，均需要考虑其时间序列的随机特征，典型载荷谱的形成和载荷时间历程密切相关。

(3) 结构动应力计算 (Structure Dynamic Stress Calculation)。对于采用不同连接方式的焊接结构部件的应力/应变时间历程的计算和分析均应根据相应的焊接接头的疲劳极限进行设计。对于多数焊接工程结构部件而言，可以假定危险位置发生在焊接接头的附近。这就有必要获得准确的结构动应力及应力谱。

另外，对于车辆结构部件而言，有可能会由于承受载荷的变化而导致受力的区域的改变 (比如风致载荷会随着车辆迎风角度的改变而导致车辆结构部件的受力区域发生改变，如何利用回归方法考虑载荷时变函数的准确表述)；实际轨道车辆结构由于存在不同线路运营的车辆，需要按照不同的牵引特性曲线的操控设定及不同线路段的车辆速度 (加速、减速) 的要求考虑 (比如客车一般按照列车时刻表运行，类似于汽车的不同的司机操控习惯)。

不同的线路条件下，结构部件的载荷时间历程必然会发生根本改变。举个例子，轨道车辆在服役期间内，在明线线路或多隧道线路地段，在沿海或内陆线路上，在南部酷热或北部严寒地段，在西部阵风多发或地震余波影响地段，车辆结构部件承受的载荷时间历程均可能由于周围复杂载荷环境的改变而发生改变，需要根据线路的不同状况设定不同的载荷谱。在特定的环境下，有时还需要考虑地震载荷的影响等。

6.1.1 疲劳载荷的基本概念

假定随机载荷可以由下面几种形式给定[10]。

(1) 在时域，可以根据一些给定的采样频率，以应力和应变的时间函数的形式给出。有时候这样的载荷也称为实测载荷，比如时域信号就可以表示为 $x(t)$，$0\leqslant t\leqslant T$，其中，t 是时间，T 是测量的时间区间。

(2) 在频域，可以通过功率谱函数给出，很好地表征载荷的随机特性。有时这一点在大型复杂结构系统的疲劳分析中非常重要，可以节省很多的仿真计算时间。其中，频域的信号可以通过傅里叶变换的公式进行表示：

$$x(t)\approx m+\sum_{i=1}^{N}[a_i\cos(\omega_i t)+b_i\sin(\omega_i t)] \tag{6-1}$$

其中，$\omega_i=i\cdot 2\pi/T$ 是角频率，m 是信号的均值；a_i 和 b_i 是傅里叶系数。

(3) 在雨流域，各种载荷形式还可以通过应力的雨流矩阵形式给出。这里简单给出了定义和分析随机载荷的三种具体形式，利用载荷特征的这三种定义基本就可以有效地对车辆结构疲劳损伤进行有效的评估和测试。对于载荷循环计数技术的一些基本概念和定义，以及载荷循环的其他重要特性，如穿越谱、雨流循环等，包括如何结合材料 S-N 曲线和 Palmgren-Miner 线性损伤累积理论的基本知识可以参见文献[8,10]。

结构疲劳损伤累积基本过程主要依赖于循环载荷历程中的载荷幅值以及载荷极值顺序，包括载荷峰值、谷值，以及载荷循环中的局部极值。局部极值序列也可以被称为折点序列，不规则因子 α 可以用来表示局部极值相对于整体平均频率 f_0

的稠密程度。对于一个完全规则的函数，如果其在平均水平仅有一个上穿越之间的局部极大值，这时给定不规则因子 $\alpha = 1$。在其他的极值情况下，如果有无限多的局部极值，给定的不规则的因子 $\alpha = 0$。如果穿越的强度 $\mu(u)$ 是有限的，那些对于结构疲劳分析而言，大多数是无关的局部极值，可以通过一些平滑的过滤设置 (如设置过滤频率) 将这些数据进行忽略[10]。

在结构疲劳分析过程中，有时还需要使用到一个特别有用的滤波器，即雨流滤波器 (Rain-flow Filter)。它会通过建立载荷历程的雨流循环，将应力幅值小于某个给定的值设定为过滤阀值，从而移除可以忽略的一些局部应力/应变极值。在结构疲劳分析中，利用雨流滤波器可以有效地对数据信号进行雨流滤波。当然，要得到更准确的结构疲劳寿命，就需要建立更详细的结构随机动应力的应力折点序列的详细模型。随机过程Markov链理论在疲劳寿命预测中已经显示其强大的功能，这主要是因为[8−10]：

- Markov链模型组成一个宽带的过程，可以准确地对许多真实的随机载荷建模；
- 对于Markov模型，可以很方便地使用雨流计数法，如Rychlik以及Johannesson等均提出相应的 Markov 计算模型，进行车辆结构疲劳寿命预测；
- 在简单的载荷工况下，要获得载荷局部极大值和极小值的应力强度信息 (也就是所谓的Markov矩阵，或极大–极小值矩阵)，以及其他独立的极值，都可以用 Markov 链进行建模，具体理论参见相关文献 [9, 10]。

6.1.2　不规则载荷和循环计数[9,10]

在材料和结构的标准疲劳试件的疲劳载荷试验中，经常需要采用常幅载荷谱，比如 $L(t) = A\sin(wt)$。其中，A 和 w 是幅值和频率。通过对试件施加循环拉伸和压缩的载荷谱试验直到材料疲劳试件断裂。载荷循环的数量 $N(s)$ 和幅值 A，都可以通过相关的疲劳测试仪器记录。对于幅值 $A < A_\infty$ 的小幅载荷谱，疲劳寿命经常是非常长，可以设置为 $N(s) \approx \infty$，即认为在进一步试验中没有损伤发生。

结构部件动应力历程是产生疲劳疲劳损伤的主要因素之一。这里所谓的动应力历程包括应力幅值和应力循环次数。对于随机疲劳载荷，也可以说对于不规则载荷的损伤累积，为了计算和试验的方便，需要在试验和分析中转化为常幅载荷。这主要是因为结构疲劳试验和疲劳强度分析中，常幅疲劳载荷时间历程的数据更加便于加载处理。这需要利用各种循环计数算法，将不规则的变幅载荷历程转化为常幅载荷历程。将实测或仿真获得的随机动载荷时间历程转化为一系列的全循环或半循环的过程，叫“计数法”。

正如前面的章节所述，雨流计数法可以有效获得载荷历程的幅值、均值和相应频次的关系，是目前国内外应用最广泛的一种计数法，根本原因在于：它建立了便于理解的载荷循环与材料疲劳特性关系；能有效统计载荷历程的发展趋势，且不丢失小载荷循环的信号；使得载荷时间历程的每一部分都可以参与计数且只计数一次。

雨流计数法是目前获取与处理载荷谱的有效方法和重要途径之一，也是进行结构疲劳寿命预测的重要过程。对于目前多数只考虑单轴疲劳的车辆结构疲劳寿命预测而言，雨流计数法还可以定义为闭合的载荷迟滞环。迟滞环可以用来研究结构部件的损伤和抗疲劳特性，只需要其满足车辆服役寿命的设计目标和要求。为了能够对车辆结构部件完成可靠的寿命评估，必须要充分认识到结构载荷谱计算的重要性。对于产生结构失效的焊接结构部件而言，焊接接头失效的载荷循环数应该是属于应力范围级别的函数。在预测结构寿命时，如果低估应力 20%的话，那么预测的疲劳寿命误差可能会达到 100%，甚至更高[9,10]。

6.1.3 非平均应力的等效变换

由于实际应力测量时，获得的信号平均应力并不为 0。而相关文献表明应力幅值和均值以及循环次数是对结构疲劳损伤影响最大的因素。特别是平均应力对累积损伤有较大的影响，为此，需要按照等损伤原则将非零平均应力的应力循环等转换为零平均应力的应力循环[10]。

这里采用 Goodman 疲劳经验公式对其进行转换。

$$S_i = \frac{\sigma_b S_{ai}}{\sigma_b - |S_{\mathrm{m}i}|} \tag{6-2}$$

其中，S_i 是等效的零均值应力；S_{ai} 为第 i 个应力幅值；$S_{\mathrm{m}i}$ 为第 i 个应力均值；σ_b 为拉伸强度极限。

以某型机车结构部件采用的 16Mn 钢材料为例，$E = 2.068 \times 10^5\mathrm{MPa}$，$\sigma_b = 586\mathrm{MPa}$。若考虑测试载荷的应变幅值 ε_{ai} 和均值 $\varepsilon_{\mathrm{m}i}$，根据胡克定律 $\sigma = E\varepsilon$，式 (6-2) 可以改写为

$$S_i = \frac{586 S_{ai}}{586 - |S_{\mathrm{m}i}|} = \frac{586 E\varepsilon_{ai}}{586 - E\,|\varepsilon_{\mathrm{m}i}|} = \frac{586 \times 2.068 \times 10^5 \times \varepsilon_{ai}}{586 - 2.068 \times 10^5 \times |\varepsilon_{\mathrm{m}i}|} \tag{6-3}$$

将统计后得到的应力均值和应力幅值分别代入公式 (6-3)，即可以得到零平均应力的等效应力 S_i 值[10]。

6.2 载 荷 谱

6.2.1 载荷谱定义和形成

载荷谱，是一种广义的技术术语，主要用于分析随机变幅载荷作用下的结构疲劳问题。载荷谱是工程结构或零部件所承受的典型载荷时间历程，且经过数理统计

分析和处理后获得的幅值大小与作用频次之间关系的图形、表格、矩阵和其他统计概率特征值的统称。通过编制载荷谱，可以对结构的零部件进行疲劳寿命分析。载荷谱可以通过广义的载荷 (力、速度、加速度、位移等) 或者应力的幅值和均值的循环次数的分布进行定义。整车载荷谱的采集和预处理主要应用于实验室内台架结构部件疲劳试验。对于多数结构振动疲劳试验台的输入数据，既可以是实际试验线路运行时的车辆实际服役载荷，也可以是经过测试形成的典型设计载荷谱，即设计谱 (Design Spectrum)。也可以这样理解，工程中针对某一个结构部件常需采用具有不同用途的典型载荷谱，比如结构疲劳设计常用的设计谱。设计谱可以直接应用于类似结构的台架疲劳试验及疲劳寿命评估过程中。设计谱可以从典型结构部件的载荷谱中产生，也可以从车辆动力学仿真中获取的载荷时间历程中 (如实测的结构动应力、应变测试数据) 获取[11]。

另外，载荷谱中还有另外一种定义，即测试谱 (Test Spectrum)。具体来说，车辆在结构台架疲劳实验中，根据情况选用剔除了小循环的测试载荷谱，也叫测试谱[11]。当然，为了进行新型车辆结构的加速疲劳测试，需要使用测试谱。这就需要剔除结构寿命完整周期中一些破坏性相对较小，或者是造成损伤较小的小周期载荷循环。测试谱的存在，主要是因为结构疲劳设计工程师为了提前了解，或者说掌握与疲劳设计谱具有相同的结构损伤所需要增加的测试谱的强度和幅值，一般在结构疲劳台架试验中应用广泛。轨道车辆结构在运行过程中属于连续的随机载荷时间历程，在进行结构疲劳计算时，疲劳寿命估算和疲劳台架实验之前，就需要确定其载荷谱。关键结构部件的载荷谱的获取主要根据相关的设计标准，比如在铁路货车领域广泛采用的美国铁路协会的 AAR 标准。当然，最切实可行的就是通过车辆的线路动应力实测试验来获取。这种通过线路动应力实测试验获取的结构载荷时间历程，即测试谱。换句话说，车辆结构设计谱应该包含结构应力幅值和载荷循环分布等基本特征，且结构应力设计谱是可以直接应用在结构疲劳寿命评估过程中。但是设计谱有一个缺陷，就是其一般并不包含一些因为突发载荷工况下 (车辆在意外载荷作用下的情形，如突然启动和制动等) 产生的过疲劳载荷。这种意外或者特殊事件下的设计谱需要进行特殊的处理，并且针对车辆结构部件特定的结构失效问题进行调查和研究。在参考相关文献的基础上[12]，车辆载荷谱、疲劳分析及测试基本过程可以简单地如图 6.3 所示。

一般来说，疲劳累积损伤理论 (Palmgren Miner Rules) 的基本假设是准确的，疲劳试样的载荷样本可在任何选定的载荷幅值中减少同等数量的循环数，同样这些载荷也可以在测试或有限元分析结果中进行比较。实际上，疲劳累积损伤理论的有些假设也并不是完全准确的，有其局限性。在疲劳标准试件的测试中使用的载荷序列只是典型的等效载荷谱，以模拟现实的工程结构的载荷序列和次序，希望加载的载荷序列不会对试件的应力水平产生不利的影响[13]。实际上，不同的载荷谱块

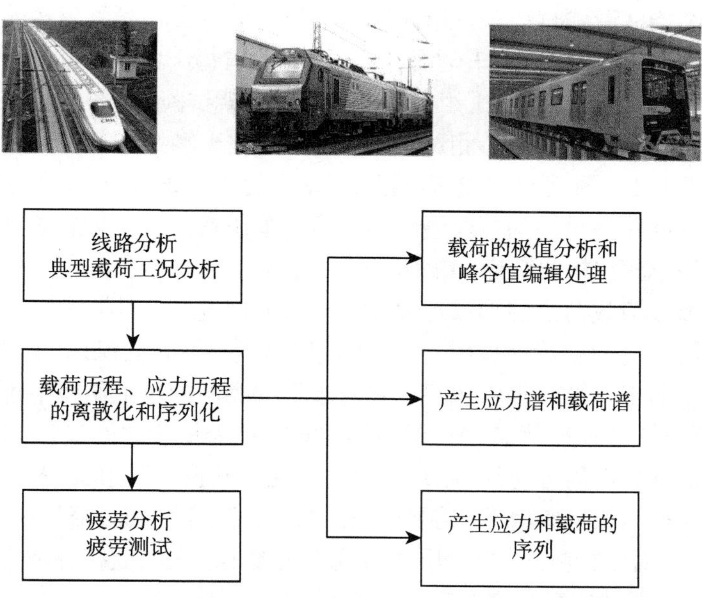

图 6.3 车辆载荷谱及疲劳分析及测试的基本过程[12]

的加载次序对结构的疲劳模型和疲劳损伤存在着不同的影响，这就需要结合实际的疲劳载荷分析，且根据合理的载荷谱块的加载次序进行疲劳试件的加载试验。在车辆结构疲劳寿命预测过程中，需要规范车辆结构有限元疲劳分析过程中的载荷加载方式和内容，比如在进行一定的载荷时间序列分析时，各种载荷谱块之间的不同组合的效用会有所不同。在材料和结构特性发生急剧变化的敏感性分析中，需要依据反复的试验和经验数据确定载荷谱快的编谱设计。事实上，通过对疲劳分析过程中不同的有限元载荷工况的组合与分析，可以有助于形成准确的载荷谱编谱方式，最终形成标准的典型载荷谱序列。

在结构疲劳试验的载荷加载过程中，包括两种主要的类型：载荷时间历程 (时域信号) 和功率谱密度 (频域信号)。无论在结构台架疲劳试验中采用哪种加载类型，确保载荷谱加载的频率信息正确是很重要的。在载荷谱形成过程中，有时高频载荷时间历程信号需要去除噪声，在形成载荷谱前需要进行滤波处理。这对采集的载荷时间历程信号同样重要，需要考虑如何剔除时域信号中信号峰值的奇异值。

众所周知，实际服役期间的车辆结构部件的承载的外载荷具有不确定性，几乎很少是常幅载荷，更多的是随机变幅载荷的作用。这就需要对测试谱进行数据统计处理和分析。疲劳载荷谱的形成和结构动应力分析是车辆结构部件的结构疲劳评估领域中十分重要的环节，包括车辆结构部件服役的环境载荷背景和对应的典型载荷工况。如何定义车辆结构部件在外载荷作用下结构响应 (动应力/动应变) 的问题，需要考虑对应的车辆线路结构动应力分析和实测方法。

就车辆结构疲劳测试而言，最好的方法就是采用实际线路车辆的动应力测试结果。但是对于生产量巨大的车辆而言，不可能要求每一台车辆都到运营线路上进行结构动应力测试。人们通常采用室内车辆疲劳台架试验台，根据测试谱进行同类型的车辆结构的样机结构疲劳测试。这就保证关键车辆结构部件可以在实验室台架试验条件下承受各种可能的载荷历程，即真实的变幅载荷历程，且这种载荷历程是包括车辆在线路服役期间可能遇到的所有典型载荷工况。最后通过雨流计数等可以形成典型车辆结构载荷谱，或称标准载荷谱。

然而标准疲劳载荷谱的形成还存在一种技术问题，就是同类型的车辆结构依然可能会经历不同的载荷谱作用 (不同的线路状况、不同的风速、不同的载客量、不同的牵引制动工况等)，而且也可以是对于不同类型的车辆结构中可能会作用几种不同的载荷时间历程。尤其当轨道车辆结构在承受复杂的外部载荷时间历程时，结构的响应数据表现的可能是力/力矩，应力/应变数据 (早期的结构动应力测试仪器获取的基本均是微电压信号，需要转变成相应的应变和应力信号) 或加速度等的时间历程信号。对结构响应的时间历程信号进行数据处理，获得各种形式的累计频次的分布数据，即结构载荷谱的广义概念。

本书在这里为了表述清楚，将结构承受的作用载荷编制成对应的作用力谱，台架测试常用的是加速度谱，寿命预测计算时用的一般是结构应力谱。如何在实验室环境下进行关键结构部件的台架疲劳试验，就需要根据实测的响应信号数据进行测试及数据处理，获取测试谱和设计谱。载荷谱也必须要尽可能模拟真实的车辆结构服役条件，需要综合考虑车辆运营的线路条件、环境因素等，选择的线路等级属于具有代表性的通用线路。如何将不同的常幅载荷块组合形成典型的载荷谱，是模拟车辆结构真实的随机变幅载荷中的一个重要的环节。这主要是因为常幅载荷谱块在类似车辆结构疲劳测试过程中更容易施加。

这里，假定以轨道车辆结构的关键部件而言，设计目标载荷谱存在若干个典型载荷工况 (主要是直线线路和包含不同曲线半径的曲线线路等)。这样就可以定义一些典型结构部件的载荷工况，比如直线、不同半径的曲线线段等。载荷谱的叠加与目标载荷谱的形成需要按照一定的数据统计处理方式进行。假设结构部件的某一个载荷通道的设计谱共有 6 个载荷工况，每个工况占总线路的统计比例大概是 $C_1 : C_2 : C_3 : C_4 : C_5 : C_6$，将获得的每个工况的载荷历程 C_i 按统计比例进行叠加求和，就可以得到各个载荷通道的全寿命载荷谱[14,15]。

$$F = \sum_{i=1}^{6} C_i F_i \tag{6-4}$$

通过车辆结构作用载荷的仿真分析和线路测试方法，可以获得车辆结构的载荷时间历程，包括作用力、加速度和应力应变等。这些载荷时间历程有时也称之为工作谱或使用谱。由于这些载荷绝大多数属于随机载荷，具有明显的不确定性，这就需要对获得的载荷时间历程进行峰谷值编辑分析、极值处理和雨流计数等数据统计处理分析。经过数据统计处理最终可以获得车辆结构的载荷谱，形成最后用于结构疲劳设计或疲劳台架测试的疲劳设计谱或测试谱。典型载荷谱的获取和分析流程可以参见图 6.4。

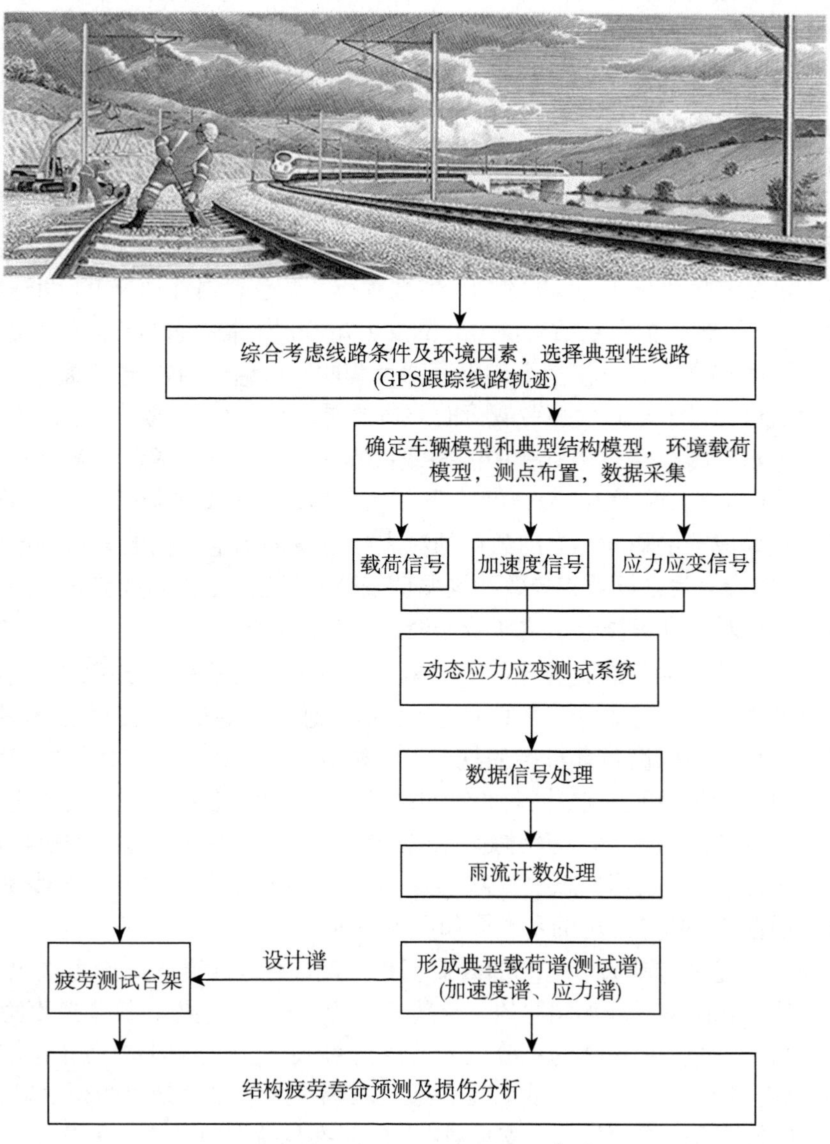

图 6.4 常见的车辆载荷谱获取流程

6.2.2　载荷工况及典型载荷谱

根据车辆线路载荷测试和整车多体动力学的仿真分析均可以有效获得关键结构部件的载荷时间历程，并在此基础上，根据载荷工况的组合形成可以代表完整工况统计目标的典型载荷谱。典型载荷谱既可以用于同类型的结构疲劳台架测试，也可以用于类似结构的抗疲劳设计中。在利用多体动力学和有限元法的混合模拟技术设计典型载荷谱时，首先需要通过多体动力学软件构建整车多体系统模型，使其以一定的速度运行在定长的轨道上进行多工况的动力学仿真，其次对获得的各种典型工况下的载荷时间历程通过相关的数据统计分析工作进行典型载荷谱的叠加，同时需要进行相关的载荷循环的计数处理。

对于承受随机变幅载荷作用的车辆结构，不仅需要考虑支反载荷 (包括支反力和力矩)，还需要定义其惯性载荷[13,14]。也就是说，车辆结构部件主要承受的有效载荷应该包括惯性载荷和支反载荷等。惯性载荷主要包括惯性加速度、角速度和角加速度等；支反载荷主要包括支反力和支反力矩等。如果考虑结构的弹性影响，需要在整车刚柔耦合动力学模型上考虑其弹性影响，这也说明影响车辆关键结构部件的疲劳载荷相对于静强度疲劳载荷的分析要更加复杂[8]。一般来说，根据结构准静态分析方法获得车辆结构承受的静态载荷容易，但是对经常承受随机外载荷作用的车辆结构进行动强度校核设计时，除了需要考虑动载荷的幅值，更多需要考虑车辆振动频率成分的影响。当动载荷的频率幅值覆盖车辆结构的共振频率的区域时，车辆可能会因为共振效应导致结构振动疲劳的发生。这说明疲劳载荷的确定及载荷谱的分析对于准确预测结构疲劳寿命是非常重要的。

车辆结构关键部件的疲劳载荷主要来自于轨道随机不平顺激励。轨道不平顺激励是可以通过在车辆动力学模型中施加轨道谱进行车辆动力学载荷工况的模拟。根据相关结构疲劳强度设计标准的规定，比如常规的轨道车辆车体结构静强度的计算载荷中，一般包括垂向、横向和纵向载荷。静态计算载荷工况分为 8 种：垂向静载、垂向动载、起动牵引、整体起吊、纵向拉伸、纵向压缩、救援和司机室前窗下梁受压缩工况。而根据文献 [11] 和 [14]，典型的载荷工况可以分为直线轨道、曲线轨道和道岔等。典型工况的示意图如图 6.5 所示。

对应于上述多体动力学仿真的载荷历程工况，有限元准静态应力法也要求对应于各个外力载荷位置施加同向的单位载荷进行计算。且根据计算工况不同，依次考虑在二系悬挂处施加位移约束等边界条件。然后通过线性静态应力计算，获得车体结构的应力影响因子。具体说，首先通过求解对应于多体动力学仿真获取的若干个载荷时间历程 (惯性载荷和支反载荷) 的静态载荷工况计算，获得车体结构的应力影响因子；其次将获得的应力影响因子和多体动力学仿真获得的载荷历程相乘；然后根据应力叠加求和原则按公式计算获得车体结构的应力历程；然后进行雨流计数处理；最后根据损伤累积法则和材料的 S-N 曲线获得结构的损伤分布状况。某型车辆结构关键部件利用台架疲劳测试台进行疲劳试验时采用的载荷谱块序列，测试载荷谱块如图 6.6 所示。

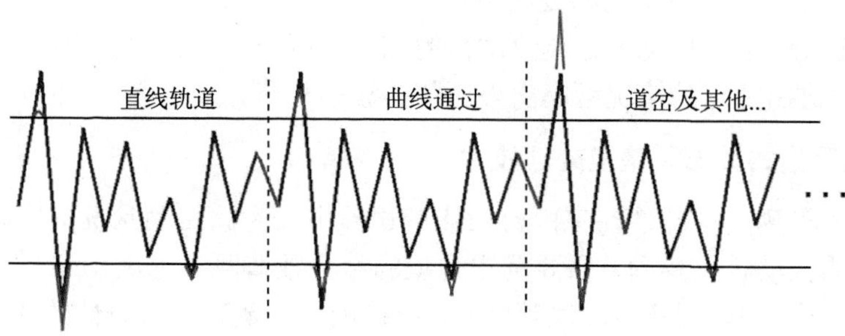

图 6.5　典型载荷工况的划分[15]

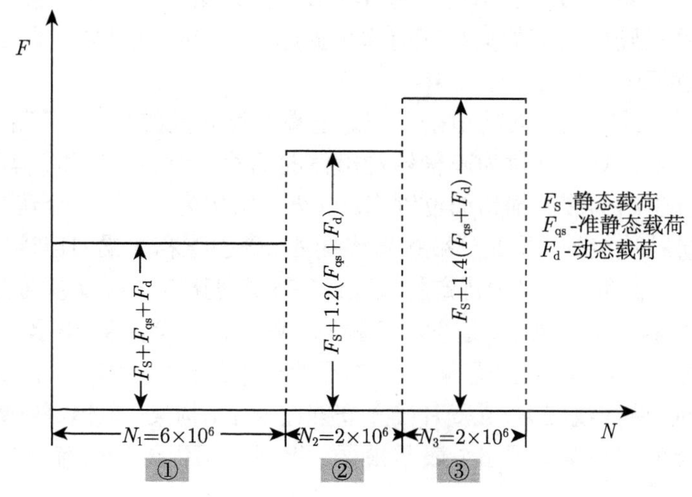

图 6.6　车辆结构部件的台架试验的测试载荷谱块[16]

这里通过车体结构疲劳分析算例，说明一下车体结构疲劳载荷模型需要计算的具体载荷时间历程。车体结构疲劳分析时需要考虑对应多体动力学分析的载荷时间历程和车体结构有限元工况下的载荷时间历程 (即单位载荷作用下的应力影响因子)。

一般需要确定的有限元分析时对应的准静态载荷工况，其载荷时间历程如下[15,16]。

- 获得 3 个车体质心位移加速度载荷历程 (X、Y、Z 方向)。
- 获得 3 个车体质心角速度载荷历程 (X、Y、Z 方向)。
- 获得 3 个车体质心角加速度载荷历程 (X、Y、Z 方向)。

- 获得 4 个车体抗蛇形减振器安装座处的载荷历程 (X、Y 方向)。
- 获得 4 个车体垂向减振器连接处的载荷历程 (Z 方向)。
- 获得 4 个车体横向减振器连接处的载荷历程 (Y 方向)。
- 获得 4 个纵向牵引拉杆处的载荷 (X、Y 方向)。
- 根据实际运行情况考虑风致载荷的施加 (X、Y、Z 方向的力和力矩)。
- 根据进出隧道的情况考虑内外压差的波动载荷。

6.2.3 载荷谱的数据采集及处理技术

为了使车辆结构部件在室内台架疲劳试验中产生的振动状况与实际线路行驶时所产生的振动状况相同，需要确定合理的结构载荷测试方案，综合考虑线路等级、载荷环境、列车运营时刻表等因素。根据测试方案确定代表性的线路，采集该类型车辆的在线路上的实际服役载荷谱信号，进行载荷谱的数据采集及数据处理。这样通过实际线路上服役的车辆结构载荷数据的采集及处理技术就可以建立其不同轨道不平顺激励作用下的典型载荷谱数据库，将其应用到结构的疲劳强度设计与寿命预测过程中。

一般来说，试验线路的轨道谱及车速需要按照相关结构疲劳可靠性试验标准和规范执行。结构测试部位为车辆结构部件的危险点对应位置以及其他应力集中区域及容易发生结构疲劳损伤的位置点。以车体结构为例，需要合理布置测点，诸如车辆二系悬挂连接处，抗蛇形减振器连接处，牵引梁和枕梁的连接处，车钩冲击座等位置，窗门窗角等。对于特定的试验线，轨道线路应该可以包括直线段、曲线段 (如不同超高和曲率半径)、道岔等各种线路等，具有代表性。试验车辆在各种典型路段上行驶 (不同的轨道不平顺)。针对研究车辆结构的对象不同，比如轮对、构架等，可以将传感器或应力/应变片装置安装在轴箱、构架、车体等感兴趣部位，以获得这些测点的载荷谱。图 6.7 表示根据载荷时间历程进行雨流计数后的载荷谱形成流程。

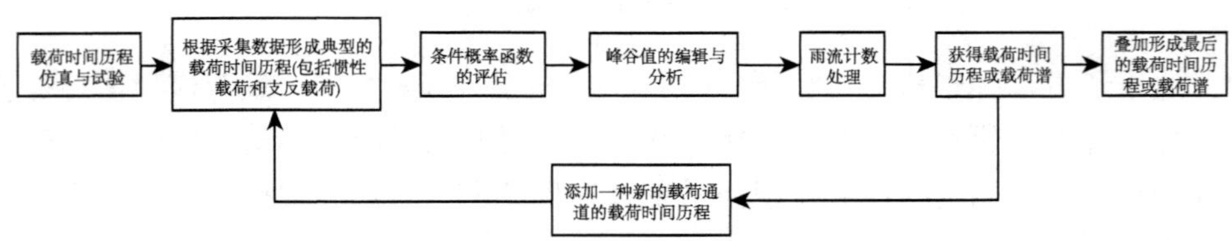

图 6.7 根据载荷时间历程进行雨流循环计数的块载荷谱[17]

在实际线路服役的载荷谱试验的数据采集就是为了获得车辆关键结构部件在实际线路中的详细和准确的载荷信息。为了真实反映车辆结构的载荷特征，需要采用同类型的车辆结构在相同或类似的线路上进行实际线路的载荷测试或动应力测试[18]。在载荷谱的数据采集试验之前，需要做好相应的测试检查工作，确保车辆结构的测试环境尽可能和实际运行车辆结构的载荷环境一致，比如车辆结构的关键参数、线路的不平顺激励状况和轮轨匹配关系等。载荷测试的测点位置应该选取在车辆结构对轨道不平顺激励或其他载荷激励比较敏感的位置。这样有利于提高测试信号的信噪比，同时也应该综合考虑这些测点位置将来能和实际结构疲劳台架测试的作动器等敏感位置接近。这样做的目的是利于将来进行实际台架的疲劳的载荷谱加载试验，另外还需要根据传统的测试经验选择结构敏感位置作为辅助测量点。加速度和应力/应变测点的位置的布置尤其需要考虑清楚。客观来说，各个试验线路上的相同位置的车辆结构的测点上每次测试获得的载荷信息应该是一样的，但实际上不可能完全一致。为了准确获得载荷信息的均值，需要进行多次测量，直到测试结果满意为止，但实际上也不现实，因此通常在实际的线路上需要各往复三次测量，目标是尽可能减少测量次数，获得足够的测试精度就可以 (请参见本书第 5 章的动应力测试中的介绍)。

另外，在通过相关测试系统进行数据采集后，还要对测试数据进行相应的检查和预处理，比如测试信号中是否有奇异值的存在，通过数据的时频分析功能对载荷测试信号进行时频分析，判断信号是否存在失真和异常，尤其对突变的信号要仔细分析，以判定数据采集的有效性和是否有必要重新采集等。数据采集中获得原始信号经过数模转换后，经常包含着不利于数据分析的成分，比如测试数据中混杂着各种测试噪声，包括测量仪器的非线性失真等，测试数据采集后，需要进行奇异值的剔除处理，利用最小二乘法消除趋势项等，然后利用轮次检验法对信号进行平稳性检验，在测试样本完成后还需要进行滤波处理[18]。

现代车辆结构的载荷测试多数需要在试验过程中采取无人值守同步连续测试。这对动态测试系统就提出了一些相应的技术要求，比如需要包含大容量满足供电需求的供电设备；具有宽温特性的信号采集设备；需要具备大容量的数据存储设备实时存储信号数据；需要在车辆内安装实时观察位置信息和数据采集情况的 GPS 跟踪仪；需要有不同敏度的传感器 (载荷传感器、速度、加速度传感器、温度湿度传感器和应力/应变片等)，对一些关键位置的传感器还需要采取相应的保护措施。通过对多台测试设备设置同步数据连接，保证所有通道的信号能够被同步采集等。这些测试设备需要有足够的可靠性满足测试仪器对各种线路工况的测试要求，能够满足实际线路车辆运行和作业的各种工况[19]。

一般来说，车辆载荷谱的获取主要是通过全程或者某典型性测试线路的连续实测数据 (主要是加速度、角速度、角加速度、应力应变等) 为主，根据实测线路段上测试获得的加速度、应力/应变信号获取。试验车辆一般为运行状况良好的同型车辆。载荷谱信号的采样和数据处理采用相应的应力/应变数据采集系统。载荷谱的测试参数主要包括速度、加速度、位移及力等广义载荷，有时还有结构的应力/应变参数等。布置这些传感器或应力/应变片的测点应当依据测量目的、对象和被测参数不同而有所不同。例如，对于应力/应变参数，在布置应力/应变测量点时，应考虑其动态响应特性和沿振动传递路径的应力分布变化特性的不同做出相应的改变。对于温度传感器参数，由于研究对象都与热力状态和传热特性分不开，加上温度测量元件容易制作精细，相对来说又布置方便。一般测量点可随试验的要求多布置一些，即使作分布参数特性的布置也困难不大。对于气动压力参数，在布置车辆测量点时主要是考虑车辆表面的动态响应特性，及其沿气流振动路径的分布变化特性，在非气动压力较大的位置测试中一般不会重点考虑[19]。

以车体结构为例，在测试气动压力时，经常需要考虑头车前部、中部和尾端，以及列车连接的风挡、弓网等气动影响比较大的位置，压力传感器等测点也大多布置在前端和尾部等湍流激扰区域。测点的布置原则主要是由振动传递特性以及实际受力分布、传感器的结构特性与价格因素所决定的。另外，车辆结构部件的载荷测点布置应该包括车辆惯性载荷和支反载荷的影响。惯性载荷包括加速度、角速度和角加速度 (垂直、横向、纵向) 的影响。支反载荷包括二系悬挂处的所承受的载荷力 (垂直、纵向、侧向) 和支反力等。如果二系悬挂考虑成约束边界条件，应该选择抗蛇形减振器、横向减振器、牵引座等位置的支反载荷。还需要考虑其他设备部件等和车体连接处的作用载荷 (垂直、纵向、侧向)，也可以是测点处的应力/应变信号[19]。

车辆线路试验段通常进行分段载荷测试，测试的线路里程主要根据实际试验线的长度决定，一般要求可以包括全部的线路典型特征 (直线段、不同曲线半径的线路等)。同时，根据采样原则，确定采样频率，获得车体惯性载荷和结构关键部位的支反载荷的时间历程。在实测载荷数据分析或编制载荷谱之前，需要对载荷谱采集完成后的实测数据进行处理。数据处理也分为预处理和二次处理。预处理主要是将实测数据导出和转存，并依据校准曲线将数据的二进制码转换为可以识别的物理量，同时判断数据的有效性。二次处理主要考虑测试过程中的一些信号丢失、尖峰信号和零点漂移现象，进行数据的去除毛刺。整车在线路试验时，载荷谱还需要对加速度测点、应变测点的载荷时间历程要进行数据平稳性检验、各态历经性检验、正态分布检验和测量精度检验。对试验数据要进行零点飘移处理，剔除奇异项、消除趋势项、低通滤波等，以便获得真实有效的时域信号数据[19]。

名义上试验路段每一循环的载荷是一样的，但实际上是不同的，在理论上为了精确地获得载荷的平均值，需进行无限次测量。但实际上也不现实，一般根据规定可以标准测试三次及以上，尽可能降低测量次数，达到足够的精度。采集到的振动信号还需要利用计算机进行信号的数据处理与分析，在数据处理时要进行高低通滤波。以车体结构为例，有时需要消除高于 50Hz 的部分。根据经验，超过 50Hz 高频部分的振动对车体结构的疲劳强度和耐久性影响已经非常小，几乎可以忽略不计。车体结构的疲劳问题基本是低频的结构振动疲劳问题。但是近年来，部分文献也提出对高速列车车体进行中高频部分的疲劳研究，主要是因为高速列车的车体需要承受的风致载荷以及部分设备有可能含有高频载荷成分[15,19]。

6.3 载荷谱的统计分析与外推处理及载荷谱叠加

6.3.1 载荷谱样本的统计分析[14−20]

通常来说，在结构疲劳寿命预测过程中，由于所采集的载荷时间历程、材料特性本质均是一个随机过程，每个样本的载荷时间历程的数据也具有一定的离散性。在实际的工程实践中必须要考虑对数据进行数据处理和统计分析。通过采集一定数量的样本数据，再从中根据统计分析方法抽取具有代表性的样本，比如获得一定存活率的损伤样本。根据数理统计理论，当采集的载荷数据的子样数据较小时，可以使用抽样法来确定个体所对应的母体存活率的估计量。在载荷谱样本选择中. 每个样本的损伤向量则作为整个排序子样的个体。假定对应载荷数据目标个体的母体具有一定的存活率，对于车辆结构疲劳而言，实际上就是对所获得的结构损伤向量进行排序，找到一个中值向量。该向量所对应的载荷循环的信号，就是最终所需要的目标载荷谱。如果直接对各损伤向量通过求模进行再排序，由于各载荷通道的损伤值数量级有一定差距，结果可能是某个或某几个损伤较大。载荷通道在整个排序中的影响所占权重过大。为了解决这个问题，需要求出均值损伤向量。

利用动应力测试获得载荷历程信号中基本都包含有噪声信号，也可以说这些载荷信号基本上是由很多不同级别的载荷信号成分组成，除了主要工作载荷信号外，还经常包括一些次要载荷的作用。这些载荷表现为二级波、三级波以及一些高阶小量的循环载荷。对这些构不成疲劳损伤的小量载荷，一般将其定义为无效的载荷。在对应力、应变历程数据进行雨流计数分析时，应该将无效的载荷幅值舍弃。关于无效幅值的取舍标准，一般取随机载荷历程的应力幅值的极值差 (最大应力幅值–最小应力幅值) 的 5%～10%。当然，有时还需要对测试或仿真获得的应力应变数据信号进行滤波和平滑处理，最简单的方法就是利用数据信号处理方法，即利用带通滤波器 (Band Pass Filter) 从含噪声信号中去除高频信号[20]。

6.3.2 载荷谱压缩、外推、叠加与重构

1. 载荷谱压缩与奇异值剔除

随机载荷在循环计数前也要进行载荷压缩处理，包括峰谷值的提取与小载荷的去除。测试数据中的载荷数据的异常峰值是信号测试过程中常见问题，如果数据量不大可以采用常用的数据编辑算法进行处理，但是对于海量的测试数据，这种方法有时并不可行。为了缩短台架疲劳试验周期，一般还需要删除损伤贡献小的数据

段。以某型车辆结构的加速度时间历程信号为例，删除雨流循环计数中幅值变化小于一定值的循环。这种舍去结构疲劳损伤贡献量实际不大的小载荷循环的载荷谱处理方式，又称为载荷谱的压缩[14,21−25]。

迄今为止，没有一种完全可靠的数据压缩处理方法。比如载荷时间历程中经常采用的峰谷值编辑的数据压缩算法。具体来说，基于雨流计数法的载荷谱压缩，就是删除一些载荷通道中对结构损伤贡献相对较小的载荷循环，并且保持各个载荷通道的相位一致，以便于加速疲劳试验[20]。确定删除多少损伤贡献量小的载荷循环是一件比较困难的事情。删除多了，能量损失较大，导致载荷信号失真，迭代信号时不易收敛；删除少了对缩短台架疲劳的试验周期意义不大。删除多少还是需要根据相关的疲劳试验数据和载荷重构进行验证。一般来说需要根据极值理论，删除小于载荷范围值 5%～10% 的小载荷循环，并且需要通过载荷重构前后的雨流计数的统计参数进行对比验证。图 6.8 表示载荷数据的压缩和剔除处理的过程。

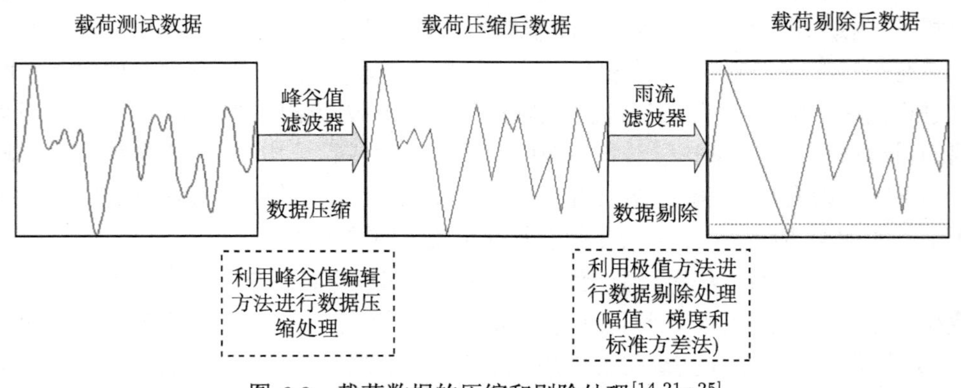

图 6.8　载荷数据的压缩和剔除处理[14,21−25]

另外，载荷数据中的奇异值的剔除方法，由于许多方法就是过于敏感，容易去掉一些有用的测试数据，使用时需要格外谨慎。HBM nCode 公司的 DesignLife 疲劳分析软件提供了一些数据处理方法进行数据奇异值的剔除，其中可行的剔除奇异值的方法主要包括幅值门限法、梯度门限法和标准方差法等。图 6.9 表示原始信号和剔除奇异值的信号对比图。

2. 载荷谱外推、叠加与重构处理

由于在实际载荷谱的采集过程中，一般只能短时间或短距离地进行车辆结构的线路测试，但结构疲劳寿命预测需要知道全寿命内的结构载荷谱。这样就需要将短时间内的载荷谱向全寿命外推，或者说从短距离的载荷谱向长距离的载荷谱外推[14,25]。目前，载荷谱已经在轨道车辆及其他工程领域得到广泛的应用。由于测试采样时间、试验成本等原因，载荷时间历程只能实现短时间或短距离的载荷数据

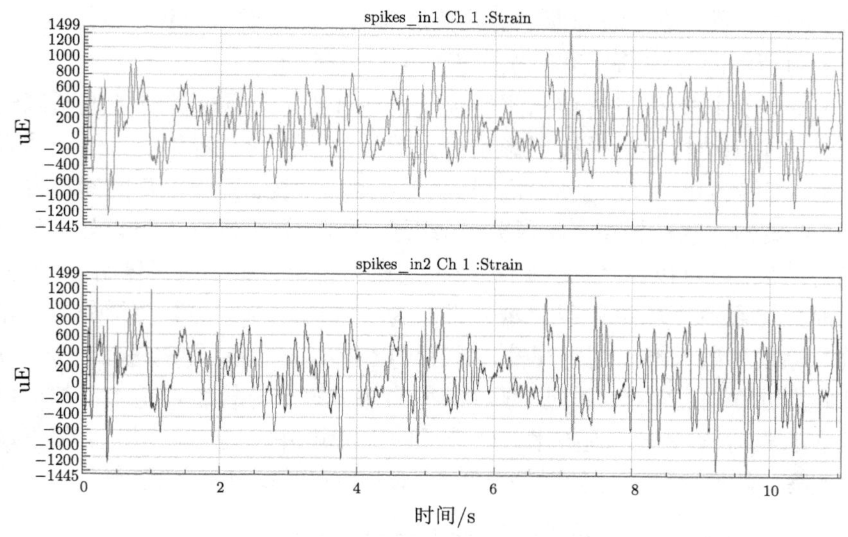

图 6.9 原始信号和剔除奇异值的信号对比[14,21−25]

测量，迫切需要采用合适的载荷谱外推方法，以便实现对全寿命 (总体样本) 的载荷时间历程的准确估计。尤其是对于短时间或短距离内没有测到的大载荷，更有必要进行载荷谱外推处理。文献 [14],[21]∼[25] 中归纳了几种载荷谱外推方法，总结出了几种不同外推方法的过程及注意要点，特别指出了不同外推方法的优缺点。文献 [14] 中介绍了按里程外推和按分位点外推方法，文献 [24] 中将载荷谱的外推方法归纳为参数法外推、雨流矩阵外推、时域外推和按里程分位点外推等。在载荷谱编谱时，需要按照实际需要和具体载荷特性编制出更符合现场情况的结构载荷谱。为了能够从有限的载荷时间历程中获得全寿命下的载荷谱，需要进一步提高载荷谱的准确性，载荷谱外推已经成为载荷谱编制和寿命预测过程中的必要环节之一。

由于载荷谱的随机性，通过线路试验获取的载荷时间历程的雨流谱形状各异，很难用某个具体的分布函数进行描述其特征。这时就提出某种参数估计的方法，即假设载荷谱符合某种特定的分布规律，然后对该分布规律进行检验。这种方法的缺陷在于人为影响因素比较大。比如通常在考虑载荷谱幅值和均值的二维随机载荷分布时，只检验这两个变量的相关性，且认为二者是不相关的。导致的结果是，由此方法获得的载荷谱导致的结构损伤会发生变化。这就要求在对载荷谱进行外推时，应该在保证每个迟滞回环结构不被破坏的情形下，推算迟滞回环对全寿命周期可能出现的频次。

实际测得的雨流矩阵各异，需要采用非参数估计的方法来考虑如何进行外推。在实际载荷谱的采集过程中，一般只能进行短时间 (距离) 的测试，而进行疲劳寿命分析过程中，要获得结构的全寿命期间内的疲劳载荷谱，这就需要将短距离的载荷谱向长距离外推，或者短周期内的载荷谱向全寿命周期内的载荷谱外推。目前主要有基于雨流矩阵方法的按里程外推和分位点外推[14,24]。

雨流矩阵外推不仅能够使已测的载荷实现外推，而且能够有效地预测没有测试到的对于车辆结构零部件疲劳影响很大的最大值载荷，避免了其他外推方法的估计不足，能够客观地反映全寿命下零件所受载荷情况。雨流矩阵的确定方法有很多，可以直接预估载荷模型，计算出极限雨流矩阵，如果进行平滑化处理能够得到更准确的结果; 还可以只考虑大循环载荷的模型估计，必要时再结合小循环运算。因此目前利用雨流矩阵进行载荷谱外推成为一种比较通用的载荷谱外推方法。可以有效消除载荷谱外推时的主观性，而且可以对载荷、频次同时进行外推，缺点是载荷谱外推过程稍显复杂。不过，现在一些有限元疲劳分析软件基本上都支持利用雨流矩阵的载荷谱外推处理技术。外推后的雨流矩阵在幅值和频次上都出现较大幅度的改变。外推前后的原始时间历程信号和雨流矩阵如图 6.10 所示。

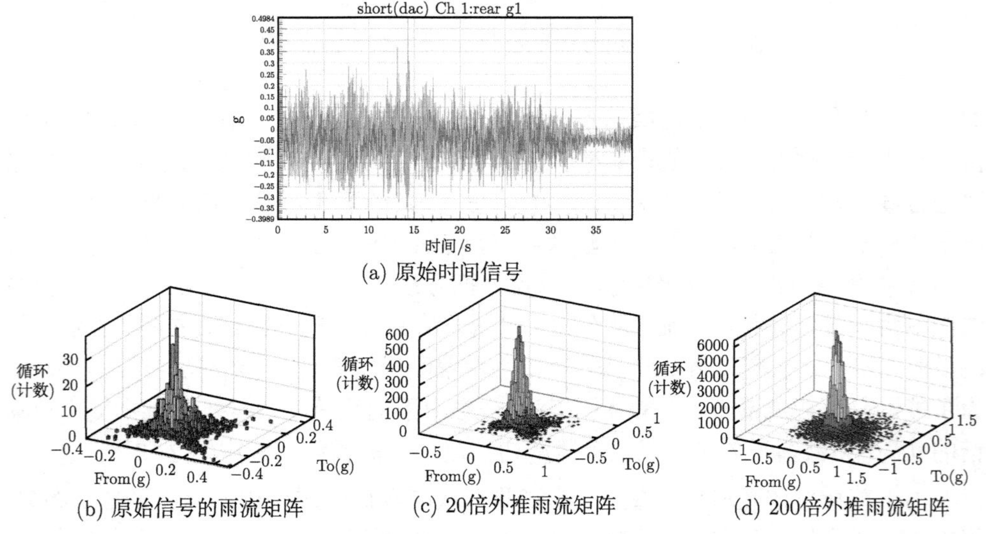

(a) 原始时间信号

(b) 原始信号的雨流矩阵　(c) 20倍外推雨流矩阵　(d) 200倍外推雨流矩阵

图 6.10　原始信号，原始的雨流矩阵，20 倍和 200 倍的雨流外推矩阵[26]

6.4 载荷谱数据的其他处理

6.4.1 载荷谱样本的雨流计数

车辆结构疲劳载荷谱是车辆结构寿命预测、设计、优化的重要依据。整车结构疲劳载荷谱的采集与处理具有极其重要的意义[14]。从总体上看，整车线路模拟试验提供了准确、可靠的设计依据。而在车辆载荷谱的分析、处理中，雨流计数法作为双参数分析方法中的一种，在载荷谱的压缩、外推、叠加和重构中被广泛应用，能在基本保持原载荷谱疲劳损伤的同时，极大地缩减时域历程，使得传统上需要在试车场花费数千小时才能完成的耐久性试验在实验室内只需几周便可完成。同时，工程实践也证明其处理结果与实际结果取得了较好的一致[14]。

另外，载荷数据在施加到工程结构中进行仿真计算时还需要经过其他一些数据处理。实际上工程结构中载荷的加载主要有两种类型：时域信号和功率谱密度信号 (频域信号)。在使用过程中，这两种信号都必须要确保信号中频率成分的准确性。比如对于一些高频信号，在施加前需要施加滤波器，将高频成分进行滤波处理[27−30]。

对载荷谱有时候也需要进行频谱特性分析。载荷时间历程的频率成分和能量分布可以用功率谱密度很好地进行描述。功率谱密度比较清晰地定义了时间序列信号的功率如何随频率分布，这里的功率谱密度可以是多种形式，包括速度、加速度、力、应力功率谱密度等。通过频谱分析可以了解能量所集中的频率，从而有效地确定滤波频率，尤其在验证采集数据所要采用的采样频率时，分析数据的功率谱密度是十分重要的[31−35]。

6.4.2 载荷谱编谱及小载荷循环处理[36−44]

对于车辆结构，疲劳载荷的环境参数和载荷幅值等均是随机变量，实测载荷信号数据也多数是随机载荷。随机载荷作用下的车辆结构部件，如何进行载荷谱编谱工作和小载荷循环处理，特别是如何遵循损伤等效的编谱原则是十分重要的，也极大地影响着结构寿命预测的精度。比如有文献指出，尽管低于材料疲劳极限50%的小载荷在一些文献中认为可以舍去，但是很多实验表明，材料疲劳极限以下的小载荷对金属材料或零部件仍然能造成损伤，损伤的程度大小与材料本身的微观结果、载荷谱的类型密切相关[36]。

1. 小载荷循环处理

实测载荷时间历程的载荷循环中有低幅值大数量循环和高幅值小数量循环。在典型载荷谱的编谱过程中，可以舍弃那些对结构损伤没有多大贡献的小载荷循环。随机疲劳载荷信号经过峰谷值提取后，还需要进行统计极值的数据分析和处理，以便进行小载荷去除处理。小载荷的取舍标准有多种，比如，有的按载荷时间历程中最大最小应力变化范围区间的 5%～10%舍去小载荷；有时判断在一个载荷序列中小载荷是否被舍去，是由另一个载荷序列中对应点的情况决定，对应点不是峰谷值或同样是小载荷时才可以舍去。实际上小载荷取舍的唯一标准，就是需要保证小载荷舍弃前后的疲劳载荷对结构部件或材料造成的损伤等效。由于实际车辆结构中承受的随机载荷具有不同的分布类型，载荷次序及相互作用的效应并不相同，在舍弃小载荷时需要以载荷谱的总体损伤量为依据建立小载荷的取舍标准。小载荷的取舍主要根据载荷幅值的百分比舍弃载荷循环 (比如舍弃 5%～10% 的载荷循环) 或者根据材料的疲劳极限舍弃载荷循环 (低于疲劳极限 50% 的载荷循环对结构损伤贡献可以忽略)[36,37]。

2. *疲劳载荷谱的编制*[37−44]

将实测的载荷时间历程处理成具有代表性的典型载荷谱的过程称为编谱。按照不同的载荷级数编制而成的载荷谱，损伤效应是不同的，“高–低谱块” 损伤最大，“低–高谱块” 损伤最小。对于一个载荷谱块是这样的情况，对于一个连续的载荷谱块说又是完全不同。由于载荷时间历程具有固定的周期性，单一谱块产生的疲劳损伤是不能代表整个载荷时间历程造成的疲劳损伤。编制载荷谱时，结构损伤分析必须要由可以代表完整载荷循环周期的固有周期载荷谱确定。只有根据固有周期编制的疲劳载荷谱才可能代表整个载荷时间历程造成的结构损伤。根据固有周期编制的疲劳载荷谱，不会因为编谱方式的不同产生较大的损伤差异。这是因为只要根据固有周期载荷谱编制原则，载荷谱都会因为疲劳载荷固有周期性的存在，使得载荷转化成 “高–低–高”或者 “低–高–低” 的载荷谱，形成统一的形式，满足等效损伤原则， 极大地降低编谱方式的不同导致的损伤预测误差[37]。

利用雨流计数处理方法可以有效地表示车辆结构载荷的统计特性。同时，可以很好地表述疲劳载荷应力范围值和应力均值与载荷循环次数的关系。编制的载荷谱如果用于疲劳强度设计和寿命预测，门槛值可以尽量小一点，对结构损伤分布影响不是很大。如果用于台架疲劳试验，考虑到加载的周期和试验成本的问题，门槛值就需要尽可能的精确，需要进行损伤等效的分析和判定。根据相关文献阐述，为了准确地预测疲劳载荷的分布规律，需要将载荷循环的幅值和均值作为疲劳载荷分析时的二维随机变量，将载荷进行雨流计数处理后，可以获得疲劳载荷各次循环的载荷幅值和均值的分布。 在编制室内疲劳试验的程序载荷谱时，需要考虑平均值，常用的方法有波动重心法、双波法和变均值法。载荷谱编谱时的分组方法，以及幅值和均值的编组级数的定义可以参看文献 [37] ∼ [44]。

利用实测载荷数据进行载荷谱编制时，将连续的载荷时间历程编辑成峰谷值表示的离散载荷时间历程，然后利用雨流循环计数法获得载荷幅值的统计数据并进行分级，通常分成 10∼20 级比较合适，按照一定的顺序进行排列，然后计算每级中的载荷幅值出现的频率次数和累积频数。以载荷幅值为纵坐标，累积频数为横坐标，拟和数据获得超值累积频数权限，即大于某一幅值下限 (剔除无效的小载荷循环的门槛值) 的累积频数。有时也称为载荷累积频数图[37−44]。图 6.11 表示庞巴迪公司某型轨道车辆的转向架构架的原始测试信号和形成的典型疲劳载荷谱。

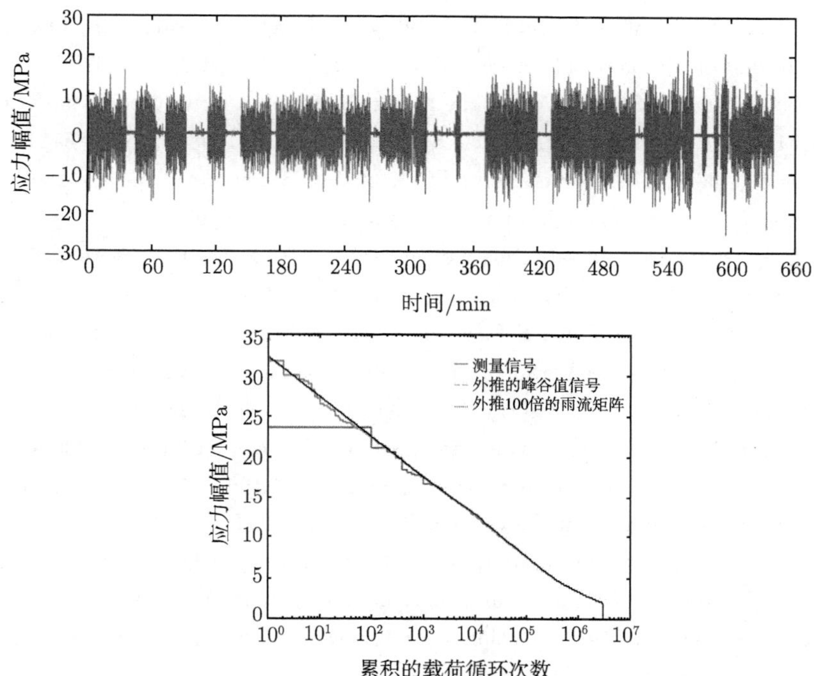

图 6.11　某型车辆的构架测试应力信号及编制的载荷谱[22,44]

6.5 小　结

本章主要介绍车辆结构部件的疲劳载荷和载荷谱的分析技术。通过本章可以理解疲劳寿命预测过程中疲劳载荷建模和载荷谱分析的重要性，尤其是如何在给定的时间周期内定义疲劳应力谱，包括如何利用载荷循环计数以及随机功率谱密度方法描述结构疲劳载荷。重点介绍了疲劳载荷分析的一些基本概念，包括载荷的类型以及载荷的雨流循环计数处理方法。对载荷谱的定义和形成、典型载荷工况的确定以及典型载荷谱的形成进行了详细的说明，对典型载荷谱的数据采集及处理技术、载荷谱的统计分析与外推处理、载荷谱的叠加与时域重构技术，在文献的基础上都进行了较为详细的介绍。对载荷谱的编谱及小载荷循环处理进行了说明。

参考文献

[1] Johannesson P, Speckert M. Guide to Load Analysis for Durability in Vehicle Engineering [M]. John Wiley & Sons, 2013.

[2] Bayraktar M, Tahrali N, Guclu R. Reliability and fatigue life evaluation of railway axles [J]. Journal of Mechanical Science and Technology, 2010, 24(3): 671-679.

[3] Dietz S, Netter H, Sachau D. Fatigue life prediction of a railway bogie under dynamic loads through simulation [J]. Vehicle System Dynamics, 1998, 29(6): 385-402.

[4] Heuler P, Klätschke H. Generation and use of standardized load spectra and load–time histories [J]. International Journal of Fatigue, 2005, 27(8): 974-990.

[5] He X, Sui F, Dong Y, et al. Relative severity investigation in a severe load spectrum [J]. Engineering Failure Analysis, 2010, 17(7): 1509-1516.

[6] Wang W J, Sun S G, Liang S L, et al. On-track load spectrum test study of motor bogie frame of high-speed train[C]. Proceedings of the 1st International Workshop on High-Speed and Intercity Railways. Springer Berlin Heidelberg, 2012: 339-347.

[7] Younesian D, Solhmirzaei A, Gachloo A. Fatigue life estimation of MD36 and MD523 bogies based on damage accumulation and random fatigue theory [J]. Journal of Mechanical Science and Technology, 2009, 23(8): 2149-2156.

[8] Kassner M. Fatigue strength analysis of a welded railway vehicle structure by different methods[J]. International Journal of Fatigue, 2012, 34(1): 103-111.

[9] Ariduru S. Fatigue life calculation by rainflow cycle counting method [D]. Ankara: Middle East Technical University, 2004.

[10] WAFO Group. WAFO a matlab for analysis of random waves and loads. 2000.

[11] Sigmund K A. Fatigue assessment of aluminum automotive structure [D]. Norwegian: Norwegian University of Science and Technology, 2002.

[12] Houwink R, Veul R P G, Hoeve H J. Computer aided sequencing of loads and stresses for fatigue analysis and testing [C]. ICAF 2001 symposium, Toulouse, France. June 27-29th, 2001.

[13] Haiba M, Barton D C, Brooks P C, et al. Review of life assessment techniques applied to dynamically loaded automotive components [J]. Computers & Structures, 2002, 80(5): 481-494.

[14] 王国军, 胡仁喜, 陈欣, 等. nSoft 疲劳分析理论与应用实例指导教程. 北京: 机械工业出版社, 2007.

[15] 缪炳荣, 张立民, 张卫华, 尹海涛, 金鼎昌. 考虑整车动力学特性的高速列车车体结构疲劳仿真 [J]. 铁道学报, 2010, (06): 101-108.

[16] Mancini G, Cera A. Design of railway bogies in compliance with new EN 13749 European standard [C]. Proceedings of WCRR 2008, 2008.

[17] Halfpenny A. Accelerated testing theory and user manual [J]. HBM-nCode GlyphWorks Product Documentation, 2008.

[18] 宋勤, 姜丁, 赵晓鹏, 等. 道路模拟试验载荷谱的采集, 处理与应用 [J]. 仪表技术与传感器, 2011(3): 104-106.

[19] 赵方伟. 铁路货车车体载荷谱测试及疲劳强度评价研究 [D]. 北京: 北京交通大学, 2015.

[20] 郭虎, 邓耀文, 吴慧敏, 等. 车辆随机载荷谱的统计分析 [J]. 汽车科技, 2003(6): 43-45.

[21] Johannesson P. Extrapolation of fatigue loads [C]. 4th Conference on Extreme Value Analysis. Gothenburg, August 15-19, 2005.

[22] Johannesson P. Extrapolation of load histories and spectra [J]. Fatigue & Fracture of Engineering Materials & Structures, 2006, 29(3): 209-217.

[23] 赵晓鹏, 张强, 姜丁, 朱先民, 冯树兴, 岳巍强. 某型越野车试验场载荷谱的压缩与外推 [J]. 汽车工程, 2009, (09): 871-875.

[24] 刘岩, 张喜逢, 王振雨, 等. 载荷谱外推方法的对比 [J]. 现代制造工程, 2011 (11): 8-11.

[25] Socie D. Modelling expected service usage from short-term loading measurements [J]. International Journal of Materials and Product Technology, 2001, 16(4-5): 295-303.

[26] HBM-nCode User's Manual. HBM-nCode GlyphWorks International Ltd. 2013.

[27] Johansson I, Gustavsson M. FE-based Vehicle Analysis of HeavyTrucks Part I [C]. Proceedings of 2nd MSC worldwide automotive conference, MSC. 2000.

[28] Oijer F. FE-based vehicle analysis of heavy trucks, part II: prediction of force histories for fatigue life analysis [C]. Proc. of the 2nd MSC worldwide Automotive Conference, Dearborn, USA, 2000.

[29] 赵晓鹏, 姜丁, 张强, 朱先民. 雨流计数法在整车载荷谱分析中的应用 [J]. 科技导报, 2009, (03): 67-73.

[30] Sofronas A. Case Histories in Vibration Analysis and Metal Fatigue for the Practicing Engineer [M]. John Wiley & Sons, 2012.

[31] Halfpenny A. A frequency domain approach for fatigue life estimation from finite element analysis [C]. Key Engineering Materials. Trans Tech Publications, 1999, 167: 401-410.

[32] Radaj D, Vormwald M. Advanced Methods of Fatigue Assessment [M]. Springer, 2013.

[33] Cera A, Mancini G, Leonardi V, et al. Analysis of methodologies for fatigue calculation for railway bogie frames [C]. 8th World Congress on Railway Research, 2008.

[34] Schmidt H J, Nielsen T. Development of load spectra for airbus A330 A340 full scale fatigue tests. NASA [C]. Langley Research Center, FAA (NASA International Symposium on Advanced Structural Integrity Methods for Airframe Durability and Damage Tolerance, 1995, 2: 683-697.

[35] Ali D, Shahzad A, Khan T A. Development of fatigue loading spectra from flight test data [J]. Procedia Structural Integrity, 2016, 2: 3296-3304.

[36] 王德俊, 平安, 徐灏. 随机疲劳载荷的处理及载荷谱编制准则 [J]. 东北大学学报, 1994, (04): 327-331.

[37] 刘克格, 闫楚良. 飞机起落架载荷谱实测与编制方法 [J]. 航空学报, 2011, 32(5): 841-848.

[38] 方剑光, 高云凯, 徐成民. 车身疲劳载荷谱的位移反求法 [J]. 同济大学学报: 自然科学版, 2013, 41(6): 895-899.

[39] 周传月等编著. MSC. Fatigue 疲劳分析应用与实例. 北京: 科学出版社, 2005.

[40] 杨立峰. 基于载荷谱进行汽车前轴寿命估算方法研究 [D]. 长春: 吉林大学, 2007.
[41] 王振雨. 载荷谱编制中极值载荷确定方法及应用 [D]. 长春: 吉林大学, 2012.
[42] 于佳伟, 郑松林, 赵礼辉, 等. 整车室内道路模拟试验用载荷谱的编制方法研究 [J]. 机械工程学报, 2015, 51(14): 93-99.
[43] 毛贺. 高速列车载荷谱编制方法的研究 [D]. 北京: 北京交通大学, 2009.
[44] 张大福. 高速转向架构架作用载荷谱研究 [D]. 成都: 西南交通大学, 2013.

第 7 章　结构疲劳寿命预测及工程应用实例

前面的章节已经针对车辆结构疲劳寿命预测的理论背景和寿命预测方法、车辆动力学的建模与仿真、寿命预测中的有限元分析、结构动应力的仿真与试验和载荷谱等几个方面进行了详细的阐述。如何结合实际工程进行结构疲劳设计和寿命预测研究，实际上也就是主要从结构几何特征、材料特性、载荷时间历程和疲劳寿命评估与分析理论等几个关键方面进行[1,2]。随着各个学科技术的不断发展，结构疲劳寿命预测和耐久性设计已经不再是某个单学科的优化问题，尤其是结构疲劳优化问题的解决，需要考虑多个学科的综合影响[3,4]。在随机时变外载荷的作用下，车辆结构的疲劳现象是一种非常复杂的物理和力学演变过程，不仅存在宏观问题，也存在着很多微观的技术难题。结构疲劳寿命预测从材料的裂纹萌生、裂纹扩展直至疲劳断裂，也分别对应着不同的结构应力、应变和断裂力学的分析方法[5,6]。

显然，要准确预测车辆结构的疲劳寿命，核心要素之一就是理解车辆结构的疲劳载荷谱和动应力分布状况。车辆结构疲劳寿命预测的过程，不仅属于结构振动疲劳研究的范畴，也涉及其他多个学科分析的领域。比如，人们在进行结构疲劳分析时，需要从微观和宏观的角度分别进行更为详细的技术分析。需要人们从概率与统计分析的角度掌握疲劳载荷谱和材料特性数据，需要对比仿真和实测的相关数据，以及考虑相关测试数据的概率统计和可靠性分析模型等[7−10]。

本书在众多文献研究的基础上，提出的基于多体动力学和有限元方法进行轨道车辆关键结构部件的疲劳分析和寿命预测技术，实际上就是从整车结构振动特性的角度考虑车辆结构振动特性和结构疲劳寿命之间的作用机理。根据这种方法，可以有效帮助人们在轨道车辆产品疲劳设计的早期阶段进行疲劳分析和寿命预测，并且可以获得准确的结构零部件在危险区域的动应力和疲劳特性。大量文献研究也表明，只有考虑了车辆结构振动特性的疲劳设计和寿命预测，才有可能真正满足车辆结构部件早期阶段新产品的抗疲劳设计和耐久性分析，便于结构产品实现真正的抗疲劳设计[11−14]。现代轨道车辆基于多学科优化系统的结构疲劳寿命预测如图 7.1 所示。

这种混合模拟的方法主要核心就是多体系统动力学和有限元法。在疲劳寿命评估过程中，要保证建立准确可靠的整车动力学模型和结构有限元模型。根据实际车辆动力学特性和详细的结构几何特征，可以获取准确的符合随服役环境变化的载荷模型，结合具体的材料与结构特性数据，考虑加工工艺等影响，才有可能提高车辆结构疲劳寿命预测的精度和抗疲劳设计的质量。

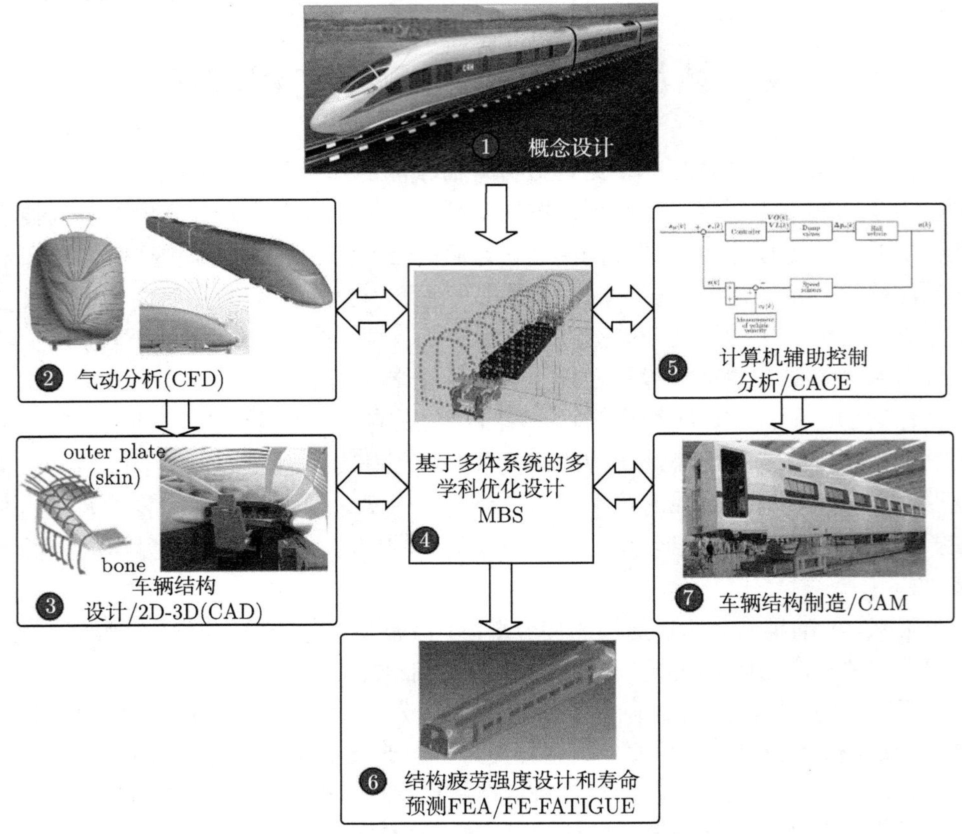

图 7.1　基于多学科的车辆结构疲劳分析和寿命预测过程

7.1　完整的车辆结构疲劳寿命评估技术

面对越来越短的新产品开发周期，节能降耗、生态设计、结构轻量化等诸多因素的迫切需求，人们对车辆产品的结构动态设计和分析 (Structure Dynamic Design and Analysis) 提出了更严格的耐久性和可靠性的技术要求。传统的结构疲劳设计方法逐渐不能从根本上解决结构抗疲劳设计过程中遇到的一些技术难题[15−21]。众多文献研究表明，基于多学科的结构疲劳优化设计技术，已经成为解决车辆结构疲劳等众多技术难题的有效方法之一。这种方法包括几个比较重要的模型: 有限元模型、多体系统动力学模型、材料模型和寿命评估模型[22]。

在新产品的初始化设计阶段，人们可以利用离散化的线性模型理解车辆结构设计的动强度、动刚度和变阻尼特性，并使其满足基本的结构设计目标。比如，利用车辆动力学强度设计就可以达到一些设计目标 (比如振动特性、舒适度等)。然而，在进行更为详细的结构疲劳优化设计时，就需要考虑结构轻量化设计导致的结构强度和刚度的影响，最好能够基于多学科的疲劳优化设计方法进行抗疲劳设计[22]。

一般而言，不同的结构优化设计目标和分析类型决定了采用何种分析方法。但是对车辆结构疲劳寿命预测和耐久性分析而言，不仅要研究车辆结构的静态载荷工况，而且要考虑实际线路下服役的动态载荷工况。在进行结构振动疲劳仿真时，必须要考虑实际线路的轨道不平顺的激励和其他复杂的载荷环境的影响。材料特性也应该考虑实际结构零部件的 P-S-N 曲线等。有时候，车辆关键结构的弹性或柔性影响，在结构疲劳失效中同样有着重要的作用。这时候就需要考虑车辆刚柔耦合动力学模型，甚至全柔性的动力学模型。由于车辆结构在实际线路上运行时，结构复杂的模态振型和连接部位存在的局部塑性对于车辆结构振动特性有着较大的影响，单纯依靠结构刚性单元与弹簧单元等有时不能完全解决一些技术问题。这就需要对结构的有限元模型进行较为精细的建模和分析，甚至需要通过子模型的方法进行结构疲劳设计与分析。结构共振频率和共振疲劳之间的关系比较密切，如何准确描述结构基于耦合振动响应下的结构疲劳设计与分析，对于提高寿命预测的准确性和理解结构的损伤分布特性也有着较大的影响。

除了利用有限元法准确描述结构的几何特征模型，在具体的应用过程中，还需要分析复杂的载荷边界条件，与多体动力学仿真技术结合在一起计算获得结构疲劳载荷谱，包括各种惯性载荷、支反载荷或力矩等。通过这种多学科的疲劳优化设计方法，就可以充分地利用车辆多体动力学模型的优势，准确获得结构的作用载荷。尤其在没有物理样机之前，更是可以充分地获得结构的应力分布状况，也利于有效分析结构的疲劳设计和寿命预测，可以极大地缩短产品的开发周期和提高产品的设计质量[22−27]。

7.1.1 车辆结构疲劳寿命预测过程[28]

1. 一般分析步骤

车辆结构寿命预测的传统分析过程已经在前面的章节中进行了阐述 (详见 2.1.2 和 2.1.3 小节)。这里就现代车辆结构的疲劳设计和寿命预测分析的一般步骤先进行简单归纳，具体如下所述。

(1) 建立结构的有限元模型和子模型 (可以利用超单元和模态叠加技术缩减问题的计算规模)。根据实际线路确定和相关强度设计标准，确定需要计算的载荷工况，进行结构准静态应力计算。同时，执行结构模态分析方法，获得整车的结构固有特性 (主要模态振型、频率和阻尼等)。

(2) 执行车辆多体动力学分析，获取结构的载荷时间历程。这里需要注意的是，如何根据虚拟样机，通过列车和整车的多体动力学仿真和有限元法的混合模拟技术准确获取典型疲劳载荷谱的问题。分析载荷的时频特征和车辆 (系统与结构) 的固有频率，且进行对比分析，识别结构部件是否存在共振疲劳破坏的问题。这种方法的根本目的在于理解车辆动力学特性和结构固有特征之间的作用机理和内在关系，比如是否存在共振效应和自激振动破坏的问题。

(3) 动应力仿真分析和现场应力数据实测。根据结构疲劳寿命预测中计算结构动应力的方法 (包括时域和频域寿命评估方法)，准确获取结构动应力 (载荷谱和应力谱)。同时利用实际线路的动应力实测方法获得结构部件的真实动应力，且将动应力仿真与实测数据进行对比验证。

(4) 准确获得结构部件的材料特性。根据标准疲劳试件的试验方法，获得结构和材料部件的 P-S-N 曲线，比如焊接接头的 S-N 曲线等可以通过结构部件或者材料的典型疲劳试样的疲劳测试获取。

(5) 选择合适的结构疲劳寿命预测模型和耐久性分析评估理论进行疲劳设计和寿命评估。

2. 详细分析步骤

根据相关文献的研究，车辆结构关键部件的疲劳寿命预测过程的详细步骤简述如下[28,29]。

第 1 步　分析车辆结构部件的结构疲劳设计标准。

为了有效地通过物理、数学和力学建模与分析的方法进行车辆结构关键部件的疲劳设计和寿命预测，需要根据车辆结构关键部件的实际服役的工作环境，在车辆结构的服役过程中，分析结构部件的边界约束条件和载荷加载的环境因素。尤其需要结合本行业的车辆结构强度和疲劳设计标准进行结构抗疲劳设计。

第 2 步　收集、整理和确定材料与结构部件的材料特性参数。

获取结构部件的 S-N 曲线和 ε-N 曲线等，不仅需要根据相关设计标准，有时更多地需要通过大量标准疲劳试件的试验获得材料与结构部件的疲劳试验数据 (P-S-N 曲线)。保证车辆结构疲劳设计参数始终在可以确定的许用误差范围内；材料特性的获取应根据已知的结构与材料的多变性和经验知识，考虑一些不确定性的因素，结合数据概率统计学合理分析。

第 3 步　建立详细的结构有限元模型。

检查车辆结构的全局与局部有限元建模的模型质量，包括网格划分的质量和精度。这必须包括单元类型的选择、节点质量、转动惯量、附着点的一些详细信息等。同时，应该检查有限元模型中单元的形状、收敛性和应力–应变的跳跃性，保证有限元模型的单元质量和确保有限元分析时结果具备良好的局部收敛性。疲劳寿命数值模型评估的准确性主要依赖于有限元模型是否具有良好的局部收敛性以及足够的全局收敛性。有时为了更好地评估结构疲劳寿命问题，在网格精细划分和子模型的建立上可能需要提供更好的网格质量。良好的有限元网格模型会避免伪应力的发生，对提高结构寿命预测精度有很大帮助。

第 4 步　建立与识别车辆系统 (列车和整车动力学模型) 的典型载荷工况和关键结构部件的作用载荷。

分析作用载荷时，主要考虑车辆结构的惯性载荷和支反作用载荷。同时需要考虑车辆结构部件的静、动强度或静、动刚度的分析结果。确定结构部件在哪种载荷工况作用下，对结构疲劳特性的影响效果更加显著。在此基础上，需要确定车辆结构部件振动疲劳分析时需要考虑的全部有限元准静态载荷工况。

如果是考虑整车动态模型，就需要确定在进行多体动力学分析时，是否采用刚柔耦合车辆动力学模型或全柔性的车辆动力学模型等。在确定典型载荷谱时，需要考虑车辆动力学的典型载荷工况的组合问题 (不同的线路状况、不同的轮轨踏面匹配模型、不同的风致载荷的激励等)。需要根据实际测试线路的分布状况，利用概率统计方法组合这些典型的载荷工况。如果要对关键部件的有限元模型采用动态分析，有时还需要考虑采用子结构模型分析和超单元等形式。由于瞬态动力学响应或随机振动分析一般针对相对较小规模的结构部件，采用动应力分析方法时需要综合考虑选择何种动应力分析方法。也就是说，如果不是很大规模的车辆结构的有限元模型，利用直接或模态瞬态动力学响应计算作用载荷也能满足条件。当然，结构动力学模型的规模大小的定义，需要根据实际分析车辆结构的疲劳分析目标的不同而发生变化。

在分析车辆结构的作用载荷时，还需要注意两个关键因素。

(1) 如何根据相关力学理论确定作用载荷分析的具体类型，包括有效载荷与约束边界条件的定义。一般来说，作用载荷主要分成惯性载荷和支反作用载荷。在分析作用载荷时，主要的分析步骤如下：如何对关注的模型施加正确的载荷与约束边界条件等，结构动态响应是否可能包含一些动态特性和可能存在多少载荷通道的输入载荷。对于受边界条件约束的有限元静态力学模型，大多数分析工作可以直接通过有限元默认求解器进行计算。求解器的选择和确定将决定施加载荷所造成的反作用力，并确保内外作用载荷的平衡。约束条件必须符合工程实际且不会过约束，需要注意机械结构部件的泊松效应 (机械工程中也称为回转效应) 问题。有时，静态模型实际上是属于无约束的概念，需要通过惯性的概念来描述。使用结构单元的惯性 (质量) 的概念作为反作用力以保持结构的均衡。在考虑载荷约束的施加时，必须保持结构载荷平衡的基本原则。凡存在不受约束的动态模型可以采取两个主要的方法，即大质量法 (Large Mass Method) 和拉格朗日乘子法 (Lagrange Multiplier Method)。大质量法是模拟加速度载荷输入的最常见的方法。采用这种方法，就是在受力点上施加一个大质量的载荷。有时为了描述变化的力，需要在受力点输入加速度时间历程。当然，在这种情况下，依然需要考虑如何保持结构模型的力学平衡状态。

(2) 动态模型的多通道输入载荷。在多数载荷工况下，有时需要对约束模型进行多通道载荷的输入。例如在车辆结构疲劳试验台上，需要模拟多通道载荷输入的 (加速度时间历程) 车辆。在这种边界条件下，载荷历程的输入依然存在很多不确定性。这是因为，在一定程度上，车辆结构受力的位置有时也是车辆的约束位置。通常情况下，对于结构的动态分析，每个输入加速度历程的模型的动态特征，主要取决于在受力点如何施加单位载荷，同时对其他几个载荷通道施加指定的载荷边界条件。一般情况下，比较可行的方法还是利用实际的车辆动力学滚动试验台。在这种情况下施加载荷时间历程时，经常在施加一个载荷通道时，关闭其他的几个载荷通道。载荷边界条件会在有限元模型中进行相应的改变。换句话说，采用这种方法可以有效模拟作动器输入的载荷激励。

第 5 步　对准静态工况下的有限元模型施加单位载荷进行准静态应力分析。

计算结构准静态应力分析时，需要注意一些问题，对于多数属于线弹性结构力学分析的机械结构部件来说，有时还需要做出一些合理的假设，即单位载荷加载的情况只是给出了车辆现实的加载情况下模型所承受载荷下响应的相对结果，需要针对前面分析和确定的载荷工况一一对应地在结构有限元模型上进行施加，需要考虑边界约束条件的不同，获得的结果主要是应力影响因子。

第 6 步　输入所有的载荷时间历程通道。

车辆结构关键部件上作用的惯性载荷和支反载荷、力矩等，均需要进行详细的分类和计算 (比如不同速度、不同线路状况下的载荷)。这些载荷时间历程可以由车辆多体动力学分析获取。有时为了详细了解某些关键部件的载荷时间历程，还需要建立更详细的车辆动力学模型，比如齿轮传动模型等，以便获得各种关键位置更为准确的载荷时间历程。

第 7 步　提取所有典型载荷工况下的应力时间历程。

提取典型载荷工况下的车辆结构应力历程的具体过程主要包括：在准静态工况下，将单位载荷作用下的有限元模型的应力结果和相同位置、相同方向的不同载荷通道输入的载荷 (通过车辆多体动力学仿真模型计算获取) 进行相乘叠加求和计算，获取最终结构的结构动应力的仿真结果。这里提到的应力时间历程反映了车辆在典型载荷工况作用下的动应力。通过这种方法可以获得车辆结构各种关键位置或整体结构的应力分布状况。为了验证仿真应力结果的有效性，需要根据实测的结构动应力结果进行对比验证。图 7.2 表示某型车辆的车体结构的应力历程。

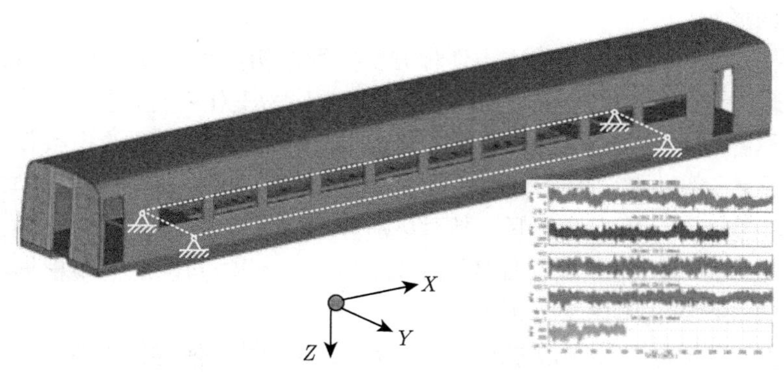

图 7.2 车辆结构的多载荷通道输入

第 8 步 根据疲劳设计与寿命预测理论执行车辆结构疲劳分析内容。

需要注意的是，车辆结构的疲劳强度设计和寿命预测结果，需要根据合适的结构疲劳评估理论进行分析。结果的准确性有时取决于如何选择准确的疲劳分析的方法和理论，不同的结构疲劳模型有时需要采用不同的疲劳分析理论。

第 9 步 对于车辆结构疲劳寿命预测模型的结果，需要根据相关结构疲劳设计标准进行评判。

对于车辆结构的疲劳强度设计和寿命预测结果，在采用结构疲劳评估理论进行分析后，还需要根据行业的结构疲劳设计标准，进行结果的准确性验证。

第 10 步 判断和识别车辆结构容易产生疲劳失效的危险位置。

在判断车辆结构疲劳和关键结构部件的疲劳失效容易发生的位置时，有时需要参考一些类似结构承载的危险位置，比如应力集中的位置；拉伸与压缩载荷、扭转载荷作用的位置；最大应力和变形发生的位置等，进行识别和分析。当然，这些常见的结构疲劳失效位置处，也只是参考。真正的结构疲劳失效也可能发生在某些局部位置，比如结构变截面、变刚度、设备吊挂或带激振源的位置等。也就是说，需要针对不同的载荷工况进行分析寿命最短的位置及有可能会发生局部共振的位置。当然，有时也需要根据具体的实际情况，通过载荷的加载效应，或表面粗糙度和光洁度的条件进行综合判定。

第 11 步 其他需要注意的疲劳分析细节。

如果必要的话，需要重新评估车辆结构部件的全局与局部结构有限元模型，尤其是在有限元建模的过程和网格划分的质量和精度等细节。考虑双向轴向应力条件和应力向量的流动性。在进行单轴结构疲劳分析时，也考虑一下采用多轴疲劳寿命预测技术时可能会产生的结果。有时还需要反复确认疲劳分析过程中任何有关建模假设的合理性。

第 12 步 根据结构应力热点位置，执行局部疲劳分析 (高应力的局部位置和残余应力的影响)。

在结构疲劳寿命分析过程中，有时需要执行结构热点和残余应力、敏度分析，提高评估寿命预测结果的准确性。具体需要考虑应力变化对寿命预测的影响度；有限元模型网格划分的质量和寿命预测的精度关系；设定的边界约束条件与施加的载荷环境是否合理与正确等。同时，对于预测的结构寿命目标是否合理与准确；材料特性和其他疲劳分析方法的假设是否更加合理与正确；哪一种关键参数发生的改变可能导致寿命预测结果出现最坏或最好的情况，这些问题均需要根据相关文献和标准资料进行综合考虑和分析。

实际上，由于寿命预测误差的存在，有时甚至很大，使得结构疲劳寿命预测的精度问题一直是工程领域一个争议性比较大的技术问题。比如，在预测结构疲劳寿命时，简单的参数的改变是否可以保证结构疲劳设计的高效性和准确性？相对于已经存在的载荷谱，最有效的疲劳寿命预测方法的标准是什么？在结构应力变化过程中，很小的应力改变值对寿命的预测影响如何？结构的应力历程峰值是否超出材料的屈服应力？这个峰值应力是多少呢？在结构可比较的位置上，以前的设计或现有产品的应力/应变寿命的预测结果是什么？

第 13 步　根据传统结构疲劳设计的经验进行结构疲劳设计。

利用相似的结构设计的疲劳分析结果进行修正也是疲劳设计的关键的一步。这有助于确定适当的技术参数和鲁棒性分析。在实验室或现场测试中，结构是否曾经存在过裂纹？结构几何形状改变了吗？在某种载荷工况下，失效位置是对某一个载荷工况敏感，还是对多个载荷工况敏感？例如，在垂直载荷加载的条件下，某一种载荷工况的载荷加载和位置是否对结构疲劳分析的结果影响很大？不同的模型假设会影响什么结果？相对位置载荷分布和约束的结果敏度会是什么？任何方面的建模不当对寿命预测有什么影响？换言之，在某种保守加载情况下，尽管某个位置可能出现较大的动应力分布，如果在相似结构疲劳设计中没有出现过类似的问题，人们或多或少还是最终接受结构疲劳设计的结果。如果现在的产品和先前产品中的某一个位置出现类似的裂纹位置，载荷情况也很相似，那么寿命预测结果就可以接受；如果出现载荷的轻微的变化，那么出现裂纹的位置也会出现相应的改变。

第 14 步　确定疲劳寿命预测目标和耐久性设计是否已经达到规定的疲劳设计标准。

在车辆动力学和结构有限元建模过程中，需要根据研究对象的服役情况不同进行合理的简化，比如，有时需要对整车刚柔耦合系统的垂向和横向进行多体动力学仿真；有时需要考虑纵向冲击载荷且只需要考虑纵向动力学的振动响应。在车辆动力学仿真中，数据采集的采样时间和频次，都尽可能与动应力试验一致或相近，从而有效地确定采样的频率，保证获取的结构载荷谱数据的典型性和试验数据的可比较性。这些技术要求均需要对获得的车辆结构疲劳相关数据进行有效合理的数据处理和概率统计方法考虑。

根据相关文献，为了研究车辆结构是否会产生共振破坏，重点是分析激励载荷的频带和结构固有特性频率之间的关系，也需要确定数据滤波器的选用。在预测实际车辆结构的疲劳寿命时，除了本书提出的方法之外，有时也需要采用 MATLAB 程序的 WAFO 工具 (一种随机载荷数据的处理工具)、波分析理论、Markov 链理论和雨流计数理论等，处理随机载荷产生的结构疲劳损伤并进行有效疲劳寿命的统计分析。为了有效研究随机动载荷对车辆结构部件振动疲劳及损伤的影响程度。以及计算结构随机振动疲劳，根据编制的雨流程序，从应力/应变载荷历程数据中获得的一系列应力、应变折点 (峰谷值编辑)、雨流循环计数，了解其应力/应变幅值和极值分布，同时对疲劳进行相应的数据统计和分析处理。并根据材料或结构部件的 S-N 曲线和相关累积损伤理论进行结构的损伤计算和寿命预测。当然，也可以利用有限元疲劳分析软件，比如 HBM nCode 公司的 FE-Fatigue(新版本 DesignLife 软件)，对车辆关键结构部件进行疲劳寿命预测。

7.1.2 疲劳寿命预测的时域和频域方法[22]

对材料和结构部件进行疲劳分析主要方法包括应力–寿命、应变–寿命、裂纹扩展和焊接接头疲劳等疲劳分析方法。应力–寿命法在车辆结构的疲劳分析和寿命预测中应用最为广泛。在前面的章节中也已经介绍了结构疲劳寿命预测的基本方法，实际上车辆结构疲劳寿命预测主要包括两种方法，即时域的结构疲劳寿命预测方法和频域的结构疲劳寿命预测方法。车辆结构部件的时域疲劳寿命评估，主要是基于应力–寿命法进行的一种振动疲劳分析方法。

载荷数据的处理需要对载荷测试数据采用峰谷值编辑算法，包括数据压缩、奇异值剔除、外推、重构与叠加等。结构动应力的测试，主要是为了获得结构部件危险位置的应力/应变的分布状况。一般是通过将应变片和传感器等安置在结构部件的关键位置上，通过数据的采集技术获取结构部件的作用载荷。尤其是通过应变测量的结果表示结构局部位置的应力随时间变化的曲线。载荷谱描述了结构部件在服役期间所承受的有效载荷的统计分析结果，具体可以通过应力范围的直方图进行表示。寿命预测时，载荷谱可以通过一系列与疲劳损伤相关的常幅载荷谱块的载荷循环表征结构部件的复杂载荷历程 (典型的载荷谱)。

在载荷谱的计算过程中主要有时域和频域两种方法，雨流循环计数方法是一种广泛使用的时域方法，其作用主要是将不规则的载荷转化为常幅载荷，比如在 ASTM E 1049—1985 标准中规范了结构疲劳分析中载荷循环的计算标准。车辆结构部件的频域分析方法，主要是利用应力功率谱密度函数，形成载荷谱的应力功率谱密度方法 (又分为窄带和宽带的频域方法)。在结构疲劳寿命预测时，结合材料与结构部件的 S-N 曲线，以及相应的损伤累积法则 (Palmgren-Miner Damage Rules)

进行寿命预测，如图 7.3 所示。

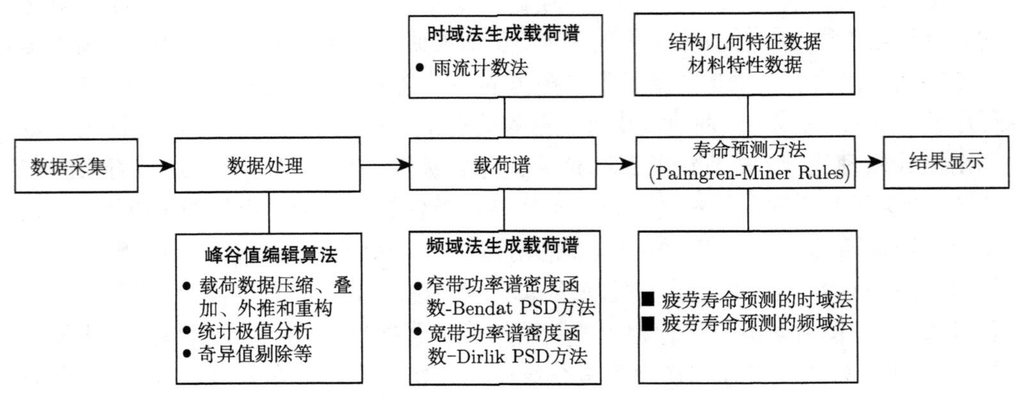

图 7.3　预测结构疲劳寿命的基本流程

(1) 时域的结构疲劳寿命预测方法。

时域方法主要过程：首先计算结构响应的应力/应变时间历程，然后进行结构应力/应变时间历程的循环计数，最后根据疲劳累积损伤理论计算结构疲劳寿命。结构寿命评估的应力分析可以采用准静态应力法或瞬态应力分析法。

(2) 基于频域的统计参数进行结构寿命计算。

频域方法主要过程：首先对结构有限元模型进行频响分析，求得载荷与结构上应力的传递函数；然后将传递函数乘以载荷的功率谱密度函数得到应力功率谱密度函数，评估指定应力范围的循环数；最后使用相关方法由应力功率谱推算结构寿命。结构寿命评估的应力分析可以采用谐响应分析法和随机振动应力分析法。

频域结构传递函数可以通过许多方法获得，如利用有限元分析和使用测试的数据结果等。功率谱密度函数是描述稳态各态历经过程的最重要参数，直接描述了频域内能量的分布，并和随机应力过程的过零数及峰值分布相关联。基于应力功率谱密度函数的寿命预测和损伤加速的方法已经用于窄带、宽带和非高斯随机过程等。

无论是窄带还是宽带的过程，在理论上都可以确定峰谷值的统计分布和功率谱密度函数形状之间的关系。载荷数据样本的应力历程可以从动应力试验中获得，或者通过多体动力学数值仿真从功率谱密度分析数据获得。对于宽带的随机应力过程，根据相关的功率谱密度进行疲劳循环近似统计算的频域方法已经被许多研究人员提出。

1994 年，Bendat 提出根据功率谱密度曲线下的惯性矩计算一定应力范围的峰值数目，但是该方法有局限性，这种方法仅使用 m_0 谱矩，只能适用于窄带的随机过程。窄带的疲劳损伤公式如下：

$$E(D)=\sum_i \frac{n_i}{N(S_i)}=\frac{S_t}{k}\int S^b\cdot P(S)\mathrm{d}S=\frac{E(P)\cdot T}{k}\int S^b\cdot\left[\frac{S}{4m_0}\mathrm{e}^{-\frac{s^2}{8m_0}}\right]\mathrm{d}S \tag{7-1}$$

其中，$S_t=E(P)\cdot T$，$E(P)$ 是每秒的峰值数，时间长度为 T(单位是 s)。m_0 是谱矩，应力范围 S，$N(S)$ 是应力循环数，k、b 是系数。$P(S)$ 是应力范围的概率密度函数。其中几个关键的统计参数可以用来表示信号的特征，如向上 0 穿越点的数目 (Number of Upward Zero Crossing)E_0；峰值的数目 E_{P}(Number of Peaks)；不规则因子 $\gamma=E_0/E_{\mathrm{p}}$。图 7.4 分别表示每秒范围内的应力时间历程信号的统计描述和计算功率谱密度的谱矩的基本示意图。

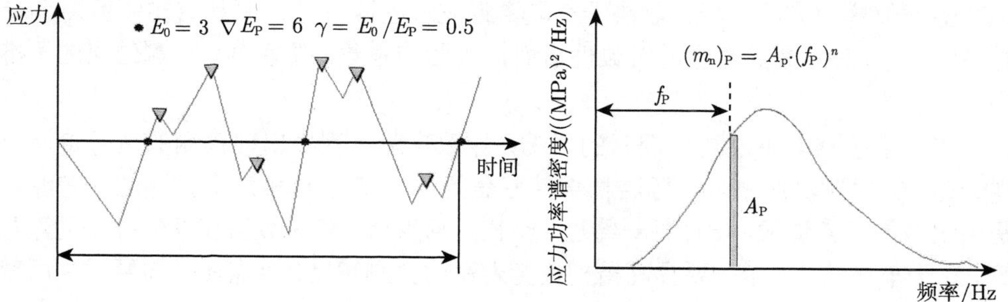

图 7.4 应力时间历程的统计描述及应力功率谱密度的谱矩

另外，1985 年，Dirlik 提出解决这一问题的经验闭合解，其适用范围较为广泛。主要用 Monte Carlo 技术进行全面计算机模拟，即利用 4 个功率谱密度惯性矩 m_0, m_1, m_2 和 m_4 的函数进行问题的描述。计算结果和在时域用雨流法计算得到的结果表现出很好的一致性。

Dirlik 的求解由下面的数学表达式给出：

$$N(S)=E[P]\cdot T\cdot P(S) \tag{7-2}$$

其中，$N(S)$ 是时间长度为 T，应力范围为 S 的应力循环次数。

$$P(S)=\frac{\dfrac{D_1}{Q}\mathrm{e}^{-z/Q}+\dfrac{D_2Z}{R^2}\mathrm{e}^{-z^2/(2R^2)}+D_3Z\mathrm{e}^{-z^2/2}}{2\sqrt{m_0}} \tag{7-3}$$

D_1,D_2,D_3,Z,Q 和 R 是功率谱密度惯性矩 m_0, m_1, m_2 和 m_4 的函数。用来计算变量的方程是

$$D_1=\frac{2(x_m-\gamma^2)}{1+\gamma^2},\quad D_2=\frac{1-\gamma-D_1+D_1^2}{1-R},\quad D_3=1-D_1-D_2,$$

$$Z=\frac{(\Delta\sigma)}{2\sqrt{m_0}},\quad E_0=\sqrt{\frac{m_2}{m_1}}R=\frac{\gamma-X_m-D_1^2}{1-\gamma-D_1+D_1^2},\quad Q=\frac{1.25(\gamma-D_3-D_2R)}{D_1},$$

$$\gamma=\frac{m_2}{\sqrt{m_0m_4}} \text{ 和 } X_m=\frac{m_1}{m_0}\sqrt{\frac{m_2}{m_4}}。$$

7.1.3 疲劳寿命预测及精度影响[22,29]

总的来讲，应力–寿命 (应变–寿命) 估算方法均是通过实验数据获得的应力–寿命 (应变–寿命) 曲线的统计结果计算结构部件的生存概率。然而，通过结构或材料疲劳试件获取的应变–寿命曲线的结果数据，其分散性却远远小于应力–寿命数据。这是由于结构部件裂纹产生区域的疲劳测试的控制参数主要是应变。也就是说，结构部件的疲劳测试结果主要是根据应变测试数据获得。结构疲劳寿命的预测方法和其他数值模拟方法一样，取决于获取数据过程的准确性。但是结构疲劳寿命计算经常由于应力–疲劳寿命的对数性质而放大影响系数，导致寿命预测结果的不准确[22,29]。

正是由于众多不确定性因素的影响，导致实际工程中出现预测的疲劳寿命出现误差，有时预测结果是实际结构部件寿命的 1~2 倍。这种寿命预测的误差经常是由很多的因素造成，比如材料特性、结构几何形状、载荷数据和评估方法的选择等。对于车辆结构而言，要提高结构疲劳寿命的预测精度，重点还是需要关注所获取的载荷时间历程信息的精度。

本质上来说，结构疲劳寿命预测的结果存在很大的分散性，即使是相同的结构部件在相同的物理载荷环境中进行疲劳测试，寿命也可能因为 1~2 个偶然因素的不同而不同。对于车辆结构而言，要准确定义其载荷环境并不容易，这是因为每一项测试数据中，都存在数据统计的变异性和可重复性的问题。当然，如果可以保证结构疲劳测试载荷系统和环境的准确性，就可以为准确预测疲劳寿命提供保证。这是因为实测的结构载荷数据和最终的寿命之间存在着良好的相关性。根据相关文献，基于特定线路的动应力测试信号获取的疲劳寿命与纯粹通过有限元分析计算获得的疲劳寿命之间存在着一定的修正系数的关系，有时误差甚至在 1~2 倍的范围内。而本书中介绍的基于多体动力学与有限元法方法进行疲劳寿命预测，主要是考虑了车辆不同典型载荷工况下的结构部件疲劳寿命预测会大幅提高寿命预测的精度，最好的预测误差可以达到 30%左右。这可以更好地模拟和反映真实的车辆运营状况，故该方法计算的结构动应力更接近于真实的车辆服役载荷环境。有利于解决现实中车辆结构部件因为振动疲劳导致的结构失效问题[22,29]。

提高疲劳寿命预测精度的方法主要还是依赖于产品设计的全部周期过程的多学科的疲劳优化设计。在产品设计的初始阶段，可以通过基于多体系统的结构疲劳多学科优化设计修改产品车辆的动力学悬挂参数的优化匹配问题；可以有利于结构的几何特征设计，比如车辆结构的动强度和动刚度的优化设计等；可以根据结构部件实际焊接接头的 S-N 曲线进行结构材料特性的评估。当然，在结构具体设计过程中，可以通过增加结构过渡段的圆弧半径以减少应力集中等措施避免潜在的结构疲劳失效问题。在产品设计的后期阶段，这种变化由于空间或加工的影响因素，需要采用一些结构表面处理的措施提高结构的抗疲劳特性，比如时效处理、喷丸、喷砂等不同的表面处理措施。

通常，工程的结构疲劳设计，人们如果不通过多学科的优化设计，比如不考虑结构振动特性的影响，仅仅通过改变结构的几何设计尺寸，比如增加板的厚度或者增加加强筋等，在一定的程度上是可以减少应力集中，提高结构的抗疲劳特性。但这不仅会增加生产成本和加工工艺的复杂性，而且也不一定就能从根本上解决结构的疲劳问题，还可能导致在另外结构的疲劳失效问题再次发生。这是因为结构共振疲劳不会因为局部细节的改变，而改变整个结构的抗疲劳特性。另外，改善车辆结构疲劳寿命的另一种方法是减少动载荷的幅值。这就要求在保证车辆动力学特性的基础上，考虑优化整车系统的动力学参数，改变悬挂参数和的阻尼和刚度，改善结构的振动传递路径，以减少振动传递导致的载荷，最终提高结构疲劳寿命的预测精度。

7.1.4 疲劳分析结果的后处理

一般来说，结构疲劳寿命分析的输出数据主要有两种类型，包括全局和局部的结构疲劳损伤分析结果。结构全局疲劳损伤数据可以通过应力等高线图获得。比如可以获得疲劳寿命、疲劳损伤、双向同轴度 (衡量多轴应力状态)。结构局部疲劳损伤数据，可以根据结构的子模型分析其局部位置的疲劳损伤数据。结构损伤可以根据对应应力范围值和应力均值的结构寿命 (循环数) 的雨流矩阵进行表示。也可以通过直方图表示结构损伤分布[22,29]。

需要注意的是，使用等高线表达方式，对于结构危险位置附近应力集中地区的应力梯度容易表述不清，而采用矢量应力图对了解结构应力的变化趋势和方向有益。根据最大主应力和最小主应力分析结果，观察结构主应力矢量方向对于发现结构裂纹的扩展方向也很有好处，便于结构工程师清晰地比较和分析疲劳数据结果。振动疲劳分析的结果只是提供了一种对结构振动的疲劳寿命预测结果的参考，提示人们在结构疲劳设计时需要考虑的一些问题。检查第三主应力在结构表面 (附近) 为零值始终是一个好主意。网格的精度对疲劳裂纹和寿命的预测依然有着十分的重要性。通过描述有限元模型中的单元中不平均节点应力是一个很好的方法，可以很好地检查寿命预测结果的精度。

7.2 结构疲劳分析及寿命预测算例

为了完整地阐述利用现代车辆结构疲劳寿命预测方法进行车辆结构疲劳寿命

评估和耐久性分析，下面将结合实例进行阐述。

7.2.1　算例 1 某型机车车体结构[30]

选择研究对象是某型 3Bo 式客货两用电力机车。该型电力机车是针对我国铁路线路 1/3 是曲线，且山区线路曲线半径较小的实际情况而研制。该型机车在昆明机务段使用一段时间后，在车体牵引座与底架侧梁 (也称边梁) 的连接根部焊缝处连续出现裂纹萌生问题。由于这个原因，企业对配属昆明机务段的服役机车均按照先清除有裂纹焊缝再重新施焊，并在部分牵引座立板前面设置加强筋板的方案进行。但是运行一年后，牵引座立板和加强筋板焊接处下部再次出现了新的微裂纹和裂纹扩展现象。作者针对该型机车车体结构在实际运行中出现的疲劳问题进行了系统研究。结合改造前后的牵引座在昆明一威舍区段进行全程结构动应力线路测试数据，运用基于多体动力学和有限元法的疲劳仿真技术对轨道车辆的车体结构疲劳进行了寿命预测，并最终解决了车体结构的疲劳设计和寿命预测的工程难题。

车体结构是轨道车辆结构的重要组成部分之一。车体在运行中不仅要承受实际线路过程中不同载荷工况作用下的 (直线段、不同半径的曲线段、道岔等) 随机轨道不平顺的激励作用，而且要承受各种设备载荷 (电机、风机、空调、变压器、变流器等)、起动和制动工况时车辆连接部位产生的纵向冲击力，以及从转向架通过牵引装置、制动装置、二系悬挂和各种减振器传递来的各种随机振动载荷的激励作用。这些外部随机激励大部分属于巨量循环小幅载荷，而在牵引起动和制动时，车体结构的关键部位很容易受到冲击载荷的作用。由于车体结构是大型空间框架结构，结构设计中可能会由于总体设计中设备的布置需要而产生结构刚度分布不均匀，导致局部位置产生应力集中。这些因素都可能导致车体结构在一些关键位置产生疲劳裂纹萌生和裂纹扩展，甚至会导致车体关键结构部件的疲劳断裂破坏等严重事故。算例中的机车及车体结构几何特征外形如图 7.5 所示。

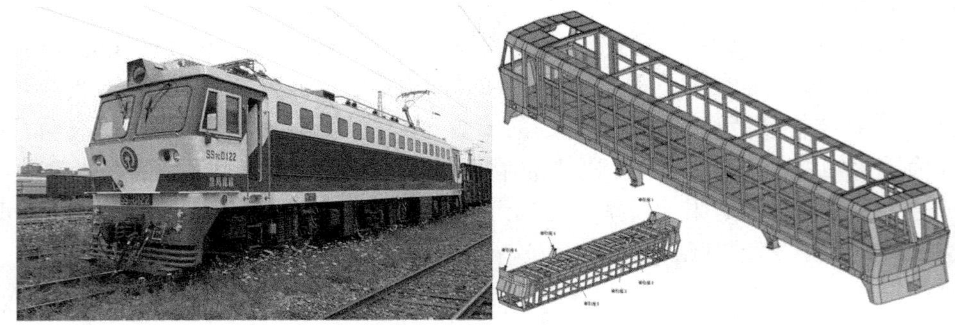

图 7.5　某型机车及车体结构几何特征外形[30]

根据整车系统进行多体动力学模型的建模和仿真分析，并考虑柔性车体结构的影响，可以获得机车车体在参照动应力测试的运行工况下的动载荷时间历程 (包括车体的惯性载荷和支反载荷的计算)。同时利用结构动应力的分析方法，根据强度标准设计的 35 个载荷工况作用下的车体结构动应力分别进行分析计算，获得 35 个工况作用下的准静态应力影响因子。最后利用 FE-Fatigue 数据输入输出模块文件，将各个载荷工况转化为对应的载荷时间历程文件。在分析过程中还包括对多体动力学与有限元混合法仿真获得的车体结构动应力/应变历程进行雨流循环计数，根据材料的标准手册获得的材料参数，利用 FE-Fatigue 的材料模块创建材料的 S-N 曲线，最后进行基于 S-N 法的结构安全因子寿命分析 (包括上表面和底面)，并利用 Goodman 法修正了平均应力影响 (最早利用的疲劳分析软件是 FE-Fatigue 模块进行寿命计算)。下面简单列出一些主要的步骤和需要考虑的一些细节问题。

1. 载荷时间历程的获取

根据相关车体结构强度设计标准，需要根据线路的情况设计典型的载荷工况。在结构准静态应力分析方法中，利用机车整车的多体动力学模型需要确定的载荷时间历程如下[30] 所述。

(1) 获取惯性载荷的时间历程：

获得 3 个车体质心位移加速度载荷历程 (X、Y、Z 方向)；

获得 3 个车体质心角速度载荷历程 (X、Y、Z 方向)；

获得 3 个车体质心角加速度载荷历程 (X、Y、Z 方向)。

(2) 获取支反载荷 (这里选取二系悬挂作为车体结构的约束) 的时间历程：

获得 6 个牵引座 X 方向的载荷历程；

获得 6 个牵引座 Y 方向的载荷历程；

获得 6 个车体垂向减振器载荷历程 (Z 方向)；

获得 8 个车体横向减振器载荷历程 (Y 方向)(前后转向架各 2 个横向减振器，中间转向架 4 个横向减振器位置)。

机车整车的车辆多体动力学模型如图 7.6 所示。车体结构有限元模型如图 7.7 所示。

利用准静态应力计算方法计算获取车体结构的动应力，如图 7.8 所示。

2. 结构材料试件的 P-S-N 曲线

根据相关标准中列出的材料试件疲劳试验数据，可以获得车体结构使用材料 16Mn 钢在不同存活率 p 下的 a_p，b_p 值，这些值和各个置信度下的 S-N 曲线和 P-S-N 曲线一一对应，如表 7.1 所示。同时由文献还可以获得 P-S-N 曲线的公式：

$$\lg N_p = a_p + b_p \lg \sigma \tag{7-4}$$

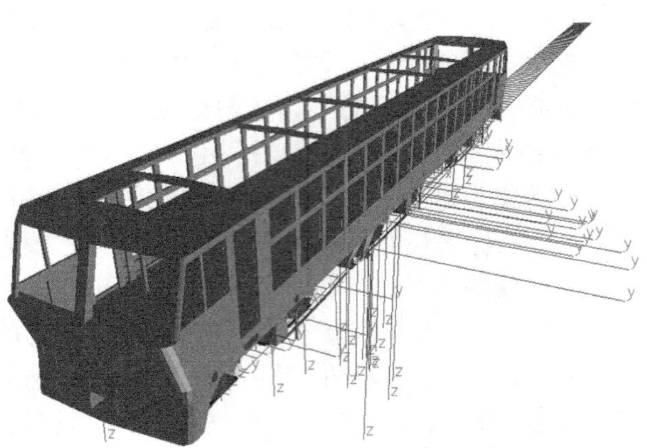

图 7.6　机车多体动力学模型[30]

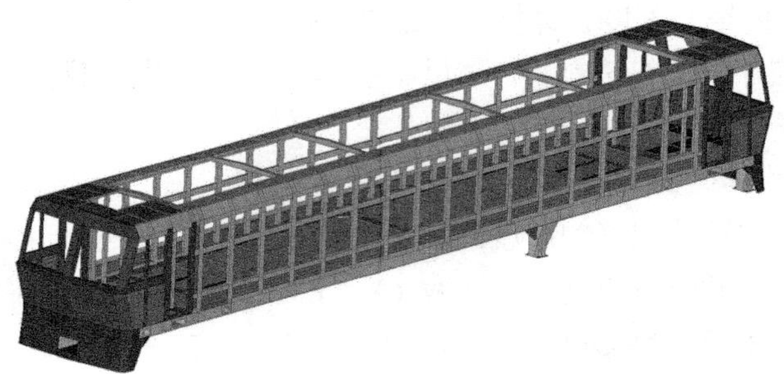

图 7.7　某型机车车体结构的有限元模型[30]

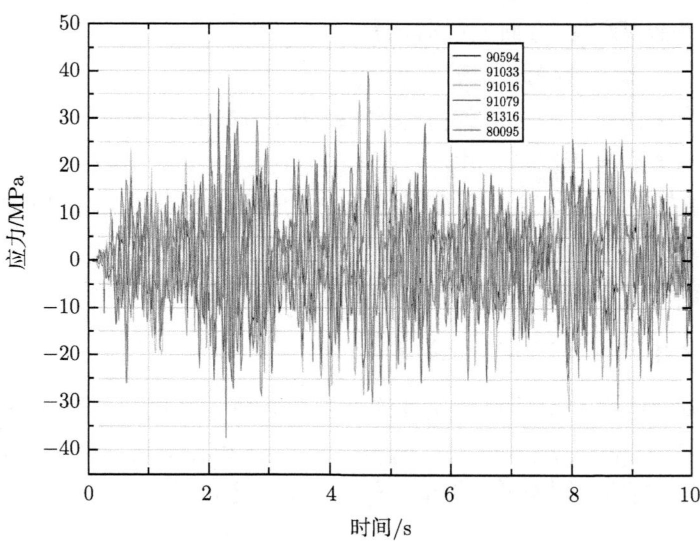

图 7.8　结构局部位置的动应力[30]

表 7.1 材料 16Mn 的 P-S-N 的 a_p、b_p 值[30]

材料	σ_b /MPa	不同存活率下的 a_p, b_p					
		p/%	50	90	95	99	99.9
16Mn	586	a_p	37.7963	33.2235	33.2235	31.9285	29.5020
		b_p	−12.7395	−11.0021	−10.5100	−10.5100	−9.5881

本算例还参照了其他相关文献中关于材料 16Mn 的材料数据。这里主要根据文献 [2,30] 列出存活率 95%下的 16Mn 钢的材料 S-N 曲线，公式 (7-4) 可以改写为

$$\lg N_p = 33.2235 - 10.51 \lg \sigma \tag{7-5}$$

根据危险节点处 (包括动应力测试的测点和利用多体动力学有限元法预测的对应节点) 的动载荷历程，并利用数据处理后的危险节点的动应力数据的雨流矩阵，结合材料 S-N 曲线评估，以及损伤累积理论和相关修正方法，就可以有效地获得三种参数，即前面提到的 ε、β 参数、σ_E^2，以及根据寿命预测公式就可以很方便地获得危险点的疲劳寿命。确定的材料 16Mn 的 S-N 曲线如图 7.9 所示。

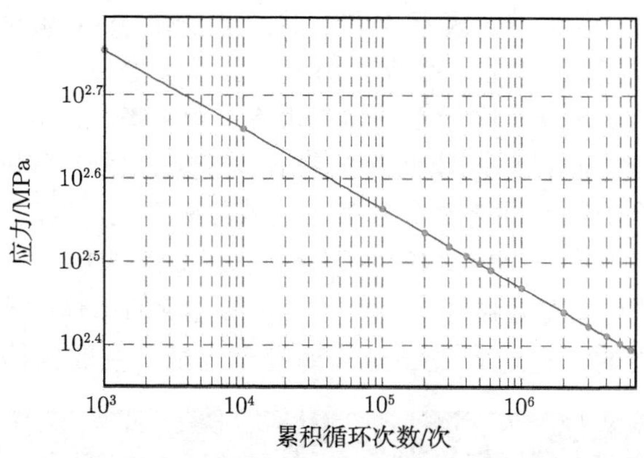

图 7.9 存活率 95%下材料 16Mn 钢的 S-N 曲线[30]

3. 基于应力的安全因子寿命分析[30]

预测大型复杂结构整体的疲劳寿命时，由于其设计寿命一般比较长，在常规载荷工况作用下，几乎不产生什么损伤，且在结构疲劳设计标准下，其疲劳寿命基本是疲劳极限，也称为耐久极限 (Endurance Limit) 下的寿命。为了更好地观察到结构损伤的状况，常用方法之一就是采用结构安全因子寿命分析。常规的有限元疲劳分析中，主要有 3 种安全因子的分析方法可以选择计算：基于寿命的安全因子的分析 (Life Based Safety Factor)；基于应力安全因子 (Stress Based Safety Factor) 的分析和基于多轴安全因子 (Multi-axial Based Safety Factor) 的分析。基于寿命的安全

因子法适用于指定目标寿命结构部件的应变–寿命法和应力–寿命法，计算程序通过调整应力线性比例因子，进行结构疲劳寿命的迭代计算，直到计算的安全因子在指定寿命容限误差范围内。基于应力–寿命的安全因子，仅适用于应力–寿命法，且在每个计算点计算整个载荷时间历程的最大应力，计算安全因子主要根据下式:

$$K_{\mathrm{s}} = S_{\mathrm{E}}/S_{\max} \tag{7-6}$$

其中，K_{s} 表示安全因子，S_{E} 表示疲劳极限，$S_{\max}$ 表示最大应力。

如果最大应力小于用户确定的疲劳极限，安全因子将比 1 大。方程还可以通过修改考虑其他的因素，比如平均应力修正、表面影响因素修正等。在 nCode 的分析模块中，计算方程使用的平均应力修正法主要是优先使用 Goodman 法或者 Gerber 法修正。基于多轴的安全因子主要使用 Dang Van 修正和 McDiarmid 修正。利用前者表示的安全因子, Dang Van 修正后的多轴安全因子公式可以表示为

$$S_{\mathrm{Mul\_}D} = 1/[(\tau_a/t_{A,B}) + (\sigma_{n,\max}/2\sigma_T)] \tag{7-7}$$

其中，τ_a 表示剪应力幅值；$t_{A,B}$ 表示 A 和 B 状态下裂纹的剪切疲劳强度幅值；$\sigma_{n,\max}$ 表示在最大剪应力幅值平面上的载荷历程的最大正应力；σ_T 表示拉应力。McDiarmid 修正的多轴安全因子等具体分析方法可以参见文献 [14]。对应力的雨流循环分布的统计结果可以看出，我国机车车体结构，在既有线路上的动应力特点是小载荷占据主要的成分，而车体结构疲劳失效的概率就可以用公式进行计算。这里仅列出部分计算结果，车体结构的应力分布状况如图 7.10～ 图 7.14 所示。

要进行车体结构的有效疲劳寿命评估，获得准确的车体结构危险部位应力时间历程是非常重要的。而进行现场结构动应力测试是获取结构动应力的有效方

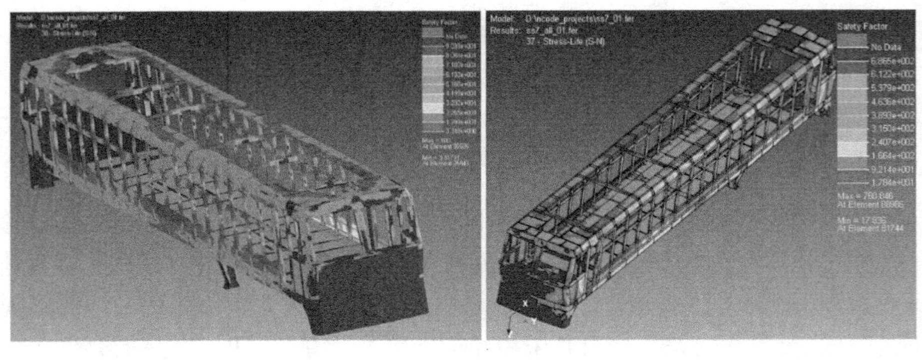

(a) 100km/h　　(b) 90km/h

图 7.10　机车车体结构疲劳安全因子[30]

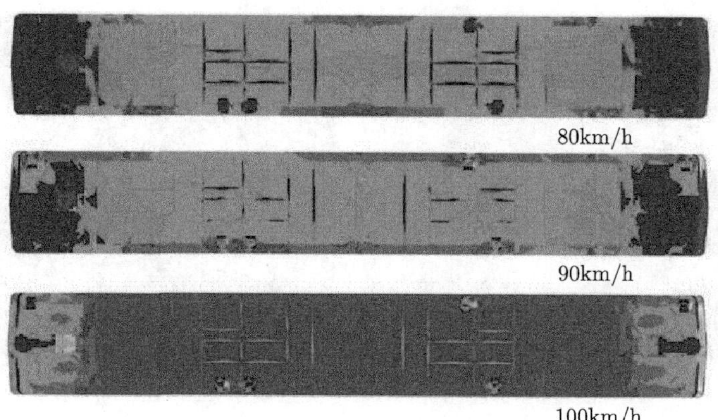

图 7.11 80~100km/h 车体结构疲劳安全因子[30]

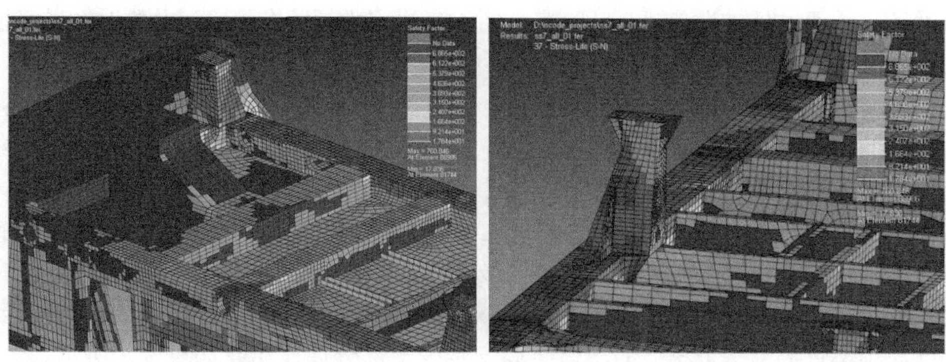

图 7.12 牵引座 1 和 4 结构安全因子 (100km/h)[30]

图 7.13 牵引座 2 和 3 结构安全因子 (100km/h)[30]

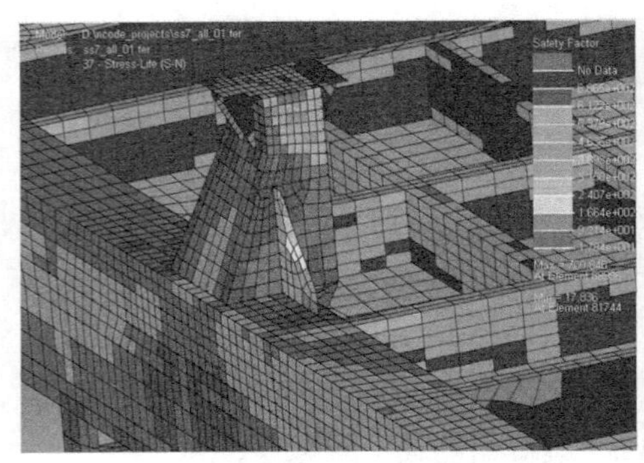

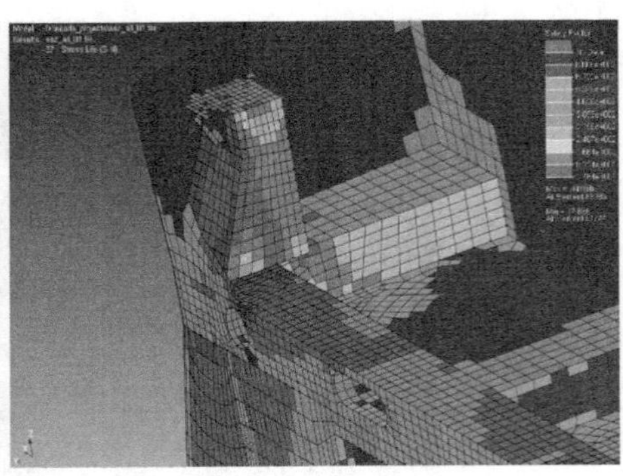

图 7.14　牵引座 5 和 6 结构安全因子 (100km/h)[30]

法，但是实测获得应力谱只能是有效线路长度内测得的动应变数据编制而成，属于有限长的子样，其有效应力循环的次数不可能达到 10^6 次，因此就需要将测得的应力循环次数通过外推插值处理，使其达到 10^6 次。对实测获得动应力数据经过雨流法计算获得的应力幅值的雨流循环分布统计结果见前面的章节描述。

同样，利用多体动力学与有限元混合法也可以较为准确地获得结构动应力，并将计算的动应力数据结果进行统计处理，经过平均应力的 Goodman 修正，最后经过雨流计数和 Palmgren-Miner 损伤累积准则对结构行疲劳寿命预测。利用动应力试验和多体动力学与有限元法仿真的应力历程，结合材料的 S-N 曲线，最后根据损伤法则计算获得车体危险点的疲劳部分结果，平均误差达到 30.745%，个别误差较大的原因可能是和动力学的模型与有限元的模型的建模准确度，以及设置的数据过滤频率过高有关。获得的车体结构安全因子部分计算结果如表 7.2 所示。

表 7.2　车体结构前 10 个危险点寿命预测结果[30]

节点号	损伤	寿命循环	安全因子	二轴率均值	二轴率标准差
91851	8.772×10^{-6}	1.14×10^{5}	2.137	0.8848	0.065
91860	8.722×10^{-6}	1.14×10^{5}	2.137	0.8865	0.04938
93562	8.38×10^{-6}	1.193×10^{5}	2.094	0.7031	0.03312
93552	8.38×10^{-6}	1.193×10^{5}	2.094	0.7049	0.03115
92522	3.015×10^{-6}	3.316×10^{5}	3.316e5	0.9032	0.05505
92535	3.015×10^{-6}	3.316×10^{5}	3.316e5	0.912	0.0506
93074	2.543×10^{-6}	3.932×10^{5}	3.932e5	0.8886	0.07182
93088	1.772×10^{-6}	5.643×10^{5}	5.643e5	0.8835	0.05316
93652	1.44×10^{-6}	6.944×10^{5}	6.944e5	0.7	0.003568
93642	1.163×10^{-6}	8.595×10^{5}	8.595e5	0.7019	0.0034

根据牵引座危险点的疲劳寿命计算以及车体结构基于应力法的安全因子分析的疲劳结果分析显示，车体结构的疲劳损伤主要发生在 15Hz 下的低频区域范围

内，损伤的范围主要产生于车体结构二系悬挂安装位置、车体底架和侧墙连接处、车体牵引座和车体边梁的连接处，这些和动应力试验发生动应力的较大区域基本一致。

安全因子随着运行速度的提高而不断降低，80km/h 时产生的结构损伤和 90km/h 的损伤基本相差不大，但在 100km/h 时产生了较大的损伤，这和该车型的设计最高速度 120km/h 可能有关。且当车体的振动频率在 15Hz 以上区域时，由结构振动影响产生损伤较大的区域发生同时在司机室和顶棚相连接的角落处以及司机室的窗户边角处发生。云图结果还显示车体结构动力学仿真和有限元分析的建模精细程度和疲劳寿命仿真结果也有很大的关系。车体前 10 个危险点的应力时间历程功率谱密度比较结果如图 7.15 所示。图 7.16 表示节点 91851 和节点 93642 的应力功率谱密度。

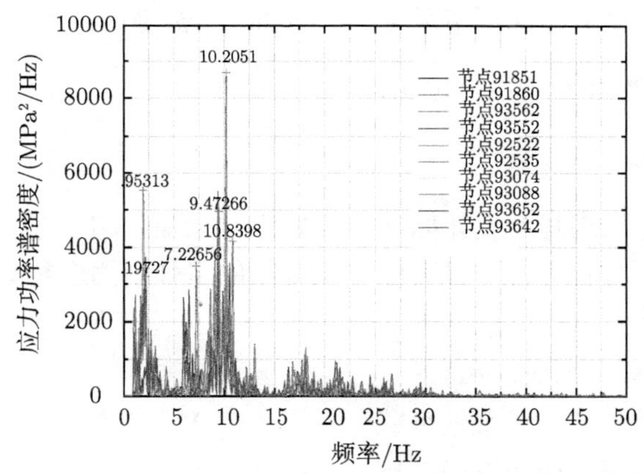

图 7.15 车体结构前 10 个最大危险点应力的功率谱密度比较[30]

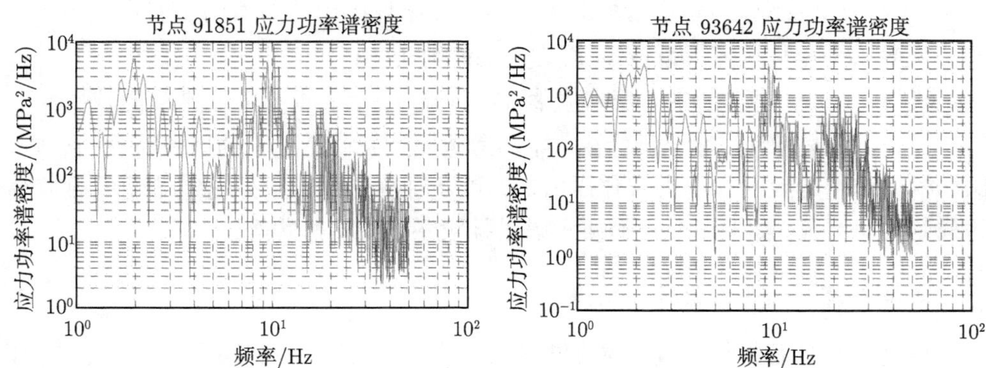

图 7.16 车体结构危险节点 91851 和危险节点 93642 的应力功率谱密度[30]

结果显示，车体结构的损伤和固有频率有很大的关系。车体结构前 10 个最大危险点 45119 的 3 个动应力的激励频率分别是 7.2265Hz、10.2051Hz、10.8398Hz，和车体的固有频率，如 1 阶扭转模态 6.1201 Hz(15.3%)、1 阶垂向弯曲模态 10.699Hz (4.8%和 1.3%)、1 阶横向弯曲模态 11.34 Hz(4.6%) 非常接近。而这些最大危险点分布的位置主要在中部侧梁和侧墙的连接处、车体底架中部、顶棚和司机室相连接的角落处，显然，激励频率和其固有频率有产生共振的可能。

分析结果同时说明，该车的动态特性比较差，这也是该车车体结构容易产生疲劳损伤的根本原因，另外其结构的部分设计的不合理也会导致应力集中。由于本书没有考虑焊接疲劳的影响，且使用的 S-N 曲线是根据标准手册而来，而不是现场试件测试的，这些因素导致车体结构预测时产生误差达到 30%左右，甚至出现个别误差达到 70%以上。如果能有效地利用各种滤波器设定的频率，会对车体结构疲劳寿命预测产生重大的影响，因为从前面的应力功率谱可以看出，车体结构发生损伤主要集中在某些特定的频率区域，即 0~30Hz 范围内。

7.2.2 算例 2 某型动车组车体结构[31]

1. 载荷时间历程的获取

根据相关车体结构强度设计标准，需要根据线路的情况设计典型的载荷工况。在结构准静态应力分析方法中，利用机车整车的多体动力学模型需要确定的载荷时间历程如下所述。

(1) 获取惯性载荷的时间历程：

获得 3 个车体质心位移加速度载荷历程 (X、Y、Z 方向)；

获得 3 个车体质心角速度载荷历程 (X、Y、Z 方向)；

获得 3 个车体质心角加速度载荷历程 (X、Y、Z 方向)。

(2) 获取支反载荷 (这里选取二系悬挂作为车体结构的约束) 的时间历程：

获得 4 个车体抗蛇形减振器 Y 方向的载荷历程；

获得 4 个车体横向减振器载荷历程 (Y 方向)(前后转向架各 2 个横向减振器)。

另外，根据疲劳强度分析标注，需要考虑风致载荷工况下的风致荷载的影响，比如横风作用导致的作用力和作用力矩；以及进出隧道时内外压差波动的载荷等的载荷时间历程。如果必要还需要考虑吊挂设备的载荷影响等。

2. 结构材料试件的 P-S-N 曲线

高速列车的铝合金车体结构的材料主要有 5000 系，6000 系和 7000 系。铝合金车辆自重小，能耗低，提高了车辆的加速性能，也可以降低制动功率，动力性能得到极大改善，对于车辆结构的轻量化设计有着比较大的帮助。另外，耐腐蚀的特性也使得铝合金型材在高速列车的车体结构中得到广泛应用，延长车体结构的使用寿命。尤其是铝合金三明治夹层结构，在车体结构中使用更为广泛。该型高速列车车体主要技术参数参见表 7.3，车体材料主要技术参数参见表 7.4[17]。

表 7.3 动车组 CRH 某型车辆 (300km/h 以上速度) 的铝合金车体主要技术参数[23,31]

技术参数	头车	中间车
运营速度/(km/h)	>300	
最高试验速度/(km/h)	>350	
轨道类型	京津城际轨道线路谱	
车体结构形式	中空铝合金挤压型材焊接的整体框架式承载结构	
车体长度/mm	≈ 27800	≈ 24800
车体宽度/mm	≈ 3260	≈ 3260
车体高度/mm	3890	3890
车辆定距/mm	≈ 17400	≈ 17400
最大纵向载荷 (拉伸)/kN	1000	1000
最大纵向载荷 (压缩)/kN	1500	1500
气动载荷/Pa	±4000	±4000
车体自重/t	⩽ 11.2	⩽ 10.8
使用寿命/年	25～30	25～30

表 7.4 动车组 CRH 某型车辆 (300km/h 以上速度) 的铝合金车体材料主要技术参数[23,31]

材料名	使用部位	纵弹性率/GPa	泊松比	屈服强度/MPa		疲劳强度/MPa	
				母材	焊接部位	焊接母材	焊接部位
A5083P-O (JIS 4000)	头车车体 端墙车体	69	0.3	125	125	103	39
A6N01S-T5 (JIS 4100)	侧墙车体 车顶车体	69	0.3	205	120	78	39
A7N01P-T4 (JIS 4000)	底架补强板	69	0.3	195	176	135	39
A7N01S-T5 (JIS 4100)	底架结构	69	0.3	245	205	119	39

部分铝合金材料的材料特性如下[23,31] 所述。

(1)A5083 是焊接结构用 Al-Mg 合金，是非热处理合金中强度最大的高耐腐蚀性合金，适合于强度要求不高的结构骨架材料焊接结构。但挤压加工性较差，难以得到薄壁及中空型材。

(2)A6N01 是 Al-Mg-Si 合金，属于中等强度的耐腐蚀性铝合金，挤压加工性较好，加压淬火性均比较优良，能制造出复杂形状的大型薄壁型材，且耐腐蚀性和焊接性较好，但在焊接时焊缝接头效率低。

(3)A7N01 是 Al-Sn-Mg 合金，也是高强度焊接结构用铝合金，并且能通过常温时效处理，焊接的结构强度能够恢复到接近于母材的强度，且具有优秀的焊缝接头效率，耐腐蚀性较好。铝合金车体的疲劳强度及 S-N 曲线根据相关材料标准和测试数据获取。

3. 车辆动力学及有限元分析

对于高速列车车体结构的疲劳分析而言，可以依据相关疲劳设计标准 (比如 EN 12663-2010)，还需要考虑环境载荷的影响，比如风致荷载的作用力、进出隧道内外压差、会车等。计算的主要步骤和上一个算例基本类似，这里仅列出一些车辆动力学和有限元计算模型和部分计算结果。图 7.17 为整车的动力学模型和轮轨接触模型。

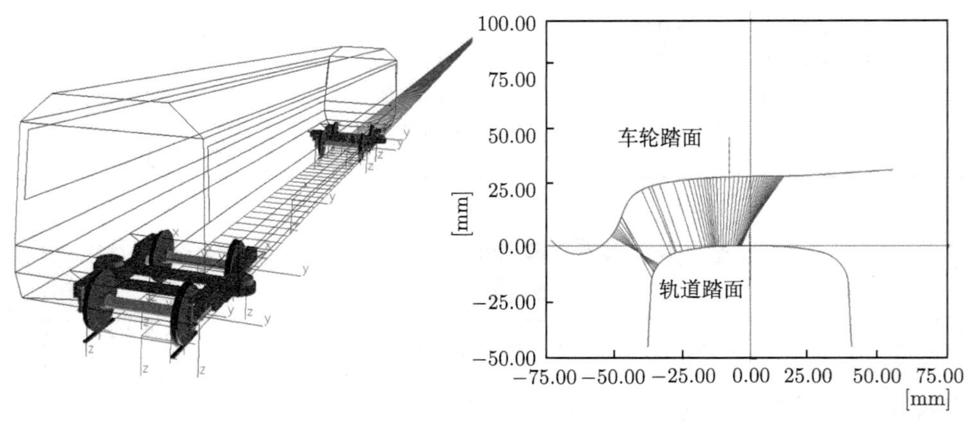

图 7.17　整车动力学模型和轮轨接触模型

图 7.18～ 图 7.19 为车体结构的有限元模型。

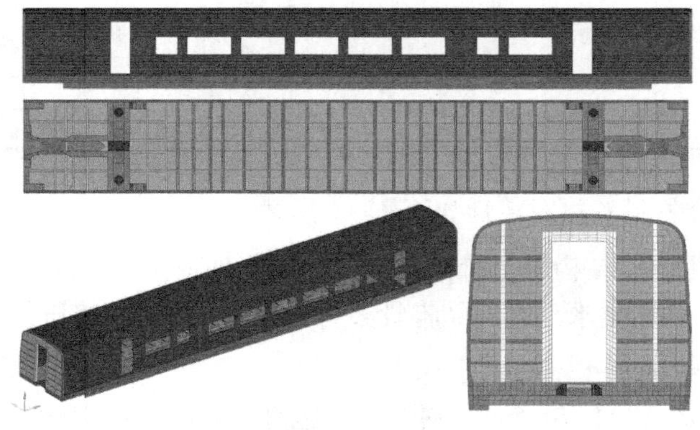

图 7.18　某型动车组车体结构有限元模型[31]

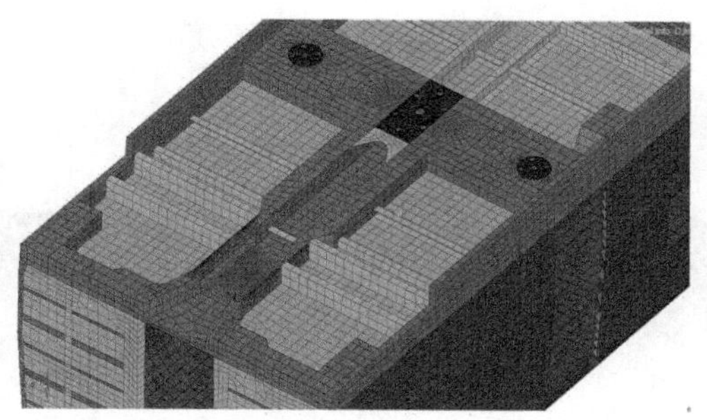

图 7.19　车体局部网格示意图[31]

表 7.5 为该型车体结构模态分析后的主要计算结果。

表 7.5　车体结构的模态分析结果[31]

模态阶数	频率/Hz	振型
1	13.186	一阶横弯
2	19.078	一阶垂弯
3	21.700	二阶横弯
4	23.096	一阶扭转
5	23.438	二阶垂弯
6	25.627	三阶横弯
7	26.836	三阶垂弯
8	30.477	二阶扭转
9	30.779	四阶垂弯 + 局部振动
10	33.762	局部振动

图 7.20～ 图 7.24 为车体结构前几阶模态的主要振型反相对应力。

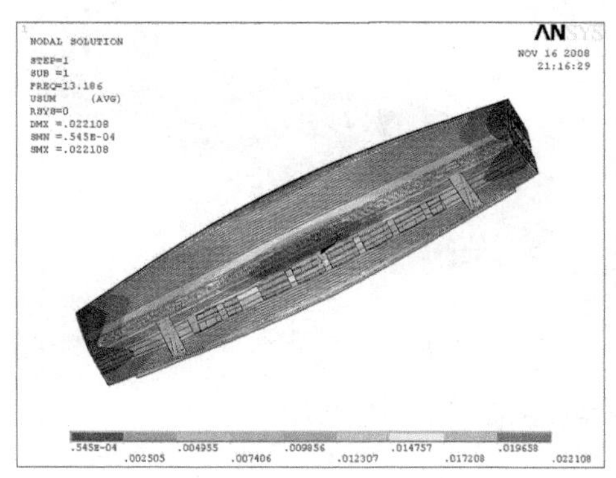

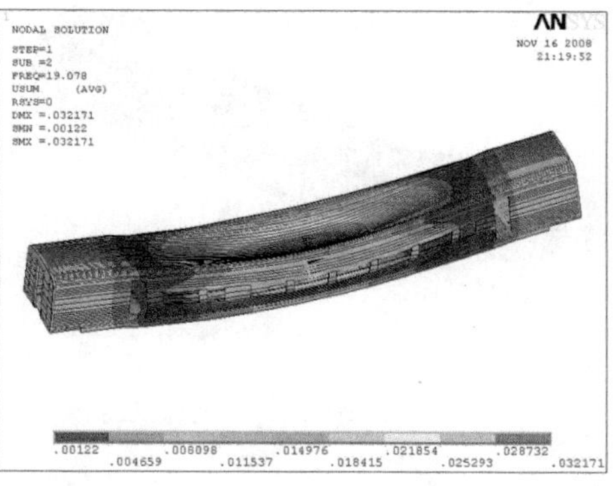

图 7.20　车体结构 1、2 阶主模态振型及相对应力[31]

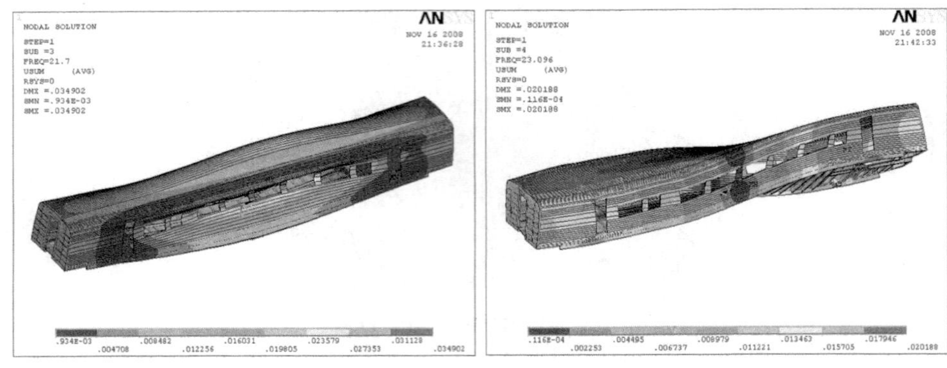

图 7.21　车体结构 3、4 阶主模态振型及相对应力[31]

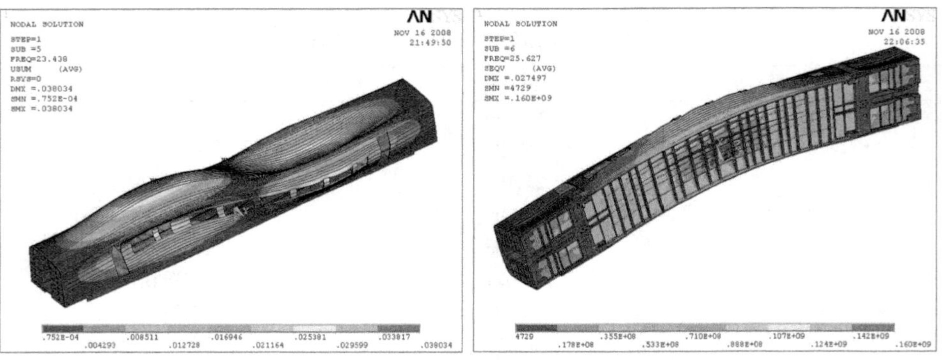

图 7.22　车体结构 5、6 阶主模态振型及相对应力[31]

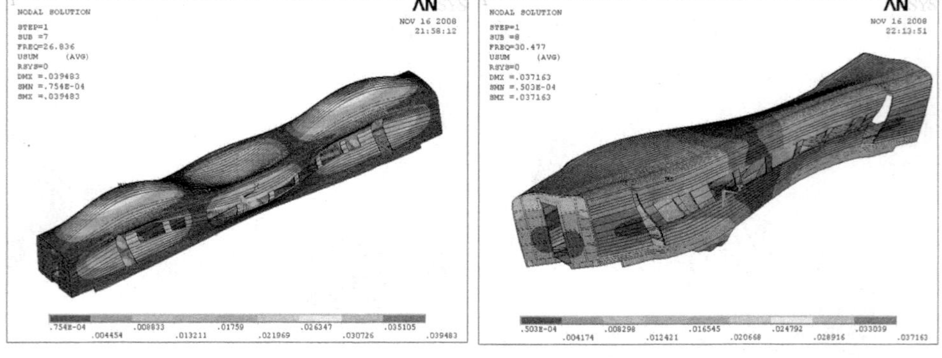

图 7.23　车体结构 7、8 阶主模态振型及相对应力[31]

4. 车体结构疲劳寿命预测[31]

根据前面章节中提到的结构疲劳寿命混合模拟技术，通过对整车系统的多体动力学模型的建模和仿真分析，并考虑柔性车体结构的影响，获得车体在参照动应力测试的运行工况下的动载荷时间历程 (包括车体的悬挂载荷、加速度、角速度、角加速度等)。同时利用车体结构动应力分析方法，即利用 ANSYS 软件对 21 个载荷工况作用下的车体结构动应力分别进行分析计算，获得 21 个载荷工况作用下的准静态应力影响因子。最后利用 FE-Fatigue 数据输入输出模块文件，将各个载荷工况转化为对应的载荷时间历程文件。对仿真获得的车体结构动应力/应变历程进行雨流循环计数，根据材料的标准手册获得的车体材料参数，利用 FE-Fatigue 软件的材料模块创建材料的 S-N 曲线，最后进行包括 Top 和 Bottom 面的基于 S-N 法的结构安全因子寿命分析。可以看出，在既有线路上的车体结构动应力特点是小载荷占据主要的成分。车体结构的损伤分布状况如图 7.24～ 图 7.25 所示。

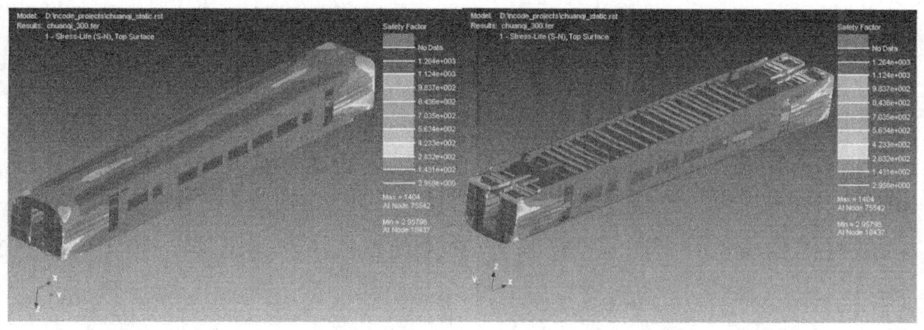

图 7.24 车体结构 (正面和反面) 危险节点 Top 面疲劳安全因子 (300km/h)[31]

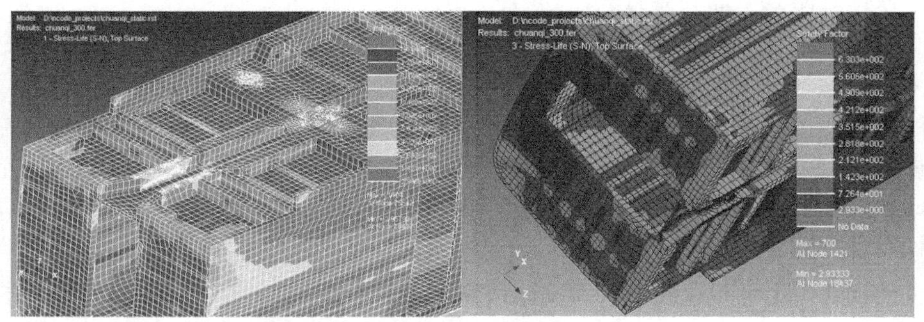

图 7.25 车体结构局部模型疲劳安全因子 (300km/h)[31]

获得的车体结构安全因子部分计算结果如表 7.6 所示。

研究结果表明：要进行车体结构的有效疲劳寿命评估，获得准确的车体结构危险部位应力–时间历程是非常重要的。进行现场车体结构动应力测试是获取车体结构动应力的最有效方法，但是实测获得应力谱只能是有效线路长度内测得的动应变数据编制而成，属于有限长的子样数据，其有效应力循环的次数有时不可能达

到 2×10^6 次。这就需要将测得的应力循环次数通过外推插值处理，使其达到 2×10^6 次。

表 7.6　车体结构前 10 个危险点 (Top 面) 安全因子 (300km/h)[31]

节点号	损伤	寿命循环	安全因子
18249	3.712×10^{-5}	2.694×10^4	2.958
15374	2.598×10^{-5}	3.849×10^4	3.193
10337	1.954×10^{-5}	5.117×10^4	3.243
9084	1.911×10^{-5}	5.233×10^4	3.358
7805	1.291×10^{-5}	7.746×10^4	3.826
6044	1.144×10^{-5}	8.742×10^4	3.911
18162	1.085×10^{-5}	9.219×10^4	4
7572	9.769×10^{-6}	1.024×10^5	4
17648	9.582×10^{-6}	1.044×10^5	4.14
15426	8.127×10^{-6}	1.231×10^5	4.289
9664	7.880×10^{-6}	1.269×10^5	4.186
9119	6.748×10^{-6}	1.482×10^5	4.293

同样，利用多体动力学与有限元混合法也可以较为准确的获得车体结构动应力，并将计算的动应力数据结果进行统计处理，经过平均应力修正 (Goodman 修正)，最后经过雨流计数和 Palmgren-Miner 损伤累积准则对车体结构行疲劳寿命预测。利用动应力试验和多体动力学与有限元法仿真的应力历程，结合材料的 S-N 曲线，最后根据损伤法则计算获得车体危险点的疲劳部分结果。计算结果中存在个别数据误差较大，原因可能是和动力学的模型与有限元的模型的建模准确度，以及设置的数据过滤频率过高等有关。

根据危险点的疲劳寿命计算以及车体结构基于应力法的安全因子分析的疲劳结果分析显示，车体结构的疲劳损伤主要发生在 30Hz 以下的低频区域范围内，损伤的范围主要产生于车体结构二系悬挂安装位置、车体底架的牵引梁和侧墙的窗角连接处、车体牵引座和车体边梁的连接处，这些和动应力试验发生动应力的较大区域基本一致。安全因子随着运行速度的提高而不断降低，300km/h 时产生的结构损伤最大，而 200km/h～ 250km/h 的损伤基本相差不大，但在 250km/h 时产生了较大的损伤，这可能和该车型的设计最高速度为 300km/h 有关。且当车体的振动频率在 15Hz 以上区域时，由结构振动影响产生损伤较大的区域在司机室和顶棚相连接的角落处以及司机室的窗户边角处。云图结果还显示，车体结构动力学仿真和有限元分析的建模精细程度和疲劳寿命仿真结果也有很大的关系。

7.3　本章小结

本章结合实例介绍如何具体利用多体动力学和有限元法仿真计算轨道车辆结

构关键部件的疲劳寿命预测的问题。算例中，结合机车车体和某型动车组车体结构分别介绍了如何获取随机动载荷作用下的车辆结构应力/应变历程数据，以及如何根据振动疲劳和有限元疲劳的相关分析理论和方法准确预测车体结构危险部位的疲劳损伤状况。并结合在实际线路运行时的线路动应力试验，将实测数据和动应力仿真数据进行对比验证。这种基于多体系统和有限元的分析方法在产品设计的不同阶段，特别是设计早期阶段非常有效。利用虚拟物理样机技术，人们可以有效了解车辆结构部件危险点位置的动应力和结构损伤分布状况。算例的研究表明，对车辆结构部件可能出现的结构疲劳设计问题，可以通过产品基于多体系统的结构疲劳的多学科优化设计，最终可以有效控制车辆结构部件的振动疲劳损伤。为了保证多体动力学与有限元混合法预测车体损伤模型确定的动应力数据的准确性，以及有效计算车体结构疲劳损伤，算例中还介绍了如何利用相关疲劳分析软件中进行基于应力安全因子车体结构的疲劳分析，同时利用 MATLAB 软件的 WAFO 工具箱以及相关数据处理程序进行了结构疲劳损伤和寿命预测的计算。

参 考 文 献

[1] Rychlik I. Fatigue and stochastic loads [J]. Scandinavian Journal of Statistics, 1996: 387-404.

[2] 赵少汴. 抗疲劳设计: 方法与数据 [M], 北京: 机械工业出版社, 1997.

[3] Dietz S, Knothe K, Kortüm W. Fatigue life simulations applied to railway bogies [C]. The 4th international Conference on railway bogies and running gear. Budapest, Hungary, 1998: 21-23.

[4] Dietz S, Netter H, Sachau. Fatigue life prediction of a railway bogie under dynamic loads through simulation [J]. Vehicle System Dynamics, 1998 (29): 385-402.

[5] Bishop N, Woodward A. Fatigue analysis of a missile shaker table mounting bracket [J]. UK: RLD Limited, UK: MSC Software, 2000.

[6] 薛华. 高速列车用 A6N01S 和 A7N01S 铝合金焊接接头疲劳裂纹扩展速率研究 [D]. 天津：天津大学, 2007.

[7] Rahman M M, Ariffin A K, Jamaludin N, et al. Finite element based vibration fatigue analysis for a new free piston engine component [J]. The Arabian Journal for science and engineering, 2009, 34(1B): 231-246.

[8] Sarunac R. Aluminum railcar design and useful life-fatigue assessment [C]. 2010 Rail Conference, 2010.

[9] Bayraktar M, Tahrali N, Guclu R. Reliability and fatigue life evaluation of railway axles[J]. Journal of Mechanical Science and Technology, 2010, 24(3): 671-679.

[10] 闫德俊. 高速列车底架用铝合金焊接接头疲劳裂纹扩展特性 [D]. 哈尔滨：哈尔滨工业大

学, 2011.

[11] Tomblin J, Seneviratne W. Determining the fatigue life of composite aircraft structures using life and load-enhancement factors [D]. Final report, Air Traffic Organization, Washington DC, USA, 2011.

[12] Kassner M. Fatigue strength analysis of a welded railway vehicle structure by different methods [J]. International Journal of Fatigue, 2012, 34(1): 103-111.

[13] Mršnik M, Slavi J, Boltežar M. Frequency-domain methods for a vibration-fatigue-life estimation–Application to real data [J]. International Journal of Fatigue, 2013, 47: 8-17.

[14] nCode 9. 0 DesignLife Theory Guide. HBM United Kingdom Limited(HBM)2013.

[15] Schijve J. Fatigue of structures and materials in the 20th century and the state of the art [J]. International Journal of Fatigue, 2003, 25(8): 679-702.

[16] Kawasaki T, Makino T, Masai K, et al. Application of friction stir welding to construction of railway vehicles [J]. JSME International Journal Series A Solid Mechanics and Material Engineering, 2004, 47(3): 502-511.

[17] Hillmansen S, Smith R A. Assessing fatigue crack growth in railway axles [C]. Proceedings of the XI International Conference on Fracture, Torino (Italy), 2005.

[18] Halfpenny A. Methods for accelerating dynamic durability tests [C]. Proceedings of the 9th International Conference on Recent Advances in Structural Dynamics, Southampton, UK, 2006: 17-19.

[19] Cocheteux F, Benabes J, Palin-luc T, et al. Toward the wheels calculation and validation in multiaxial fatigue under service loads [C]. The 7th World congress on railway research, 2006.

[20] Baek S H, Cho S S, Joo W S. Fatigue life prediction based on the rainflow cycle counting method for the end beam of a freight car bogie [J]. International Journal of Automotive Technology, 2008, 9(1): 95-101.

[21] MM R, RA B, MM N, et al. Fatigue life prediction of spot-welded structures: a finite element analysis approach [J]. European Journal of Scientific Research, 2008, 22(3): 444-456.

[22] Miao B, Zhang W, Zhang J, et al. Evaluation of railway vehicle car body fatigue life and durability using multi-disciplinary analysis method[J]. International Journal of Vehicle Structures & Systems, 2009, 1(4): 85-92.

[23] 李强, 金新灿. 动车组设计 [M]. 北京：中国铁道出版社, 2008.

[24] Kim J S, Yoon H J. Structural behaviors of a GFRP composite bogie frame for urban subway trains under critical load conditions [J]. Procedia Engineering, 2011, 10: 2375-2380.

[25] Li J, Wang J, Li X, et al. The Experiment Study for Fatigue Strength of Bogie Frame of Beijing Subway Vehicle Under Overload Situation [J]. The Open Mechanical Engi-

neering Journal, 2015, 9: 260-265.

[26] Kim J S, Yoon H J, Lee S H, et al. Durability evaluation of the composite bogie frame under different shapes and loading conditions [C]. ICCM18, Korea, August June, 2011: 22-26.

[27] Ansari A K S. Optimization of bogie frame in Indian railway [J]. Indian Journal of Science and Technology, 2015, 8(31):1-6.

[28] Bishop NWM, Sherratt F. Finite Element Based Fatigue Calculations [M]. NAFEMS, 2000.

[29] Haiba M, Barton D C, Brooks P C, et al. Review of life assessment techniques applied to dynamically loaded automotive components [J]. Computers & Structures, 2002, 80(5): 481-494.

[30] 缪炳荣. 基于多体动力学和有限元法的机车车体结构疲劳仿真研究 [D]. 成都：西南交通大学. 2006.

[31] 缪炳荣. 高速列车动车组车体结构载荷谱与寿命预测研究 [D]. 成都：西南交通大学, 2008.